河海大学研究生
精品教材

U0471482

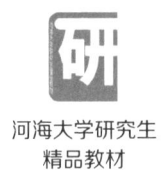

海岸工程计算水力学

Computational Hydraulics of Coastal Engineering

孔 俊　赵红军　倪兴也◎编著

河海大学出版社
HOHAI UNIVERSITY PRESS
·南京·

图书在版编目（CIP）数据

海岸工程计算水力学 / 孔俊，赵红军，倪兴也编著
. -- 南京：河海大学出版社，2023.8
ISBN 978-7-5630-7922-3

Ⅰ. ①海… Ⅱ. ①孔… ②赵… ③倪… Ⅲ. ①海岸工程－水力计算－教材 Ⅳ. ①P753

中国国家版本馆 CIP 数据核字（2023）第 160809 号

书　　名	海岸工程计算水力学
	HAI'AN GONGCHENG JISUAN SHUILIXUE
书　　号	ISBN 978-7-5630-7922-3
责任编辑	龚　俊
文字编辑	李蕴瑾
特约校对	梁顺弟　丁寿萍
封面设计	徐娟娟
出版发行	河海大学出版社
地　　址	南京市西康路 1 号（邮编：210098）
电　　话	（025）83737852（总编室）
	（025）83722833（营销部）
	（025）83787600（编辑室）
经　　销	江苏省新华发行集团有限公司
排　　版	南京布克文化发展有限公司
印　　刷	广东虎彩云印刷有限公司
开　　本	787 毫米×1092 毫米　1/16
印　　张	13
字　　数	311 千字
版　　次	2023 年 8 月第 1 版
印　　次	2023 年 8 月第 1 次印刷
定　　价	48.00 元

前言

  本书分为九章，涵盖了海岸工程中的潮波、潮流、波浪等动力现象的主要研究方法，介绍了基于结构化、非结构网格和无网格的数值模式，包括有限差分法、有限体积法、SPH方法等内容，通过典型案例比较详细地介绍了海岸工程中水动力模拟技术和过程，突出了近岸水波与结构物、滨海地表水与地下水相互作用等热点研究问题。参与各章编写的人员有：章卫胜、孔俊（第一章），孔俊（第二、三、九章），赵红军（第四、八章）、倪兴也（第五、六、七章）。本书可作为高等院校港口海岸及近海工程相关专业的研究生教材或参考书，也可供从事水动力学、水环境研究的专业人员参考。

目录

第 1 章 潮波数值模拟 ·· 001
1.1 概述 ··· 001
1.2 潮波模型 ··· 001
1.3 数值方法 ··· 002
    1.3.1 差分离散截断误差分析 ··· 002
    1.3.2 潮波方程的差分格式 ··· 004
    1.3.3 定解条件 ·· 008
1.4 模型应用 ··· 008

第 2 章 潮流数值模拟 ·· 010
2.1 概述 ··· 010
2.2 潮流模型 ··· 010
    2.2.1 水流控制方程 ·· 010
    2.2.2 紊流模型 ·· 011
    2.2.3 边界条件 ·· 014
    2.2.4 状态方程 ·· 015
    2.2.5 柯氏力和潮汐势 ··· 015
2.3 数值方法 ··· 016
    2.3.1 求解思路 ·· 016
    2.3.2 变量定义 ·· 017
    2.3.3 控制方程离散 ·· 018
    2.3.4 垂向流速 ·· 020
    2.3.5 热盐方程求解 ·· 020
    2.3.6 动边界处理 ··· 020
2.4 模型应用 ··· 021

第 3 章 污染物输运模拟 ·· 027
3.1 概述 ··· 027

3.2	可溶态污染物数学模型	028
3.3	可溶态污染物模型数值方法	029
	3.3.1 对流项处理数值方法	030
	3.3.2 各向异性扩散项处理方法	034
3.4	模型验证及应用	036
	3.4.1 旋转流场中的对流	036
	3.4.2 均匀流场内的对流-各向异性扩散问题	038
	3.4.3 工程应用	040
3.5	非可溶态污染物数学模型	043
	3.5.1 输移过程	043
	3.5.2 风化过程	045
3.6	非可溶态污染物数学模型数学方法	046
	3.6.1 虚拟栅格法	046
	3.6.2 寻址优化法	048

第4章 近岸水域波浪传播变形数值模拟 051

4.1	概述	051
4.2	缓坡方程	052
	4.2.1 缓坡方程的修正和改进	052
	4.2.2 缓坡方程简化与近似	054
4.3	时间型缓坡方程数值模型	057
	4.3.1 控制方程	057
	4.3.2 物理过程处理	057
	4.3.3 边界条件	059
	4.3.4 数值离散格式	060
4.4	模型验证与应用	062
	4.4.1 均匀水深水域内波浪的传播	062
	4.4.2 波浪的全反射与部分反射	064
	4.4.3 均匀水深水域二维波浪的传播	065
	4.4.4 半无限防波堤附近波浪的传播	067
	4.4.5 斜坡和椭圆型浅滩组合地形上波浪的传播	068
	4.4.6 单色波的Bragg反射	070
	4.4.7 离岸堤附近波浪的传播	071
	4.4.8 港域波浪的传播	072
	4.4.9 狭长矩形港湾的波浪共振	075

第5章 小尺度涌潮数值模拟 078

5.1	概述	078
5.2	SPH方法与经典SPH水动力学模型	080

	5.2.1 SPH方法的基本原理	080
	5.2.2 经典SPH水动力学模型	083
5.3	小尺度SPH涌潮数学模型	092
5.4	涌潮的模拟与验证	093
5.5	涌潮潮头内部水动力学结构	096

第6章 波浪与防波堤相互作用 ... 100
- 6.1 概述 ... 100
- 6.2 SPH数值波浪水槽 ... 100
  - 6.2.1 传统SPH数值波浪水槽的造波和消波方法 ... 101
  - 6.2.2 基于开边界的新型造波和消波方法 ... 108
- 6.3 多孔介质模型及其验证 ... 116
  - 6.3.1 SPH多孔介质耦合模型介绍 ... 116
  - 6.3.2 SPH多孔介质耦合模型验证 ... 118
- 6.4 波浪在可渗透结构上的爬高 ... 123
- 6.5 波浪与人工块体护面的防波堤的相互作用 ... 126
  - 6.5.1 模型布置 ... 127
  - 6.5.2 规则波与方案一防波堤的相互作用 ... 129
  - 6.5.3 规则波与方案二防波堤的相互作用 ... 135

第7章 波浪与沙滩相互作用 ... 139
- 7.1 概述 ... 139
- 7.2 SPH水沙耦合模型 ... 140
  - 7.2.1 基本假设 ... 140
  - 7.2.2 泥沙浓度的对流扩散方程 ... 141
  - 7.2.3 动量方程与连续性方程的修正 ... 143
  - 7.2.4 水沙相互作用物理过程 ... 145
  - 7.2.5 三种不同状态的水沙混合物 ... 146
  - 7.2.6 水沙混合物状态的判断和过渡 ... 149
- 7.3 模型验证 ... 150
  - 7.3.1 瑞利-泰勒不稳定试验 ... 150
  - 7.3.2 开闸式异重流试验 ... 151
  - 7.3.3 悬沙沉降堆积试验 ... 152
  - 7.3.4 土体溃坝试验 ... 154
  - 7.3.5 动床溃坝试验 ... 155
- 7.4 极端波浪作用下的沙滩冲淤数值模拟 ... 159
  - 7.4.1 沙滩上的水沙运动时空分布特征 ... 160
  - 7.4.2 极端波浪作用下的沙滩演化 ... 167

第 8 章 台风浪数值模拟 … 170
8.1 概述 … 170
8.2 波作用量守恒方程数值模型 … 171
8.2.1 波作用量守恒方程 … 171
8.2.2 物理过程的处理 … 171
8.2.3 差分格式 … 177
8.3 热带气旋海面气压场及风场模型 … 178
8.3.1 台风气压场和风场的参数化模型 … 179
8.3.2 台风风场的构造方案 … 179
8.3.3 风场模式的验证及应用 … 180
8.4 台风浪数值模型检验与应用 … 183
8.4.1 台风浪数值模型检验——0601 号"珍珠" … 184
8.4.2 台风浪数值模型应用——0707"帕布"和 0814"黑格比" … 187

第 9 章 滨海地表水与地下水耦合模拟 … 191
9.1 概述 … 191
9.2 数学模型 … 192
9.2.1 地表水控制方程 … 192
9.2.2 地下水控制方程 … 192
9.2.3 三维地表水与地下水方程统一方程 … 193
9.2.4 扩展型浅水方程形式的建立 … 193
9.3 数值方法 … 194
9.3.1 离散方法 … 194
9.3.2 交界面的处理 … 196
9.4 模型应用 … 196

第 1 章 潮波数值模拟

1.1 概述

海洋中形成了周期性潮波现象实质上是一种长波运动,源于日、月等天体的引潮力作用。深海大洋中的潮波是日、月引潮力直接作用引起的强迫潮,而大洋附属海的潮波运动一般可看作协振潮波,其能量主要来源于毗邻大洋的潮波输入,引潮力在该海区的直接影响相对较小。如在我国东海、黄海、渤海的潮波主要是太平洋的潮波传入所致,因此可被认为是协振潮或自由潮波。

从大洋或外海传入的前进潮波,受到大陆岸线的影响发生反射,反射波与入射波迭加在某些海域可能形成驻波。根据驻波特性,节点(无潮点)水平流速最大。相反,在驻波的波腹处,潮位振动达最大,而水平流速为零。由于在驻波节点的位置没有潮位振动,所以导致某些海域潮差较小,往往出现无潮点。实际上近海潮波受地转和地形的影响,呈现复杂的变化,大多数兼有前进波与驻波的特点。

1.2 潮波模型

引入 Boussinesq 近似假设,忽略盐度、温度和其他物质浓度变化的影响,基于静压假定和刚盖假定,构建潮波动力学方程。研究潮波运动,计算范围较大,需要同时考虑引潮力、地球曲率和科氏加速度随纬度的影响,一般多采用球面坐标下的二维潮波传播方程。

(1)连续方程:

$$\frac{1}{a\cos\varphi}\left[\frac{\partial}{\partial\lambda}(\bar{U}_\lambda D)+\frac{\partial}{\partial\varphi}(\bar{U}_\varphi D\cos\varphi)\right]+\frac{\partial\zeta}{\partial t}=0 \qquad (1.1)$$

(2) 运动方程：

$$\frac{\partial \bar{U}_\lambda}{\partial t} + \frac{\bar{U}_\lambda}{a\cos\varphi}\frac{\partial \bar{U}_\lambda}{\partial \lambda} + \frac{\bar{U}_\varphi}{a}\frac{\partial \bar{U}_\lambda}{\partial \varphi} - \frac{\bar{U}_\lambda \bar{U}_\varphi}{a}\tan\varphi = f\bar{U}_\varphi - \frac{g}{a\cos\varphi}\frac{\partial}{\partial \lambda}(\zeta - \bar{\zeta})$$
$$+ \frac{A_H}{a^2\cos\varphi}\left[\frac{1}{\cos\varphi}\frac{\partial^2 \bar{U}_\lambda}{\partial \lambda^2} + \frac{\partial}{\partial \varphi}\left(\cos\varphi\frac{\partial \bar{U}_\lambda}{\partial \varphi}\right)\right] - \frac{k}{D}\sqrt{\bar{U}_\lambda^2 + \bar{U}_\varphi^2}\,\bar{U}_\lambda \qquad (1.2a)$$

$$\frac{\partial \bar{U}_\varphi}{\partial t} + \frac{\bar{U}_\lambda}{a\cos\varphi}\frac{\partial \bar{U}_\varphi}{\partial \lambda} + \frac{\bar{U}_\varphi}{a}\frac{\partial \bar{U}_\varphi}{\partial \varphi} - \frac{\bar{U}_\lambda^2}{a}\tan\varphi = -f\bar{U}_\lambda - \frac{g}{a}\frac{\partial}{\partial \varphi}(\zeta - \bar{\zeta})$$
$$+ \frac{A_H}{a^2\cos\varphi}\left[\frac{1}{\cos\varphi}\frac{\partial^2 \bar{U}_\varphi}{\partial \lambda^2} + \frac{\partial}{\partial \varphi}\left(\cos\varphi\frac{\partial \bar{U}_\varphi}{\partial \varphi}\right)\right] - \frac{k}{D}\sqrt{\bar{U}_\lambda^2 + \bar{U}_\varphi^2}\,\bar{U}_\varphi \qquad (1.2b)$$

式中：t 是时间；λ 表示东经，φ 表示北纬；$\bar{U}_\lambda$、$\bar{U}_\varphi$ 分别为沿水深平均的潮流速在 λ、φ 方向上的分量；$D = h + \zeta$ 为总水深，h 为静水深，ζ 为相对于静海面的波动值；f 为科氏力分量，$f = 2\omega\sin\varphi$，ω 为地球自转角速度；a 为地球平均半径；g 为重力加速度；A_H 为平均涡粘系数，可视为常量；k 为运动阻力系数，$k = g/C^2$，$C = D^{1/6}/n$，C 为谢才系数，n 为曼宁系数；$\bar{\zeta}$ 为因引潮力引起的海面变化值，即平衡潮潮高。

平衡潮是由牛顿提出的一种理论潮汐模式，实际潮汐考虑到固体潮订正。固体潮的存在是由于地球固体部分也是可变星体而非刚体，在日、月引潮力的作用下也会像海洋那样发生运动变形，即固体潮。固体潮的存在相当于抵消一部分平衡潮效应，因此一般取理论值的 0.69～0.70 倍。

M2、S2、N2、K2、K1、O1、P1、Q1，八个主要分潮的平衡潮理论表达式为：

$$\bar{\zeta}_{M2} = 0.2433\cos^2\varphi\cos[\sigma_{M2}(t-s) + 2\lambda] \qquad (1.3a)$$

$$\bar{\zeta}_{S2} = 0.1131\cos^2\varphi\cos[\sigma_{S2}(t-s) + 2\lambda] \qquad (1.3b)$$

$$\bar{\zeta}_{N2} = 0.0471\cos^2\varphi\cos[\sigma_{N2}(t-s) + 2\lambda] \qquad (1.3c)$$

$$\bar{\zeta}_{K2} = 0.0308\cos^2\varphi\cos[\sigma_{K2}(t-s) + 2\lambda] \qquad (1.3d)$$

$$\bar{\zeta}_{K1} = 0.1420\sin 2\varphi\cos[\sigma_{K1}(t-s) + \lambda] \qquad (1.3e)$$

$$\bar{\zeta}_{O1} = 0.1010\sin 2\varphi\cos[\sigma_{O1}(t-s) + \lambda] \qquad (1.3f)$$

$$\bar{\zeta}_{P1} = 0.0471\sin 2\varphi\cos[\sigma_{P1}(t-s) + \lambda] \qquad (1.3g)$$

$$\bar{\zeta}_{Q1} = 0.0195\sin 2\varphi\cos[\sigma_{Q1}(t-s) + \lambda] \qquad (1.3h)$$

1.3 数值方法

1.3.1 差分离散截断误差分析

数值计算是利用离散方法将数学模型转化为代数方程组进行求解，以得到数学模型在离散点上的近似解。有限差分是研究最成熟、应用最广泛的一种数值方法。差分计算的实质是用有限差分代替数学模型中的偏导数,继而将偏微分方程转化为代数方程在一定的定解条件下进行求解。但这种离散过程中会产生误差,这就是离散数值模式与数学模型之间的误差。对于常见的时间前差格式:

$$\frac{\partial \zeta}{\partial t} = \frac{\zeta(t+\Delta t)-\zeta(t)}{\Delta t} + O(\Delta t) \tag{1.4}$$

由于等式右边省略了二阶项,从而产生了截断误差。截断误差直接影响差分离散格式的相容性、收敛性和稳定性。由于截断误差和时间步长 Δt 或空间步长 Δx 成正比,所以一般都通过减小步长的办法来控制截断误差,但实际计算中由于将其和另外几种误差——舍入误差以及模型边界及地形误差混在一起,因此很难控制;而且减小步长没有一个定量的标准,往往需要更多的经验和调试。通过数值试验,可以说明步长(相对步长)与截断误差之间的关系,以及对结果的影响。

以时间离散为例。设真实解 $\zeta = \zeta_0 \sin(\omega t + \varphi)$,$\zeta_0$ 为振幅,ω 为频率 $\left(\omega = \dfrac{2\pi}{T}, T\text{ 为周期}\right)$,$\varphi$ 为初相位。按向前差分离散格式进行数值试验。

$$\begin{cases} x = \dfrac{\partial \zeta}{\partial t} \\ y = \dfrac{\zeta(t+\Delta t)-\zeta(t)}{\Delta t} \end{cases} \tag{1.5}$$

理论解 $\dfrac{\partial \zeta}{\partial t} = \omega \zeta_0 \cos(\omega t + \varphi)$。为了使计算出的理论值与离散结果的相对关系更具有代表性,在一个周期内各个离散点计算离散值 $\left(\dfrac{\partial \zeta}{\partial t}\right)_i$ ($i=1, 2, 3, \cdots, n$, $n = T/\Delta t$, 称为相对步长)和理论值,对两组数据 x_i、y_i 作回归分析,建立 $\dfrac{\partial \zeta}{\partial t}$计算 $= k \times \dfrac{\partial \zeta}{\partial t}$理论 $+ b$ 的回归关系式。数值试验的结果见表1.1。

表1.1 数值试验 k 和 r 随 n 的变化

n	8	12	20	24	30	36	40	48	60	96	120
k	0.900 3	0.954 9	0.983 6	0.988 6	0.992 7	0.994 9	0.995 9	0.997 1	0.998 2	0.999 3	0.999 5
r	0.923 8	0.965 9	0.987 7	0.991 4	0.994 5	0.996 2	0.996 9	0.997 9	0.998 6	0.999 5	0.999 7

(1) 计算式中的 b 十分小,在 10^{-9} 数量级。

(2) 前差、后差的计算结果一致,中心差分得到的回归系数 k 与前差、后差一致,但相关系数 r 近似恒等于 1,且不随 n 变化。

(3) 基于表1.1可以得到 k 与 $1/n$ 之间的拟合关系式:

$$k = -6.213n^{-2} - 0.025n^{-1} + 1.00 \tag{1.6}$$

从以上结果中可以很容易看出,步长 Δt 越小,即 n 越大,计算值与理论值越接近,表现在 k 越接近于 1,这与以往的误差分析结果是一致的,通过 k 值可以反映 Δt 的大小与误差的关系,可以间接反映离散值与理论值之间的差异。当相对步长为 10 时,k 值为 0.9556,也就是说由于截断误差导致的相对误差不考虑累积时不超过 5%。因此在波浪的数值推算中,一般采用的网格的空间步长满足 Δx、$\Delta y < 1/10$ 倍的波长。

1.3.2 潮波方程的差分格式

变量在时间和空间的布置采用交错网格技术,方程经差分离散后采用改进的 ADI 方法计算。见图 1.1。

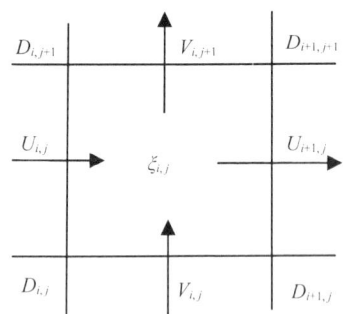

图 1.1 差分变量布置图

第一步:x 方向

(1) 连续方程:$\zeta^n \to \zeta^{n+\frac{1}{2}}$,$\zeta(i,j)$,式中未标注下标的均指 $\zeta(i,j)$,由控制方程 (1.1) 可得:

$$\frac{\zeta_{i,j}^{n+\frac{1}{2}} - \zeta_{i,j}^n}{\frac{1}{2}\Delta t} + \frac{1}{a\cos\varphi_{j+\frac{1}{2}}} \left[\frac{U_{i+1,j}^{n+\frac{1}{2}} \frac{D_{i+1,j} + D_{i+1,j+1}}{2} - U_{i,j}^{n+\frac{1}{2}} \frac{D_{i,j} + D_{i,j+1}}{2}}{\Delta \lambda} \right. \\ \left. + \frac{V_{i,j+1}^n \frac{D_{i,j+1} + D_{i+1,j+1}}{2} - V_{i,j}^n \frac{D_{i,j} + D_{i+1,j}}{2}}{\Delta \varphi} \cos\varphi_{j+\frac{1}{2}} \right] = 0 \tag{1.7}$$

可以写成:

$$A_1 U_{i+1,j}^{n+\frac{1}{2}} + B_1 \zeta_{i,j}^{n+\frac{1}{2}} + C_1 U_{i,j}^{n+\frac{1}{2}} = D_1 \tag{1.8}$$

式中:$A_1 = \dfrac{\Delta t(D_{i+1,j} + D_{i+1,j+1})}{4a\cos\varphi \cdot \Delta\lambda}$;$B_1 = 1$;$C_1 = -\dfrac{\Delta t(D_{i,j} + D_{i,j+1})}{4a\cos\varphi \cdot \Delta t}$;

$D_1 = \zeta_{i,j}^n - \dfrac{\Delta t}{4a\cos\varphi \cdot \Delta\varphi} [V_{i,j+1}^n (D_{i,j+1} + D_{i+1,j+1}) - V_{i,j}^n (D_{i,j} + D_{i+1,j})]$

(2) x 向动量方程：$U^{n-\frac{1}{2}} \to U^{n+\frac{1}{2}}$

$$\frac{U_{i,j}^{n+\frac{1}{2}} - U_{i,j}^{n-\frac{1}{2}}}{\Delta t} + Cvx - \frac{\overline{V_{i,j}^n} U_{i,j}^{n+\frac{1}{2}}}{a} \tan \varphi_{j+\frac{1}{2}} = f \overline{V_{i,j}^n} + Dfx - $$

$$\frac{g}{a\cos\varphi_{j+\frac{1}{2}}} \cdot \frac{(\zeta - \bar{\zeta})_{i,j}^{n+\frac{1}{2}} - (\zeta - \bar{\zeta})_{i-1,j}^{n+\frac{1}{2}}}{\Delta \lambda} - \frac{k_b}{D_{i,j}^y} \sqrt{U_{i,j}^2 + \overline{V_{i,j}^n}^2} \cdot U_{i,j}^{n+\frac{1}{2}} \quad (1.9)$$

式中：$\overline{V_{i,j}^n} = \frac{1}{4}(V_{i,j}^n + V_{i,j+1}^n + V_{i-1,j}^n + V_{i-1,j+1}^n)$；$\overline{D_{i,j}^y} = \frac{1}{2}(D_{i,j} + D_{i,j+1})$；$k_b = g/C^2 = gn^2/D^{\frac{1}{3}}$

对流项采用迎风差：

$$Cvx = \frac{1}{a\cos\varphi_{j+\frac{1}{2}}} \left[\max(U_{i,j}^{n+\frac{1}{2}}, 0) \cdot \frac{U_{i,j}^{n-\frac{1}{2}} - U_{i-1,j}^{n-\frac{1}{2}}}{\Delta \lambda} + \max(-U_{i,j}^{n+\frac{1}{2}}, 0) \cdot \frac{U_{i+1,j}^{n-\frac{1}{2}} - U_{i,j}^{n-\frac{1}{2}}}{\Delta \lambda} \right] + $$

$$\frac{1}{a} \left[\max(\overline{V_{i,j}^n}, 0) \cdot \frac{U_{i,j}^{n-\frac{1}{2}} - U_{i,j-1}^{n-\frac{1}{2}}}{\Delta \varphi} + \max(-\overline{V_{i,j}^n}, 0) \cdot \frac{U_{i,j+1}^{n-\frac{1}{2}} - U_{i,j}^{n-\frac{1}{2}}}{\Delta \varphi} \right]$$

扩散项采用中心差：

$$Df_x = \frac{A_H}{a^2 \cos \varphi_{j+\frac{1}{2}}} \left\{ \frac{1}{a\cos\varphi_{j+\frac{1}{2}}} \cdot \frac{U_{i+1,j}^{n-\frac{1}{2}} + U_{i-1,j}^{n-\frac{1}{2}} - U_{i,j}^{n-\frac{1}{2}}}{\Delta \lambda^2} + \right.$$

$$\left. \frac{\cos\varphi_{j+1} \frac{U_{i,j+1}^{n-\frac{1}{2}} - U_{i,j}^{n-\frac{1}{2}}}{\Delta \varphi} - \cos\varphi_j \frac{U_{i,j}^{n-\frac{1}{2}} - U_{i,j-1}^{n-\frac{1}{2}}}{\Delta \varphi}}{\Delta \varphi} \right\}$$

写成

$$A_2 \zeta_{i,j}^{n+\frac{1}{2}} + B_2 U_{i,j}^{n+\frac{1}{2}} + C_2 \zeta_{i-1,j}^{n+\frac{1}{2}} = D_2 \quad (1.10)$$

式中：$A_2 = \frac{g \cdot \Delta t}{a\cos\varphi \cdot \Delta \lambda}$；$B_2 = 1 + \frac{\Delta t}{a\cos\varphi} \cdot \frac{U_{i,j+1}^{n-\frac{1}{2}} - U_{i,j-1}^{n-\frac{1}{2}}}{2\Delta \lambda} - \frac{\Delta t}{a} \overline{V_{i,j}^n} \tan\varphi + \frac{R\Delta t}{D_{i,j}} \cdot \sqrt{U_{i,j}^{n-\frac{1}{2}}{}^2 + \overline{V_{i,j}^n}^2}$

$C_2 = -\frac{g\Delta t}{a\cos\varphi \cdot \Delta \lambda}$；$D_2 = U_{i,j}^{n-\frac{1}{2}} - Cfx\Delta t + f\overline{V_{i,j}^n}\Delta t + Df\Delta t + \frac{g\Delta t}{a\cos\varphi} \frac{\overline{\zeta_{i,j}^{n+\frac{1}{2}}} - \overline{\zeta_{i,j}^{n+\frac{1}{2}}}}{\Delta \lambda}$

设

$$U_{i,j} = P_{1i}\zeta_{i,j} + Q_{1i} \quad (1.11)$$

$$\zeta_{i-1,j} = P_{2i}U_{i,j} + Q_{2i} \quad (1.12)$$

则有，

$$P_{1i} = -\frac{A_2}{B_2 + C_2 P_{2i}}, \quad Q_{1i} = \frac{D_2 - C_2 Q_{2i}}{B_2 + C_2 P_{2i}},$$

$$P_{2i+1} = -\frac{A_1}{B_1 + C_1 P_{1i}} \quad Q_{2i+1} = \frac{D_1 - C_1 Q_{1i}}{B_1 + C_1 P_{1i}}$$

边界处理：

左边界计算：

① 当 $U_{IS,j}$ 已知，则 $P_{1IS} = 0$ 且 $Q_{1IS} = U_{IS,j}$，进一步可陆续推求以下系数

$$\Rightarrow P_{2IS+1} \quad Q_{2IS+1} \Rightarrow P_{1IS+1} \quad Q_{1IS+1} \Rightarrow \cdots$$

② $\zeta_{IS,j}$ 已知，则 $P_{2IS+1} = 0$ 且 $Q_{2IS+1} = \zeta_{IS,j}$，进一步可陆续推求以下系数

$$\Rightarrow P_{1IS+1} \quad Q_{1IS+1} \Rightarrow P_{2IS+2} \quad Q_{2IS+2} \Rightarrow P_{1IS+2} \quad Q_{1IS+2} \Rightarrow \cdots$$

右边界计算：$U_{i,j}^{n+\frac{1}{2}}, \zeta_{i,j}^{n+\frac{1}{2}}$

① $U_{IE,j}$ 已知，则 $\zeta_{IE-1,j} = P_{2IE}U_{IE,j} + Q_{2IE}$，进一步可陆续推求以下系数

$$\Rightarrow U_{IE-1,j} \Rightarrow \zeta_{IE-2,j} \Rightarrow U_{IE-2,j} \Rightarrow \cdots$$

② $\zeta_{IE-1,j}^{n+\frac{1}{2}}$ 已知，则 $U_{IE-1,j} = P_{1IE-1}\zeta_{IE-1,j} + Q_{1IE-1}$，进一步可陆续推求以下系数

$$\Rightarrow \zeta_{IE-2,j} \Rightarrow U_{IE-2,j} \Rightarrow \cdots$$

第二步：y 向离散差分

(1) 连续方程：$\zeta^{n+\frac{1}{2}} \rightarrow \zeta^{n+1}$

$$\frac{\zeta_{i,j}^{n+1} - \zeta_{i,j}^{n+\frac{1}{2}}}{\frac{1}{2}\Delta t} + \frac{1}{a\cos\varphi_{j+\frac{1}{2}}} \left[\frac{U_{i+1,j}^{n+\frac{1}{2}} \left(\frac{D_{i+1,j} + D_{i+1,j+1}}{2}\right)^{n+\frac{1}{2}} - U_{i,j}^{n+\frac{1}{2}} \left(\frac{D_{i,j} + D_{i,j+1}}{2}\right)^{n+\frac{1}{2}}}{\Delta \lambda} \right.$$
$$\left. + \frac{V_{i,j+1}^{n+1} \left(\frac{D_{i,j+1} + D_{i+1,j+1}}{2}\right)^{n+\frac{1}{2}} - V_{i,j}^{n+1} \left(\frac{D_{i,j} + D_{i+1,j}}{2}\right)^{n+\frac{1}{2}}}{\Delta \varphi} \cos\varphi_{j+\frac{1}{2}} \right]$$
$$= 0$$

(1.13)

可整理成：

$$A_1 V_{i+1,j}^{n+1} + B_1 \zeta_{i,j}^{n+1} + C_1 U_{i,j}^{n+1} = D_1 \tag{1.14}$$

式中：$A_1 = \dfrac{\Delta t (D_{i,j+1} + D_{i+1,j+1})^{n+\frac{1}{2}}}{4a\Delta\varphi}$

$B_1 = 1$

$C_1 = -\dfrac{\Delta t (D_{i,j} + D_{i+1,j})^{n+\frac{1}{2}}}{4a\Delta\varphi}$

$$D_1 = \zeta_{i,j}^{n+\frac{1}{2}} - \frac{\Delta t}{4a\cos\varphi \cdot \Delta\lambda}\Big[U_{i+1,j}^{n+\frac{1}{2}}(D_{i+1,j}+D_{i+1,j+1})^{n+\frac{1}{2}} - U_{i,j}^{n+\frac{1}{2}}(D_{i,j}+D_{i,j+1})^{n+\frac{1}{2}}\Big]$$

y 向动量方程离散：$V^n \to V^{n+1}$，差分中心 $V(i,j)$：

$$\frac{V_{i,j}^{n+1}-V_{i,j}^n}{\Delta t} + Cvy - \frac{(\overline{U_{i,j}^{n+\frac{1}{2}}})^2}{a}\tan\varphi = -f\overline{U_{i,j}^{n+\frac{1}{2}}} + Df_y - \frac{g}{a} \cdot \frac{(\zeta-\bar\zeta)_{i,j}^{n+1}-(\zeta-\bar\zeta)_{i,j-1}^{n+1}}{\Delta\varphi} - \frac{k_b}{D_{i,j}^x}\sqrt{(\overline{U_{i,j}^{n+\frac{1}{2}}})^2+V_{i,j}^2}\cdot V_{i,j}^{n+1} \quad (1.15)$$

式中：$\overline{U_{i,j}} = \frac{1}{4}(U_{i,j}+U_{i+1,j}+U_{i,j-1}+U_{i+1,j-1})$；$\overline{D_{i,j}^x} = \frac{1}{2}(D_{i,j}+D_{i+1,j})$

相应的对流项为：

$$Cvy = \frac{1}{a\cos\varphi_{j+\frac{1}{2}}}\Big[\max(U_{i,j}^{n+\frac{1}{2}},0)\cdot\frac{V_{i,j}^{n-\frac{1}{2}}-V_{i-1,j}^{n-\frac{1}{2}}}{\Delta\lambda} + \max(-U_{i,j}^{n+\frac{1}{2}},0)\cdot\frac{V_{i+1,j}^{n-\frac{1}{2}}-V_{i,j}^{n-\frac{1}{2}}}{\Delta\lambda}\Big] + \frac{1}{a}\Big[\max(\overline{V_{i,j}},0)\cdot\frac{V_{i,j}^{n-\frac{1}{2}}-V_{i,j-1}^{n-\frac{1}{2}}}{\Delta\varphi} + \max(-\overline{V_{i,j}},0)\cdot\frac{V_{i,j+1}^{n-\frac{1}{2}}-V_{i,j}^{n-\frac{1}{2}}}{\Delta\varphi}\Big]$$

扩散项为：

$$Df_y = \frac{A_H}{a^2\cos\varphi_j} \cdot$$

$$\left(\frac{1}{a\cos\varphi_j}\frac{V_{i+1,j}^n+V_{i-1,j}^n-V_{i,j}^n}{\Delta\lambda^2} + \frac{\cos\varphi_{j+1}\frac{V_{i,j+1}^n-V_{i,j}^n}{\Delta\varphi}-\cos\varphi_j\frac{V_{i,j}^n-V_{i,j-1}^n}{\Delta\varphi}}{\Delta\varphi}\right)$$

写成：

$$A_2\zeta_{i,j}^{n+1} + B_2 V_{i,j}^{n+1} + C_2\zeta_{i,j-1}^{n+1} = D_2 \quad (1.16)$$

式中：$A_2 = \frac{g\Delta t}{a\Delta\varphi}$；$B_2 = 1 + \frac{\Delta t}{a}\cdot\frac{V_{i,j+1}^n-V_{i,j-1}^n}{2\Delta\lambda} + \frac{R\Delta t}{\overline{D_{i,j}}}\sqrt{(\overline{U_{i,j}^{n+\frac{1}{2}}})^2+(V_{ij}^n)^2}$；$C_2 = -\frac{g\Delta t}{a\cdot\Delta\varphi}$；$D_2 = V_{i,j} - \frac{\Delta t\,\overline{U_{i,j}}^{n+\frac{1}{2}}}{a\cos\varphi}\cdot\frac{V_{i+1,j}-V_{i-1,j}}{2\Delta\lambda} + \frac{(\overline{U_{i,j}^{n+\frac{1}{2}}})^2\Delta t}{a}\tan\varphi - f\Delta t\,\overline{U_{i,j}^{n+\frac{1}{2}}} + A_H\Delta t + \frac{g\Delta t}{a}\frac{\overline{\zeta_{i,j}^{n+1}}-\overline{\zeta_{i,j}^{n+1}}}{\Delta\varphi}$

设

$$V_{i,j} = P_{1j}\zeta_{i,j} + Q_{1j} \quad (1.17)$$

$$\zeta_{i,j-1} = P_{2j}V_{i,j} + Q_{2j} \quad (1.18)$$

有

$$P_{2j+1} = -\frac{A_1}{B_1 + C_1 P_{1j}}, \quad Q_{2j+1} = \frac{D_1 - C_1 Q_{1j}}{B_1 + C_1 P_{1j}}$$

$$P_{1j} = -\frac{A_2}{B_2 + C_2 P_{2j}}, \quad Q_{1j} = \frac{D_2 - C_2 Q_{2j}}{B_2 + C_2 P_{2j}}$$

边界处理：

下边界计算：

① $V_{i,JS}$ 已知，则 $P_{1JS} = 0, Q_{1JS} = V_{i,JS}$

$$\Rightarrow P_{2JS+1} \quad Q_{2JS+1} \Rightarrow P_{1JS+1} \quad Q_{1JS+1} \Rightarrow \cdots$$

② $\zeta_{i,JS}^{n+1}$ 已知，则 $P_{2JS+1} = 0, Q_{2JS+1} = \zeta_{i,JS}$

$$\Rightarrow P_{1JS+1} \quad Q_{1JS+1} \Rightarrow P_{2JS+2} \quad Q_{2JS+2} \Rightarrow P_{1JS+2} \quad Q_{1JS+2} \Rightarrow \cdots$$

上边界计算：$V_{i,j}^{n+1}, \zeta_{i,j}^{n+1}$

① $V_{i,JE}$ 已知，则 $\zeta_{i,JE-1} = P_{2JE} V_{i,JE} + Q_{2JE}$

$$\Rightarrow \zeta_{i,JE-1} \Rightarrow V_{i,JE-1} \Rightarrow \cdots$$

② $\zeta_{i,JE-1}$ 已知，则 $V_{i,JE-1} = P_{1JE-1} \zeta_{i,JE-1} + Q_{1JE-1}$

$$\Rightarrow V_{i,JE-1} \Rightarrow \zeta_{i,JE-2} \Rightarrow V_{i,JE-2} \Rightarrow \cdots$$

1.3.3 定解条件

定解条件包括初始条件和边界条件。

初始条件，可采用冷启动，即潮位为零或常数，流速为零，由此产生的误差在计算过程中会自行消除。

边界条件分为开边界和闭边界。开边界即水—水界面，闭边界为水—陆界面。

闭边界一般满足流体不可入条件，即

$$\vec{U}_H \cdot \vec{n} = 0 \tag{1.19}$$

式中：$\vec{U}_H = (\vec{U}_\lambda, \vec{U}_\varphi)$ 为水平流速矢量；$\vec{n}$ 为边界法向。

开边界给定潮位过程线。潮位过程线由潮汐调和常数按以下形式给定：

$$\zeta = \sum_{i=1}^{8} H_i \cos(\sigma_i t - \theta_i) \tag{1.20}$$

式中：H_i、σ_i、θ_i 分别为各自分潮的振幅、角频率和迟角。

模拟复合潮波运动时，为确保模型的计算精度，外海边界条件应给定至少 8 个主要分潮（M2、S2、N2、K2、K1、O1、Q1、P1）的调和常数，进而构建出边界的潮位过程。

1.4 模型应用

中国东海的潮波主要是太平洋潮波经中国台湾和日本九州之间的水道传入的协振

潮,由天体引潮力直接产生的强迫潮很小。南海的潮波主要是太平洋潮波经吕宋海峡传入的协振波,引潮力的作用相对较强。

针对潮汐过程调和分析后,可得分潮特征参数,进一步可根据潮型数 $A=(HK1+HO1)/HM2$ 来判断潮汐类型,定义:

$$\left.\begin{array}{l} 0.0 < A \leqslant 0.5 \quad 半日潮 \\ 0.5 < A \leqslant 2.0 \quad 不规则半日潮 \\ 2.0 < A \leqslant 4.0 \quad 不规则全日潮 \\ 4.0 < A \qquad\quad 全日潮 \end{array}\right\}混合潮$$

通过构建潮波数学模型,根据上式计算可得,东海潮汐数 A 总体上都小于 4.0,整个海区属于半日潮海区。$A=0.5$ 的等值线位于陆架上并与陆架边缘线基本平行。西北侧除杭州湾、舟山群岛附近海域为不规则半日潮外,均属于规则半日潮;而东南侧为不规则半日潮。在黄海,大多数海岸和海域属于规则半日潮。在渤海,潮汐性质要复杂得多。其中大部分海域属于不规则半日潮,在渤海海峡蓬莱近海全日潮无潮点周围是规则半日潮海区;而在秦皇岛近海的半日潮无潮点附近,有一小范围的规则全日潮海域,周围则由不规则全日潮包围着;在黄河口外海的半日潮无潮点周围也存在不规则全日潮海区。南海的潮汐特征主要为不规则全日潮和规则全日潮,以后者为主。

第 2 章　潮流数值模拟

2.1　概述

在天体(主要是月球和太阳)引潮力作用下海面产生周期性的运动,海面垂直方向涨落称为潮汐,而海水在水平方向的流动称为潮流。

由于潮汐类型的差异,我国沿海的潮流类型和强度也不同,其中渤海以半日潮流为主。黄海以规则半日潮流为主,仅在渤海海峡及烟台近海为不规则全日潮流,流速一般是东部大于西部。东海的潮流西部大多为规则半日潮流,台湾海峡和对马海峡亦分别为规则和不规则半日潮流。与渤海、黄海、东海不同,南海绝大部分海域为不规则全日潮。南海的潮流较弱,由于南海受日潮影响为主,导致全日潮流明显大于半日潮流,只在广东沿岸以不规则半日潮流占优势。

2.2　潮流模型

2.2.1　水流控制方程

基于静压假定,Boussinesq 近似和 Boussinesq 假定,采用笛卡尔坐标下的 6 个流体静力学方程式,包括质量守恒方程(三维、沿水深积分)、动量守恒方程及温盐度方程。

连续方程:

$$\frac{\partial u}{\partial x}+\frac{\partial v}{\partial y}+\frac{\partial w}{\partial z}=0 \tag{2.1}$$

动量方程:

$$\frac{\mathrm{D}u}{\mathrm{D}t}=fv-\frac{\partial}{\partial x}\left[g(\eta-\alpha\hat{\psi})+\frac{P_a}{\rho_0}\right]-\frac{g}{\rho_0}\int_z^{H_R+\eta}\frac{\partial\rho}{\partial x}\mathrm{d}z+\frac{\partial}{\partial z}\left(K_{mv}\frac{\partial u}{\partial z}\right)+F_{mx} \tag{2.2}$$

$$\frac{\mathrm{D}v}{\mathrm{D}t} = -fu - \frac{\partial}{\partial y}\left[g(\eta - \alpha\hat{\psi}) + \frac{P_a}{\rho_0}\right] - \frac{g}{\rho_0}\int_z^{H_R+\eta}\frac{\partial \rho}{\partial y}\mathrm{d}z + \frac{\partial}{\partial z}\left(K_{mv}\frac{\partial v}{\partial z}\right) + F_{my} \quad (2.3)$$

温盐输运方程

$$\frac{\mathrm{D}S}{\mathrm{D}t} = \frac{\partial}{\partial z}\left(K_{sv}\frac{\partial S}{\partial z}\right) + F_s \quad (2.4)$$

$$\frac{\mathrm{D}T}{\mathrm{D}t} = \frac{\partial}{\partial z}\left(K_{hv}\frac{\partial T}{\partial z}\right) + \frac{\dot{Q}}{\rho_0 C_p} + F_h \quad (2.5)$$

式中：(x, y) 为水平笛卡尔坐标(m)；z 为垂向坐标，向上为正(m)；t 为时间(s)；H_R 为基准面（大地水准面或平均海平面）下的 z 坐标；$\eta(x, y, t)$ 为自由面水位(m)；$h(x,y)$ 为水深(m)；$\vec{u}(\vec{x}, t)$ 为 $\vec{x}=x(x, y, z)$ 处流速，笛卡尔坐标分量为 u, v, w，$(m \cdot s^{-1})$；f 为柯氏力因子(s^{-1})；g 为重力加速度$(m \cdot s^{-2})$；$\hat{\psi}(\varphi, \lambda)$ 为潮汐势(m)；α 为地球弹性因子(≈ 0.69)；$\rho(\vec{x}, t)$ 为水的密度，默认参考值 ρ_0 为 $1\,025\,\mathrm{kg \cdot m^{-3}}$；$P_a(x, y, t)$ 为自由水面大气压强$(N \cdot m^{-2})$；S, T 为水的盐度及温度(psu,℃)；K_{mv} 为垂向紊动黏性系数$(m^2 \cdot s^{-1})$；K_{sv}, K_{hv} 为垂向紊动扩散系数$(m^2 \cdot s^{-1})$；F_{mx}, F_{my}, F_s, F_h 为动量方程和输运方程的水平扩散项；$\dot{Q}(\phi, \lambda, z, t)$ 为太阳辐射吸收率$(W \cdot m^{-2})$；C_p 为水的比热$(J \cdot kg^{-1} \cdot K^{-1})$。

2.2.2 紊流模型

紊流模型主要有：零阶模型、单方程（k 方程）模型、双方程（k-ε）模型和应力—通量代数模型等。在河口及近海大水体运动的数值模拟中，应用较多的是零阶模型和双方程模型。本文采用的潮流数值模型中提供了多种紊流闭合模型的选择，包括零阶模型（Pakanowski 和 Philander，1981）和多种 2.5 阶模型（Umlarf 和 Burchard，2003；Mellor 和 Yamada，1982；Galperin 等，1988），模型中均假设温盐度的垂向紊动扩散系数相似，即 $K_{sv} \cong K_{hv}$。首先对零阶模型和 2.5 阶模型中的 GLS 模式进行简要介绍和比较。

(1) 零阶模型

采用 Pakanowski 和 Philander(1981)的零阶模型来说明垂向参混的层化效应。该方法假设当地垂向紊动黏性系数和垂向紊动扩散系数 K_{mv} 和 K_{hv}，只与 Richardson 数 R_i 有关：

$$K_{mv} = \frac{v_0}{(1+5R_i)^2} + v_b \quad (2.6)$$

$$K_{hv} = \frac{K_{mv}}{1+5R_i} + K_b \quad (2.7)$$

当 K_{mv}, K_{hv} 在无密度分层和有限垂向剪应力即 $R_i \to 0$ 的情况下,逼近于上限值 v_0,密度分层明显即 $R_i \to \infty$ 时分别逼近于分子紊动系数 v_b 和 K_b,推荐数值为 $v_0 = 5 \times 10^3$,$v_b = 10^{-1}$,$K_b = 10^{-5} \mathrm{m}^2 \cdot \mathrm{s}^{-1}$,模型中有提供参考。

$$\text{Richardson 数 } R_i = \frac{N^2}{\left(\frac{\partial u}{\partial z}\right)^2 + \left(\frac{\partial v}{\partial z}\right)^2} \tag{2.8}$$

N^2 为 Brunt-Vaisala 频率,可以为负:

$$N^2 = \frac{g}{\rho_0} \cdot \frac{\partial \rho}{\partial z} \tag{2.9}$$

(2) 2.5 阶模型

潮流数值模型 ELCIRC 中加入了传统的 2.5 阶紊流闭合模型(Mellor 和 Yamada,1982,由 Galperin 等人改进,以下简称 MY25),以及通用长度尺度模型 GLS(Umlarf 和 Burchard,2003)。其中 GLS 系列包括新模型(Umlarf 和 Burchard,2003),传统模型——k-ε(Rodi,1984)和 k-ω(Wilcox,1998)。虽然 GLS 内不包括 MY25,但有类似模型 k-kl。GLS 模型主要方程为两个输运控制方程,控制紊流动能 k 和通用长度尺度变量 ψ 的产生和耗散:

$$\frac{\mathrm{D}k}{\mathrm{D}t} = \frac{\partial}{\partial z}\left(v_k^\psi \frac{\partial k}{\partial z}\right) + K_{mv}M^2 + K_{hv}N^2 - \varepsilon \tag{2.10}$$

$$\frac{\mathrm{D}\psi}{\mathrm{D}t} = \frac{\partial}{\partial z}\left(v_\psi \frac{\partial \psi}{\partial z}\right) + \frac{\psi}{k}(c_{\psi 1}K_{mv}M^2 + c_{\psi 3}K_{hv}N^2 - c_{\psi 2}F_w\varepsilon) \tag{2.11}$$

式中:$c_{\psi 1}$,$c_{\psi 2}$,$c_{\psi 3}$ 为特定模型的选用常数;F_w 为壁面函数;M 和 N 分别是剪力和浮力频率;ε 为耗散率;当常数 c_μ^0 设为 $\sqrt{0.3}$ 时有:

$$M^2 = \left(\frac{\partial u}{\partial z}\right)^2 + \left(\frac{\partial v}{\partial z}\right)^2 \tag{2.12a}$$

$$\varepsilon = (c_\mu^0)^3 k^{1.5+m/n} \psi^{-1/n} \tag{2.12b}$$

长度尺度 l 定义为:

$$\psi = (c_\mu^0)^p k^m l^n \tag{2.13}$$

垂向黏度和扩散率与 k,ψ 有关:

$$K_{mv} = c_\mu k^{1/2} l \tag{2.14a}$$

$$K_{hv} = c_\mu' k^{1/2} l \tag{2.14b}$$

$$v_k^\psi = \frac{K_{mv}}{\sigma_k^\psi} \tag{2.14c}$$

$$v_\psi = \frac{K_{mv}}{\sigma_\psi} \tag{2.14d}$$

式中：v_k^ψ，v_ψ 分别为 k，ψ 的垂向紊动扩散率；施密特数 σ_k^ψ，σ_ψ 为模型参数；稳定函数 c_μ、c'_μ 由代数应力模型给出，这里采用 Kantha 和 Clayson(1994) 的方法，假设有如下形式：

$$c_\mu = \sqrt{2} s_m \tag{2.15a}$$

$$c'_\mu = \sqrt{2} s_h \tag{2.15b}$$

其中，

$$s_h = \frac{0.4939}{1 - 30.19 G_h} \tag{2.16a}$$

$$s_m = \frac{0.392 + 17.07 s_h G_h}{1 - 6.127 G_h} \tag{2.16b}$$

$$G_h = \frac{G_{h\_u} - (G_{h\_u} - G_{h\_c})^2}{G_{h\_u} + G_{h0} - 2 G_{h\_c}} \tag{2.16c}$$

其中，

$$G_{h\_u} = \min\left[G_{h0}, \max\left(-0.28, \frac{N^2 l^2}{2k}\right)\right] \tag{2.17a}$$

$$G_{h0} = 0.0233 \tag{2.17b}$$

$$G_{h\_c} = 0.02 \tag{2.17c}$$

壁面函数 F_w 允许模型中的 n 为正以满足边界条件，类似于 MY25 的 k-kl 模型。在 n 为负值时模型中 F_w 一致。对于 k-kl 模型，有

$$F_w = 1 + 1.33 \left(\frac{l}{\kappa d_b}\right)^2 + 0.25 \left(\frac{l}{\kappa d_s}\right)^2 \tag{2.18}$$

式中：d_b，d_s 分别为计算点到底床与到水面的距离：

$$d_b(x, y) = z - [H_R - h(x, y)] \tag{2.19}$$

$$d_s(x, y) = H_R + \eta(x, y) - z \tag{2.20}$$

求解方程需要表层和底部边界条件，按照惯例，假设边界紊动动能为近似表面处摩阻

流速的函数，即有：

$$k = \frac{16.6^{2/3}}{2}u_*^2 = \frac{16.6^{2/3}}{2}K_{mv}\sqrt{\left(\frac{\partial u}{\partial x}\right)^2 + \left(\frac{\partial v}{\partial y}\right)^2} \tag{2.21}$$

其中混合长度 l 设为：

$$l = \kappa d_b \text{（底部）} \tag{2.22a}$$

$$l = \kappa d_s \text{（表面）} \tag{2.22b}$$

2.2.3 边界条件

(1) 自由表面边界条件：

在自由表面，认为雷诺应力和外加剪应力平衡，即：

$$\rho_0 K_{mv}\left(\frac{\partial u}{\partial z}, \frac{\partial v}{\partial z}\right) = (\tau_{W_x}, \tau_{W_y}), \quad z = H_R + \eta \tag{2.23}$$

式中：

$$(\tau_{W_x}, \tau_{W_y}) = \rho_a C_{D_s}|\vec{W}|(W_x, W_y) \tag{2.24}$$

式中：ρ_a 为空气密度 $(kg \cdot m^{-3})$；C_{D_s} 为风应力系数，为负值；$\vec{W}(x,y,t)$ 为 10 m 风速；$|\vec{W}|$，(W_x, W_y) 为相应的模与分量。

$$C_{D_s} = 10^{-3}(A_{W1} + A_{W2}|\vec{W}|), \quad W_{low} \leqslant |\vec{W}| \leqslant W_{high} \tag{2.25}$$

风速在此区域外时，C_{D_s} 取适当的常数值。适当的强风条件下，海气动量交换会随着风速加强而增加。对于 A_{W1}，A_{W2}，在缺少数据的情况下，可为验证假设起始值：

$$A_{W1} = 0.61, \quad A_{W2} = 0.063, \quad W_{low} = 6, \quad W_{high} = 50 \tag{2.26}$$

(2) 底部边界条件：

通常在海底，认为雷诺应力与底部摩擦应力相平衡，即：

$$\rho_0 K_{mv}\left(\frac{\partial u}{\partial z}, \frac{\partial v}{\partial z}\right) = (\tau_{b_x}, \tau_{b_y}), \quad z = H_R - h \tag{2.27}$$

式中：

$$(\tau_{b_x}, \tau_{b_y}) = \rho_0 C_{D_b}\sqrt{u_b^2 + v_b^2}(u_b, v_b) \tag{2.28}$$

底部拖曳力系数 C_{D_b} 主要随地形变化，也会随其他一些因素而变化，如波流相互作用或是底床的演变。ELCIRC 模型中 C_{D_b} 可以外部指定，或是随底部边界层的

(u_b, v_b) 变化：

$$C_{D_b} = \max\left[\left(\frac{1}{\kappa}\ln\frac{\delta_b}{z_0}\right)^{-2}, C_{D_{b\min}}\right] \quad (2.29)$$

式中：Von Kármán 常数 $\kappa = 0.4$；z_0 为当地底床糙率，一般为 1 cm 量级；δ_b 为底部单元厚度的一半。相对于实际边界层厚度，底部离散不好会导致 δ_b 过大，若无 $C_{D_{b\min}}$ 的调节，C_{D_b} 则偏小。$C_{D_{b\min}}$ 的值在陆架浅海为 0.007 5（Lynch 等，1996），到深海为 0.002 5（Blumberg 和 Mellor，1987），δ_b 相应的水深为 1～30 m。

（3）侧向边界条件

闭边界：
$$\vec{u}_n = 0 \quad (2.30a)$$

开边界：
$$\frac{\partial}{\partial n}(T, S) = 0 \quad (2.30b)$$

式中：下标 n 表示陆地的侧向边界的法向。

（4）温盐度守恒条件：

一般来说，海表、底层都没有盐度的流入流出，底层也不会有热流穿过，但在水汽交界面上热能交换很重要，表层边界上有：

$$K_{hv}\frac{\partial T}{\partial z} = \frac{H_{tot}^*\downarrow}{\rho_0 C_p}, \quad z = H_R + \eta \quad (2.31)$$

式中：$H_{tot}^*\downarrow$ 为海气交界面向下的净热通量，不包含太阳辐射能。

2.2.4 状态方程

密度定义为盐度、温度和静水压的函数，根据 Millero 和 Poisson（1981）的 ISE80 国际标准公式确定：

$$\rho(S, T, p) = \frac{\rho(S, T, 0)}{[1 - 10^5 p/K(S, T, p)]} \quad (2.32)$$

式中：$\rho(S, T, 0)$（kg·m^{-3}）为一个标准大气压下海水密度；$K(S, T, p)$ 为割线体积弹性模数；水压根据静力学近似按柱状积分计算：

$$p = 10^{-5} g \int_z^{H_R+\eta} \rho(S, T, p)\mathrm{d}z \quad (2.33)$$

2.2.5 柯氏力和潮汐势

柯氏力 f 为纬度 ϕ 的函数：

$$f(\phi) = 2\Omega\sin\phi \quad (2.34)$$

式中：Ω 为地球自转角速度，取值为 7.29×10^{-5} rad·s^{-1}。

采用 β 平面近似，以减少经纬度坐标与笛卡尔坐标的不一致性：

$$f = f_C + \beta_C(y - y_C) \tag{2.35}$$

式中：C 表示计算域中间纬度，β 为当地柯氏力局部导数。

潮汐势根据 Reid(1990)的公式：

$$\hat{\Psi}(\phi,\lambda,t) = \sum_{n,j} C_{jn} f_{jn}(t_0) L_j(\phi) \cos\left[\frac{2\pi(t-t_0)}{T_{jn}} + j\lambda + v_{jn}(t_0)\right] \tag{2.36}$$

式中：(ϕ,λ) 为纬度、经度；C_{jn} 为常数，描述 j 类型 n 分潮的振幅（$j=0$，为赤纬潮；$j=1$，为全日潮；$j=2$，为半日潮）(m)；t_0 为参考时刻；$f_{jn}(t_0)$ 为交点因子；$v_{jn}(t_0)$ 为天文初相角；T_{jn} 为 j 类型 n 分潮的周期；$L_j(\phi)$ 为特性常数，$L_0 = \sin^2\phi$，$L_1 = \sin(2\phi)$，$L_2 = \cos^2\phi$。

2.3 数值方法

2.3.1 求解思路

（1）动量方程的斜压梯度项及连续方程的通量项采用半隐格式，加权因子 $0.5 \leqslant \theta \leqslant 1$；动量方程的垂向黏性项及底部边界条件采用全隐格式；所有其他项采用显式格式以保证稳定性及计算的效率。

（2）水平动量方程与沿深度积分的连续方程同时求解，法向速度的全导数利用拉格朗日逆向追踪方法离散，从而使对流项的稳定条件对时步无限制要求。

（3）垂向流速采用有限体积法，从三维连续方程中求解。

（4）水平动量方程的切向分量用有限差分法求解，并再次采用计算法向流速时形成和转置的矩阵。

（5）三维流速解出后，利用有限差分法，可在多边形单元节点和三角形单元边界中心处求解盐度和温度输运方程。每个流速网格被分为输运方程中的四个子网格，减少了数值扩散，但需重新沿特征线逆向追踪以使用更新后的流场。求得盐度及温度后，可从状态方程中求解密度，回代到下一时步的动量方程中（斜压项全显式处理）。

（6）若调用 2.5 阶紊流闭合模型，在每个时步上，利用上一时步的信息，在求解动量方程之前解出紊动黏性系数和紊动扩散系数。

图 2.1 为潮流数值模型 ELCIRC 的运算流程图。

第 2 章 潮流数值模拟

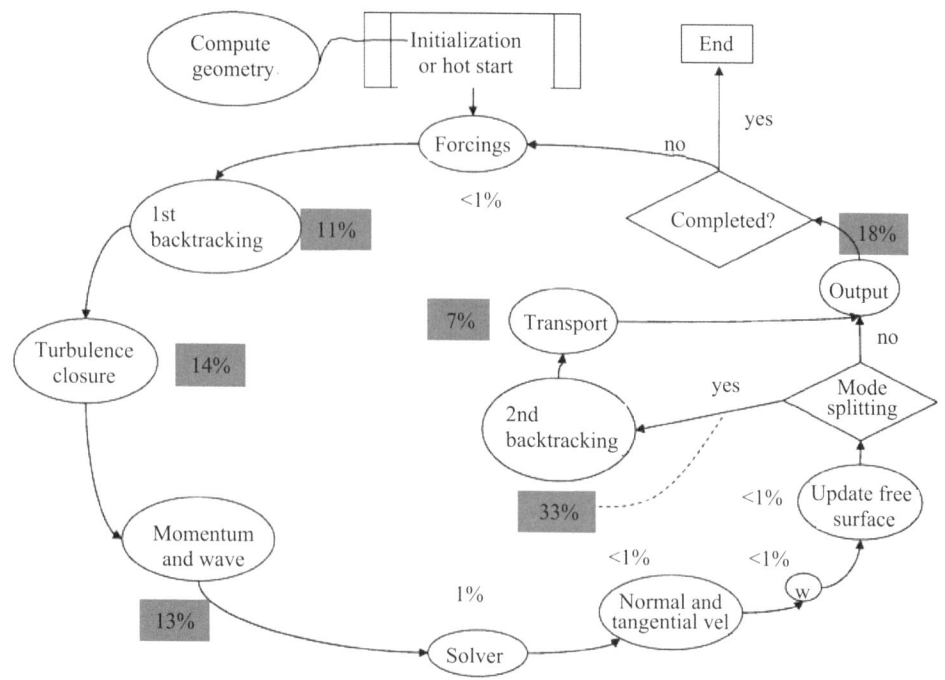

图 2.1 潮流数值模型 ELCIRC 运算流程图

2.3.2 变量定义

计算域内水平向可采用三角形网格、四边形网格或两者结合混合网格。垂向可分为若干层,采用垂向 z 坐标,每层均覆盖全域,自下而上编号。第 k 层的层厚（$k-1$ 层和 k 层间的距离）为 Δz_k,半层间距离为 $\Delta z_{k+1/2}=(\Delta z_k+\Delta z_{k+1})/2$。底层与顶层厚度都会修正到只包括有水部分。

图 2.2 为变量的定义空间示意图及俯视图。水位在单元中心,相对每个单元为一常数值,水平流速的法向和切向分量,在棱柱侧面的中心,垂向流速 w 在层面的中心处。盐度、温度和密度在侧面和侧边中心都被定义。

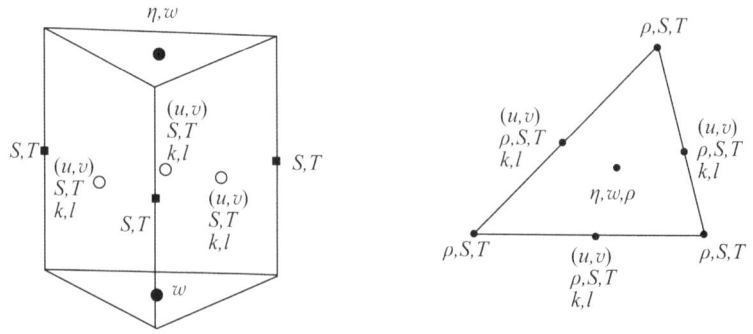

图 2.2 变量定义空间示意图及俯视图

2.3.3 控制方程离散

模型在相邻单元间重设 (x, y) 坐标系,如 x 从单元侧边 j 中点指向 $(j, 1)$,见图 2.3。坐标系变换后,式(2.3)和式(2.4)不变,u,v 表示水平流速的法向和切向分量。

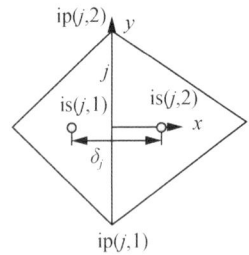

图 2.3 单元坐标变换示意图

利用半隐式的有限体积法积分式(2.2)连续方程,对于单元 i 有:

$$P_i(\eta_i^{n+1} - \eta_i^n) + \theta \Delta t \sum_{l=1}^{i31\langle i \rangle} s_{i,l} l_{jsj} \sum_{k=m_{jsj}}^{M_{jsj}} \Delta z_{jsj,k}^n u_{jsj,k}^{n+1}$$

$$+ (1-\theta)\Delta t \sum_{l=1}^{i31\langle i \rangle} s_{i,l} l_{jsj} \sum_{k=m_{jsj}}^{M_{jsj}} \Delta z_{jsj,k}^n u_{jsj,k}^n = 0 (i=1,\cdots,N_e) \quad (2.37)$$

θ 为时间离散的隐式因子,$jsj = js(i, l)$,

$$s_{i,l} = \frac{is(jsj,1) + is(jsj,2) - 2i}{is(jsj,2) - is(jsj,1)} \quad (2.38)$$

侧边 j 上的法向动量方程用半隐式有限差分法求解:

$$\frac{u_{j,k}^{n+1} - u_{j,k}^*}{\Delta t} = f_j v_{j,k}^n - \frac{g}{\delta_j}[\theta(\eta_{is\langle j,2\rangle}^{n+1} - \eta_{is\langle j,1\rangle}^{n+1}) + (1-\theta)(\eta_{is\langle j,2\rangle}^n - \eta_{is\langle j,1\rangle}^n)]$$

$$- \frac{g}{\rho_0 \delta_j}\left[\sum_{l=k}^{M_j} \Delta z_{j,l}^n (\rho_{is\langle j,2\rangle,l}^n - \rho_{is\langle j,1\rangle,l}^n) - \frac{\Delta z_{j,k}^n}{2}(\rho_{is\langle j,2\rangle,k}^n - \rho_{is\langle j,1\rangle,k}^n)\right]$$

$$+ \frac{1}{\Delta z_{j,k}^n}\left[(K_{mv})_{j,k}\frac{u_{j,k+1}^{n+1} - u_{j,k}^{n+1}}{\Delta z_{j,k+1/2}^n} - (K_{mv})_{j,k-1}\frac{u_{j,k}^{n+1} - u_{j,k-1}^{n+1}}{\Delta z_{j,k-1/2}^n}\right],$$

$$(j = 1, \cdots, N_s, k = m_j, \cdots, M_j) \quad (2.39)$$

u 为法向流速;$u_{j,k}^*$ 为时步 n 特征线下的逆向追踪值。除了水位梯度和垂向流速,等式右边项为全显式处理,切向动量方程的离散形式与此类似。

上下边界条件:

$$(K_{mv})_{j,M_j}\frac{u_{j,M_j+1}^{n+1} - u_{j,M_j}^{n+1}}{\Delta z_{j,M_j+1/2}^n} = \tau_{wind}^x/\rho_0 \quad (2.40)$$

$$(K_{mv})_{j,m_j-1} \frac{u_{j,m_j}^{n+1} - u_{j,m_j-1}^{n+1}}{\Delta z_{j,m_j-1/2}^n} = \tau_b u_{j,m_j}^{n+1} \tag{2.41}$$

连续方程和动量方程的离散可用矩阵形式写成：

$$\boldsymbol{A}_j^n \boldsymbol{U}_j^{n+1} = \boldsymbol{G}_j^n - \theta g \frac{\Delta t}{\delta_j} [\eta_{is\langle j,2\rangle}^{n+1} - \eta_{is\langle j,1\rangle}^{n+1}] \Delta \boldsymbol{Z}_j^n \tag{2.42}$$

$$\boldsymbol{A}_j^n \boldsymbol{V}_j^{n+1} = \boldsymbol{F}_j^n - \theta g \frac{\Delta t}{l_j} [\hat{\eta}_{ip\langle j,2\rangle}^{n+1} - \hat{\eta}_{ip\langle j,1\rangle}^{n+1}] \Delta \boldsymbol{Z}_j^n \tag{2.43}$$

$$\eta_i^{n+1} = \eta_i^n - \frac{\theta \Delta t}{P_i} \sum_{l=1}^{i3 1\langle i\rangle} s_{i,l} l_{jsj} [\Delta \boldsymbol{Z}_{jsj}^n]^{\mathrm{T}} \boldsymbol{U}_{jsj}^{n+1} - \frac{(1-\theta)\Delta t}{P_i} \sum_{l=1}^{i3 1\langle i\rangle} s_{i,l} l_{jsj} [\Delta \boldsymbol{Z}_{jsj}^n]^{\mathrm{T}} \boldsymbol{U}_{jsj}^n \tag{2.44}$$

这里 $\boldsymbol{G}_j^n$，$\boldsymbol{F}_j^n$ 为所有显式项（包括斜压力）的向量，

$$\boldsymbol{U}_j^{n+1} = \begin{bmatrix} u_{j,M_j}^{n+1} \\ \vdots \\ u_{j,m_j}^{n+1} \end{bmatrix}, \quad \boldsymbol{V}_j^{n+1} = \begin{bmatrix} v_{j,M_j}^{n+1} \\ \vdots \\ v_{j,m_j}^{n+1} \end{bmatrix}, \quad \Delta \boldsymbol{Z}_j^n = \begin{bmatrix} \Delta z_{j,M_j}^n \\ \vdots \\ \Delta z_{j,m_j}^n \end{bmatrix} \tag{2.45}$$

矩阵 $\boldsymbol{A}$ 在代入垂向边界条件[式(2.24)和(2.28)]及适用水平边界条件后，仍为三对角阵，法向流速可表示为：

$$\boldsymbol{U}_j^{n+1} = [\boldsymbol{A}_j^n]^{-1} \boldsymbol{G}_j^n - \theta g \frac{\Delta t}{\delta_j} [\eta_{is\langle j,2\rangle}^{n+1} - \eta_{is\langle j,1\rangle}^{n+1}] [\boldsymbol{A}_j^n]^{-1} \Delta \boldsymbol{Z}_j^n \tag{2.46}$$

将式(2.46)代入式(2.44)得到方程组 ($1 \leqslant i \leqslant N_e$)：

$$\eta_i^{n+1} - \frac{g\theta^2 \Delta t^2}{P_i} \sum_{l=1}^{i3 1\langle i\rangle} \frac{s_{i,l} l_{jsj}}{\delta_{jsj}} [\Delta \boldsymbol{Z}_{jsj}^n]^{\mathrm{T}} [\boldsymbol{A}_{jsj}^n]^{-1} \Delta \boldsymbol{Z}_{jsj}^n [\eta_{is\langle jsj,2\rangle}^{n+1} - \eta_{is\langle jsj,1\rangle}^{n+1}]$$

$$= \eta_i^n - \frac{(1-\theta)\Delta t}{P_i} \sum_{l=1}^{i3 1\langle i\rangle} s_{i,l} l_{jsj} [\Delta \boldsymbol{Z}_{jsj}^n]^{\mathrm{T}} \boldsymbol{U}_{jsj}^n - \frac{\theta \Delta t}{P_i} \sum_{l=1}^{3} s_{i,l} l_{jsj} [\Delta \boldsymbol{Z}_{jsj}^n]^{\mathrm{T}} [\boldsymbol{A}_{jsj}^n]^{-1} \boldsymbol{G}_{jsj}^n \tag{2.47}$$

即可解出所有单元水位。

Casulli 和 Zanolli(2000)指出，上面的系数矩阵对称正定，可用 Jacobi 共轭梯度法等稀疏矩阵求解法求解。

开边界上水位可以给出，因为无结构网格处理严格的透射边界条件比较复杂，所以给出简单形式，并假设相速等于时步长除以平均网格尺寸，开边界水位取为所有相邻非边界单元水位的平均值。

水位得出后，根据式(2.46)可求法向流速。考虑到柯氏力影响，解式(2.43)得切向流速，而不是考虑到相角因素后直接将法向流速映射到水平向得到流速。

节点水位 $\hat{\eta}$ 已知，随即求沿侧边压力梯度。在式(2.47)解节点水位之前根据单元中

心水位预估节点水位：

$$\hat{\eta}_i^{n+1} = \frac{\int \eta \mathrm{d}S}{\int \mathrm{d}S} = \frac{\sum_j P_{ine(i,j)} \eta_{ine(i,j)}^{n+1}}{\sum_j P_{ine(i,j)}}, \ i = 1, \cdots, N_p \tag{2.48}$$

这里积分求和是对包含 i 节点的球体而言的，包含周围单元 $ine(i,j)$ 的作用。

2.3.4 垂向流速

利用有限体积法解三维连续方程求垂向流速：

$$w_{i,k}^{n+1} = w_{i,k-1}^{n+1} - \frac{1}{P_i} \sum_{j=1}^{i34(i)} s_{i,j} l_{jsj} \Delta z_{jsj,k}^n u_{jsj,k}^{n+1}, \ k = m_i^e, \cdots, M_i^e \tag{2.49}$$

虽然这里只需要底部边界条件 $w_{i,m_i^e-1}^{n+1} = 0$，但根据体积守恒，依次计算获得各层垂向流速信息。

虽然在量级上垂向流速比水平向流速小得多，但其对河口层化的稳定性有重要影响。若是过分估计了垂向流速或其震荡效应，会导致原应出现的分层流变为混合流。由于垂向流速可衡量水平散度，这就说明水平向流速数值震荡的公差很小。试验推理得出，对于强分层流，时步长的选择必须和斜压内波的波速一致。

2.3.5 热盐方程求解

在侧边和侧面中心，用欧拉-拉格朗日有限差分法解出式(2.5)和(2.6)的温度和盐度解，侧面中心的盐度计算式如下：

$$\Delta z_{i,k}^n (S_{i,k}^{n+1} - S_{i,k}^*) = \Delta t \left[(K_{hv})_{i,k} \frac{S_{i,k+1}^{n+1} - S_{i,k}^{n+1}}{\Delta z_{i,k+1/2}^n} - (K_{hv})_{i,k-1} \frac{S_{i,k}^{n+1} - S_{i,k-1}^{n+1}}{\Delta z_{i,k-1/2}^n} \right]$$
$$(i = 1, \cdots, N_s; k = m_i, \cdots, M_i) \tag{2.50}$$

S 定义在半层上，$S_{i,k}^*$ 为特征线下的盐度值，节点上的温度解法与此类似。

在逆追踪和内插后，即可解出温度和盐度。另外，表层和底层引入纽曼型边界条件，水平向开边界的盐度和温度在入流时指定，出流则自由传播。

连续方程和动量方程通过斜压项和热盐平衡方程联合，若斜压项处理不当，在强层化区域会产生水平流场的扰动，从而扰动垂向流速场，削弱层化效应。处理斜压力的关键：用内斜压波的增长速度来限制时步长；保持输运通量为正。

密度场的过分扩散会低估斜压力的影响，温盐度的数值扩散可以通过下面方法来加以控制：加大时间步长以减少内插次数；保证空间上的精度（包括子网格划分）来解决梯度问题。

2.3.6 动边界处理

本模型动边界采用"干湿法"来判断边界单元干湿，即在第 $n+1$ 时步的所有未知量被解出后,更新单元水位,若 $h+\eta<h_0$,则单元为干(h_0 为很小的正数,如:0.01;在程序里设定以防止下溢)。若垂向只有一层,以上计算自动转化为沿深度积分的二维情况。

模型的主要目的是研究规划工程对周边潮动力的影响,根据备选方案的规模及其影响范围,要求模型边界取足够远。考虑计算水边界取基本上不受本工程影响的海域,同时兼顾到方便获取水文条件等相关资料。

2.4 模型应用

以铁山港为例,构建数学模型,针对模型研究范围的尺度,可以考虑多重模型的嵌套,大模型的边界通过调和常数取得,利用中国沿海潮波模型模拟外海大范围的潮波运动过程。小模型计算范围包括在大模型内,在模型的边界处,通过插值方法,直接获得大模型预测的逐时潮位信息,相比传统方法中给小模型提供边界处的调和参数,这种嵌套方法更为准确,能更好地反映浅海地形对潮波运动的影响。

图 2.5 计算网格图中,网格数 54 063 个,其中最大网格为 900 m 左右(在外海边界处),最小网格为 30 m 左右(在工程区)。

计算基面为 85 国家高程,其与石头埠其他各基面的关系为:

平均海平面 = 85 国家高程 + 0.800 m (本次实测潮位统计值为 0.741 m)

理论基面 = 85 国家高程 − 2.301 m

根据 2008 年 4 月的实测潮流资料对三维潮流数学模型进行了率定验证,开边界条件由中国近海潮波数学模型计算给定,铁山港工程区采用 2008 年实测水下地形,其余部分主要采用海图补充。见图 2.4。

潮位站、测流点流速及流向的验证结果表明,计算值与实测值基本良好,但由于本海区受南海不规则日潮、不规则半日潮的共同影响,动力环境较为复杂。

图中给出了铁山港涨、落急时刻海湾的流场。从模拟结果可以看出,铁山港区近岸和航道区主要以南北向往复流运动为主。

(1) 涨潮流来自西南方向,主流指向沙田,过 10 m 等深线在营盘一线分为两股,一股北上指向铁山湾,另一股向东进入安铺湾,其中进入铁山湾的涨潮流又被中间沙分隔,其西侧深槽(西槽)内流速要强于东侧深槽(东槽)。涨潮流进入铁山湾内,水流归顺集中,流速也略有增大,湾内深槽得以维持。

(2) 落潮流出湾后,被中间沙分为两路,分别沿东西深槽流出,后汇流并向东,最后与安铺湾的落潮流汇合,并沿西南方向进入外海。

详见图 2.6～图 2.10。

海岸工程计算水力学

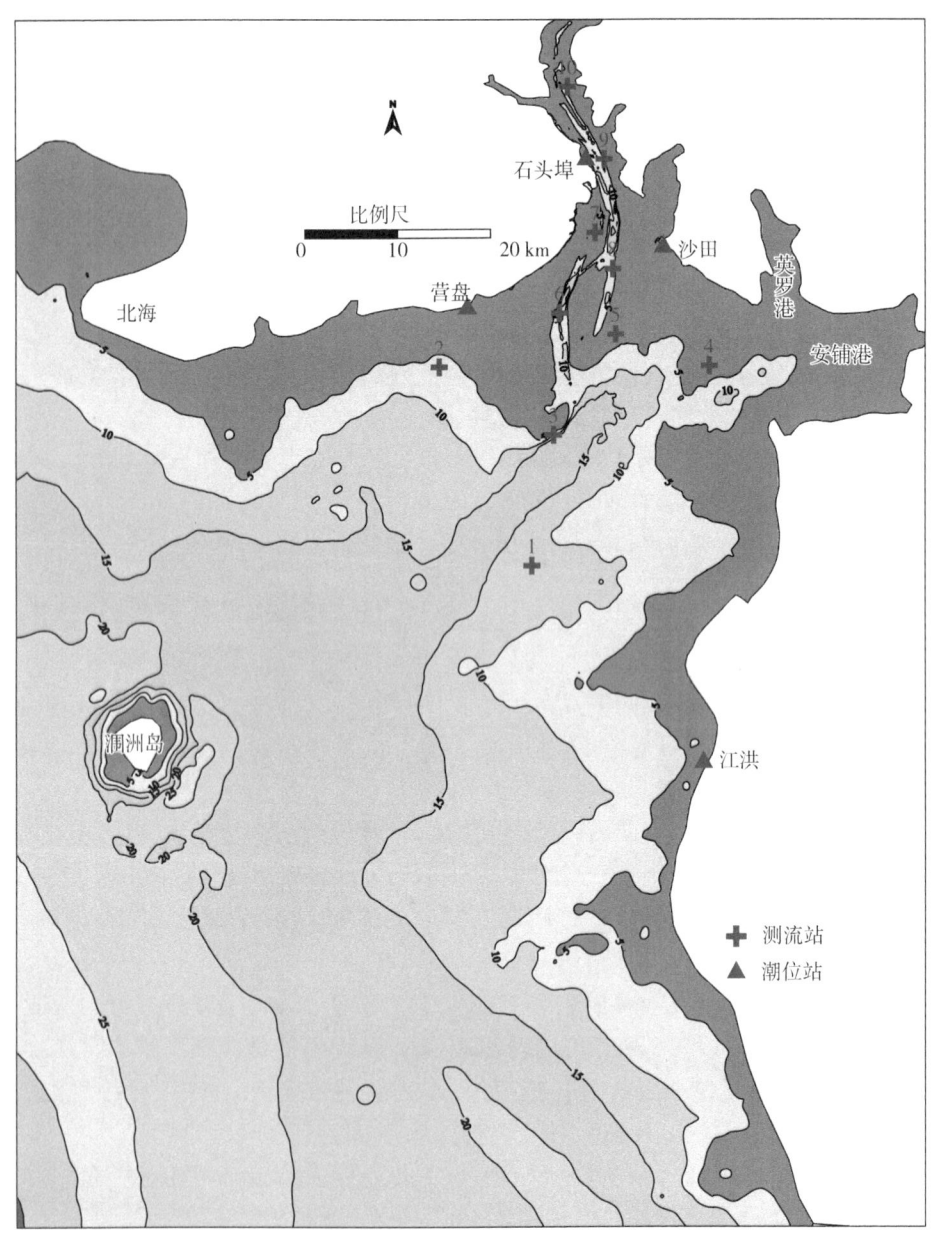

图 2.4 潮位、流速测站示意图

第 2 章 潮流数值模拟

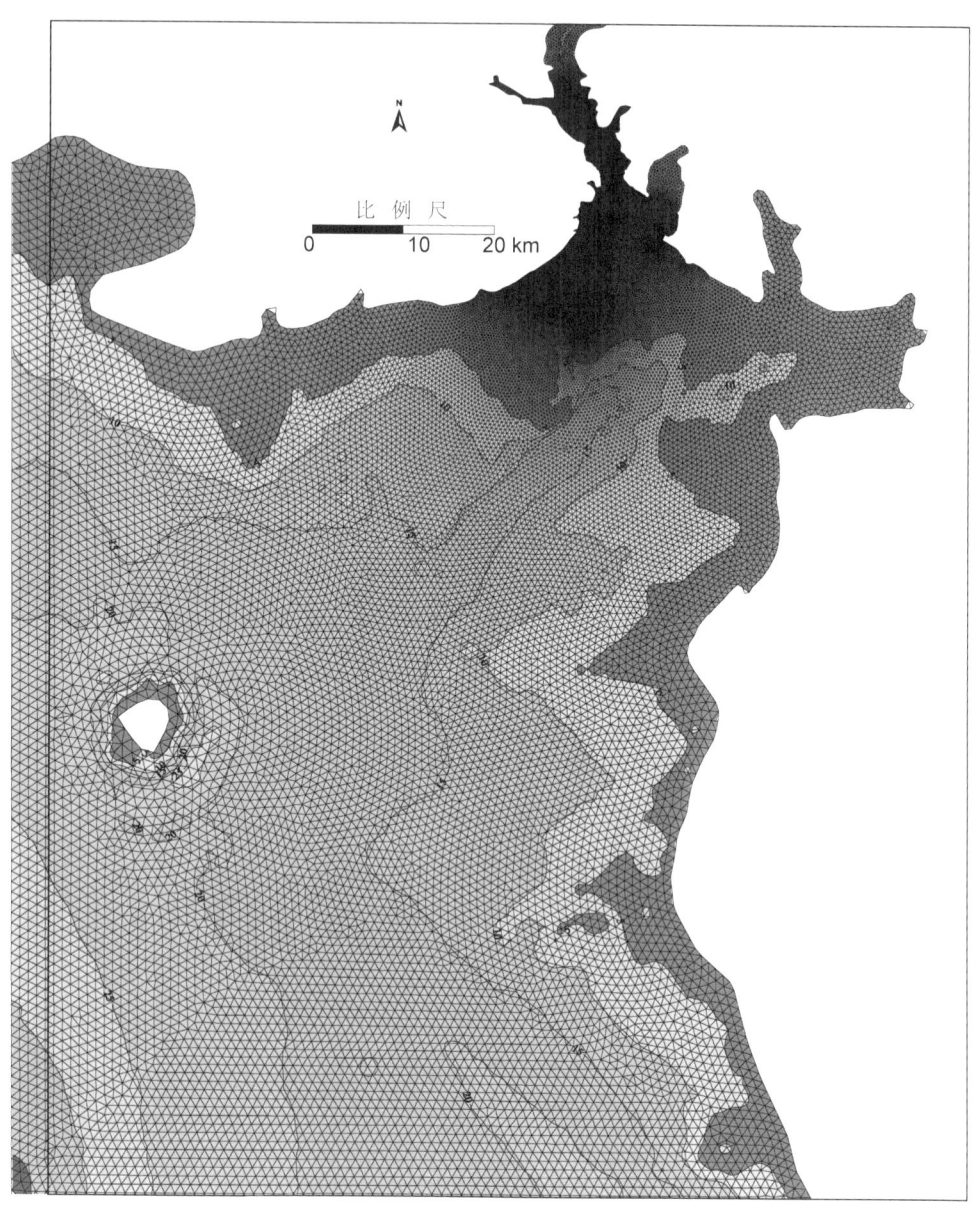

图 2.5 计算网格图

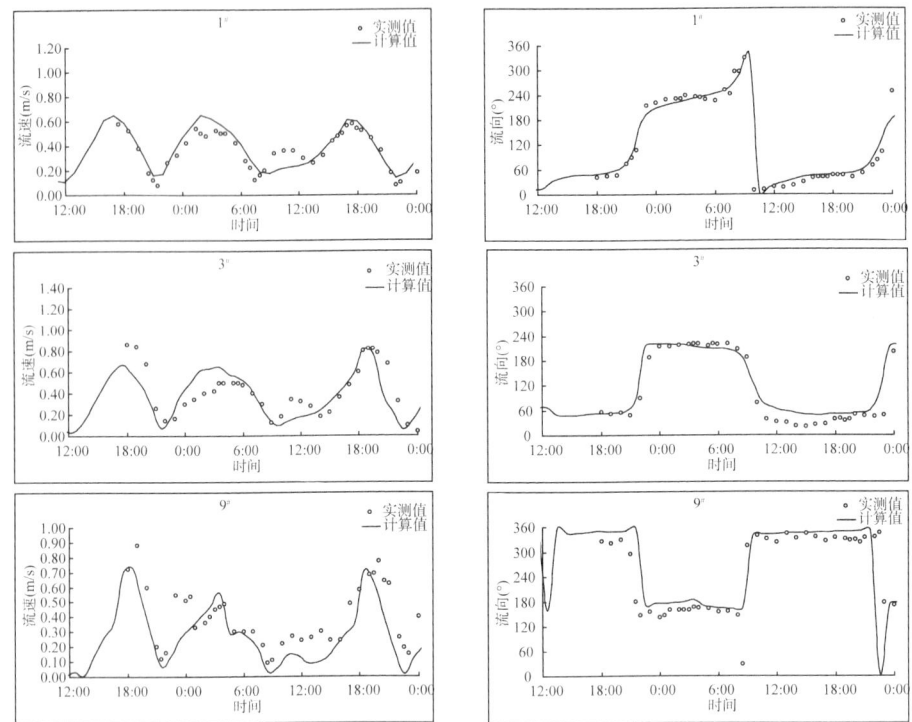

图 2.6 大潮期表层流速过程验证图

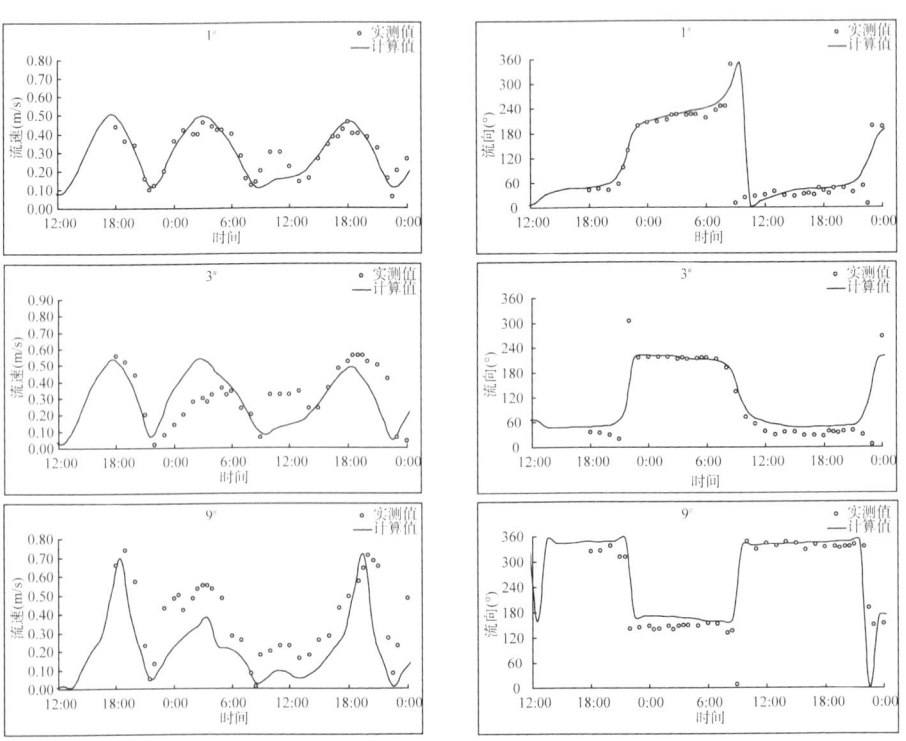

图 2.7 大潮期 0.6 层流速过程验证图

第 2 章 潮流数值模拟

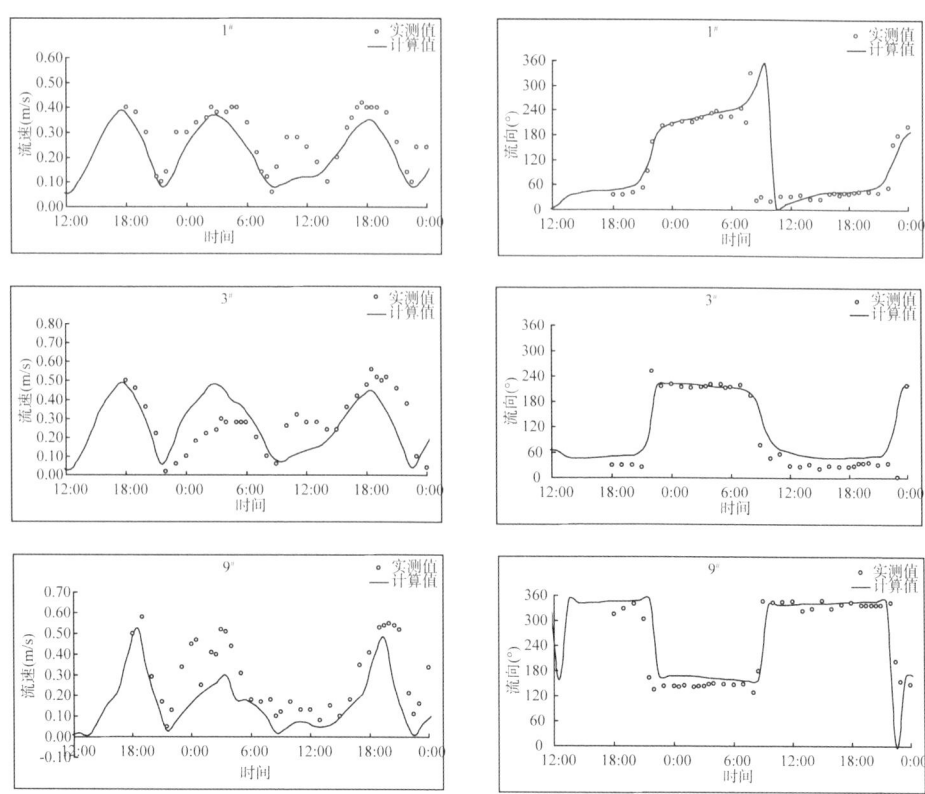

图 2.8 大潮期 0.8 层流速过程验证图

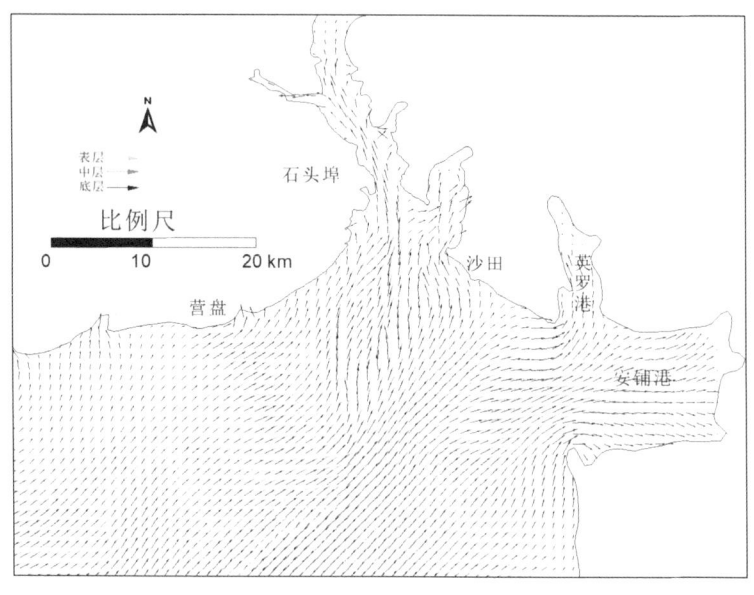

图 2.9 表、中、底层大潮期涨急时刻流场叠加

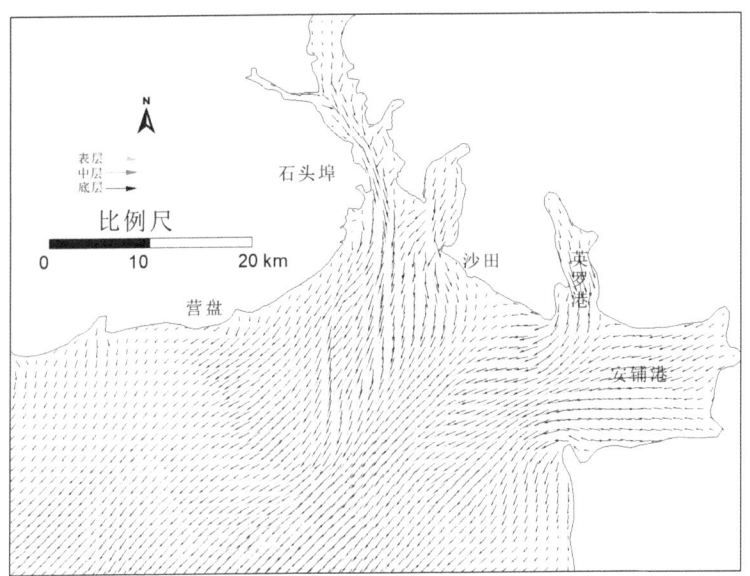

图 2.10　表、中、底层大潮期落急时刻流场叠加

第 3 章 污染物输运模拟

3.1 概述

　　天然水体中物质输运(例如溶质浓度和温度)过程的数值模拟,对于评估水环境污染问题具有重要意义。在过去的 20 年里,高精度的物质输运模拟方法吸引了众多学者(Falconer,1991;Gross 等,1999;Liang 等,2010)的关注,并由此诞生了许多算法。

　　近年来兴起的求解浅水方程的数值模型大多基于非结构网格的有限体积法(FVM),例如 UNTRIM (Casulli 和 Walters,2000)、FVCOM (Chen 等,2003)、ELCIRC (Zhang 等,2004)、SUNTANS (Fringer 等,2006)和 CurWaC2D-Sed (Kuang 等,2011)。这些模型有两大优点:首先,基于非结构网格,模型可以较好地贴合具有非规则几何形状的地貌特征;其次,基于有限体积法,模型满足物质守恒原则(Rossi,2009)。

　　对流和扩散都能影响溶质的运移。流速较快时,对流起主导作用,但是扩散作用也影响着局部溶质(或热量)的混合过程(Ani 等,2009;Qian 等,2010)。由于径向扩散系数通常比横向扩散系数高一个数量级,因此扩散表现为各向异性。例如,当某河口同时受到内陆淡水输入和潮汐波动作用时,各向异性扩散将影响污染物释放后的扩散以及污染带的形状(Liang 等,2010)。在受短波影响的沿海地区,时间平均的漂移可能导致各向异性扩散从而影响污染物浓度分布(Cea 等,2011)。地下河口的密度流问题,也要求在地下水模型中采用更为精确的物质输运模拟,反映透水层内盐度的缓慢各向异性扩散过程。

　　数值求解物质输运方程时,需要高精度数值方法以降低在离散过程中引入的人工扩散及数值振荡现象(Rubio 等,2008)。横向虚扩散现象是数值离散方法不当时经常出现的问题,需要尽可能减小,以保持实际应有的各向异性扩散效果。在浓度梯度较大的情况下,这样的数值方法尤其重要。作为处理对流的传统方法,一阶迎风格式的优势在于能较好处理间断、高浓度梯度(浓度和温度),但是此方法会产生人工扩散(e. g., Patankar,1980;de Vahl Davis 和 Mallinson,1976)。因而,二阶迎风格式被随后推广采用以减少人工扩散,但是又产生数值振荡的新问题(Hayase 等,1992)。为了能够同时减少人工扩散和数值振荡,人们探讨了许多高阶格式,例如 Godunov 格式(Godunov,1959),近似

Riemann 格式（Roe，1981），TVD 格式（Harten，1983）以及 ENO 格式（Harten 等，1987）。考虑到 TVD 方法的简单性和高精度性，该格式被广泛应用于基于结构网格（Gross 等，1999；Mingham 等，2001）或非结构网格（Barth 和 Jespersen，1989；Frink，1992；Tamamidis，1995）的数值模型中。在 TVD 格式中，引入了一个 γ 因子以计算 TVD 通量限制器，该通量限制器用于减少人工扩散和数值振荡。根据网格结构和浓度梯度，人们陆续提出了各种各样的 γ 因子算法（Darwish 和 Moukalled，2003；Casulli 和 Zanolli，2005；Li 等，2008）。尽管这些算法能在一定程度上解决人工扩散和数值振荡问题，但是仍需要进一步地改进，特别是处理间断浓度锋的问题。

模拟各向异性扩散特征需要选用合理的数值计算方法，特别是在基于非结构网格的模型中。Li 等（2008）采用了耦合格子玻尔兹曼方法（CLBM）来模拟浅水中的对流和各向异性扩散问题。Liang 等（2010）采用二阶中心差分格式和 TVD-Mac 格式来分别处理扩散项和对流项。但是，这些方法都是基于结构化的网格，因此不能直接引入非结构网格模型。Benkhaldon 等（2007）开发了一阶具有迎风格式的黎曼求解法（SRNH），虽然该求解方法可移植到非结构网格系统中，但是不适用于固定网格，尤其当移动锋附近的浓度（温度）梯度较大时，需要使用自适应网格以避免数值弥散，因此在模拟物质过程中，伴随着网格的不断重复剖分加密，这就使得物质输运模型很难和基于固定网格的水动力模型直接结合到一起。

3.2　可溶态污染物数学模型

沿水深积分的平面二维物质对流—扩散通用方程，可表示为

$$\frac{\partial HC}{\partial t}+\frac{\partial HuC}{\partial x}+\frac{\partial HvC}{\partial y}=\frac{\partial}{\partial x}\left(HK_{xx}\frac{\partial C}{\partial x}+HK_{xy}\frac{\partial C}{\partial y}\right)+\frac{\partial}{\partial y}\left(HK_{yx}\frac{\partial C}{\partial x}+HK_{yy}\frac{\partial C}{\partial y}\right) \tag{3.1}$$

该方程适用于地表水和地下水环境中的物质运移问题。
式中：H 是水深（L）；C 是深度平均的溶质浓度（m·L^{-3}）；t 是时间（T）；$u(L\cdot t^{-1})$ 和 $v(L\cdot t^{-1})$ 分别是沿 x 和 y 方向（笛卡尔坐标）的速度分量；K_{xx}、K_{xy}、K_{yx} 和 K_{yy} 是二维扩散系数张量的各组分量（$L^2\cdot t^{-1}$）。这些系数可以按照 Preston（1985）的方法计算：

$$K_{xx}=K_L\cos^2(\theta)+K_T\sin^2(\theta) \tag{3.2a}$$

$$K_{xy}=K_{yx}=(K_L-K_T)\cos(\theta)\sin(\theta) \tag{3.2b}$$

$$K_{yy}=K_L\sin^2(\theta)+K_T\cos^2(\theta) \tag{3.2c}$$

式中：θ 是流向与 x 轴的夹角[—]；$K_L[L^2\cdot t^{-1}]$ 和 $K_T[L^2\cdot t^{-1}]$ 分别是径向和纵向扩散系数。这两个系数可以用下面的方程进行估算（Elder，1959），

$$K_L = \frac{\alpha H \sqrt{g(u^2+v^2)}}{c} \qquad (3.3a)$$

$$K_T = \frac{\beta H \sqrt{g(u^2+v^2)}}{c} \qquad (3.3b)$$

式中：c 是谢才系数 $[L^{1/2} \cdot t^{-1}]$；α 和 β 为恒定系数 $[-]$，它们的理论值分别接近 5.93 和 0.15 (Fischer，1973)，当流动紊流增强时，它们的理论值分别上升为 13 和 1.2(Falconer，1991)。通常，α/β 和 K_L/K_T 的值远大于 1，这就产生了有流环境中物质各向异性扩散的特征。

3.3 可溶态污染物模型数值方法

基于非结构网格，根据有限体积法，提出对流—各向异性扩散的物质输运模型和计算方法。

算子劈裂方法用来将对流—扩散过程分为两阶段处理，每阶段可以应用不同的数值方法以保证每个过程的最高精度(Valocchi 和 Malmstead，1992；Rubio 等，2008；Liang 等，2010)。

阶段一：对流

$$\frac{\partial HC}{\partial t} + \frac{\partial HuC}{\partial x} + \frac{\partial HvC}{\partial y} = 0 \qquad (3.4a)$$

上式能写成如下的算子形式：

$$(HC)^{\tau} = L_{Adv}(HC)^n \qquad (3.4b)$$

式中：上标 n 表示当前时步；L_{Adv} 表示对应对流的算子(若下标为 $Diff$ 则对应扩散)；τ 代表与第二阶段更新后的浓度一致的虚拟时步。

阶段二：扩散

$$\frac{\partial HC}{\partial t} = \frac{\partial}{\partial x}\left(HK_{xx}\frac{\partial C}{\partial x} + HK_{xy}\frac{\partial C}{\partial y}\right) + \frac{\partial}{\partial y}\left(HK_{yx}\frac{\partial C}{\partial x} + HK_{yy}\frac{\partial C}{\partial y}\right) \qquad (3.5a)$$

上式同样能写成如下的算子形式：

$$(HC)^{n+1} = L_{Diff}(HC)^{\tau} \qquad (3.5b)$$

为提高解的精度，我们采用了 Liang 等 (2010) 所建议的交替式算子劈裂步骤：

$$(HC)^{n+1} = L_{Adv}L_{Diff}(HC)^n \qquad (3.6a)$$

$$(HC)^{n+2} = L_{Diff}L_{Adv}(HC)^{n+1} \qquad (3.6b)$$

3.3.1 对流项处理数值方法

Casulli 和 Zanolli（2005）基于有限体积法，提出了求解对流项的改进迎风方法，该方法不仅能满足物质守恒，还满足了最大—最小原则。最大—最小原则是指在没有源汇项的情况下，单元体在新的时步计算获得的溶质浓度应位于其周围的单元体及其自身在上一时步浓度值的最大及最小值之间。在 Casulli 和 Zanolli（2005）的方法中，通过相邻单元交界面的流量由一阶迎风项和反扩散项组成（Roe，1983）。通过该交界面的浓度值由相邻单元中心或顶点的值来确定。对流项则可以写成如下形式（Casulli 和 Zanolli，2005）：

$$P_i H_i^{n+1} C_i^{\tau} = P_i H_i^n C_i^n - \Delta t \Big[\sum_{j \in S_i^+} |Q_j^{n+\xi}| C_i^n - \sum_{j \in S_i^-} |Q_j^{n+\xi}| C_{m(i,j)}^n \Big]$$

$$- \frac{\Delta t}{2} \sum_{j \in S_i} \psi_j^n |Q_j^{n+\xi}| [C_{m(i,j)}^n - C_i^n] \tag{3.7a}$$

$$Q_j^{n+\xi} = \lambda_j H_j^n U_j^{n+\xi} \tag{3.7b}$$

式中：P 是元的面积（L^2）（见图 3.1）；下标 i 代表元，例如三角元 IJK；下标 j 代表元的边，例如 IJ、JK 和 KI；Δt 是时间步长（T）；λ 是元的边长（L）；S 是有入流和出流的元的边（S^+ 为出流，S^- 为进流）；Ψ 表示通量限制器，是关于 γ 因子的非线性函数；ξ 是加权因素，半隐式时其值通常设为 0.5；Q 是通过元的边的流量（$L^3 \cdot T^{-1}$）；$Q^{n+\xi}$ 是基于上一时步和当前时步流量的组合流量，如 $Q^{n+\xi} = \xi Q^{n+1} + (1-\xi)Q^n$；$U$ 是法向速度（$L \cdot T^{-1}$）。

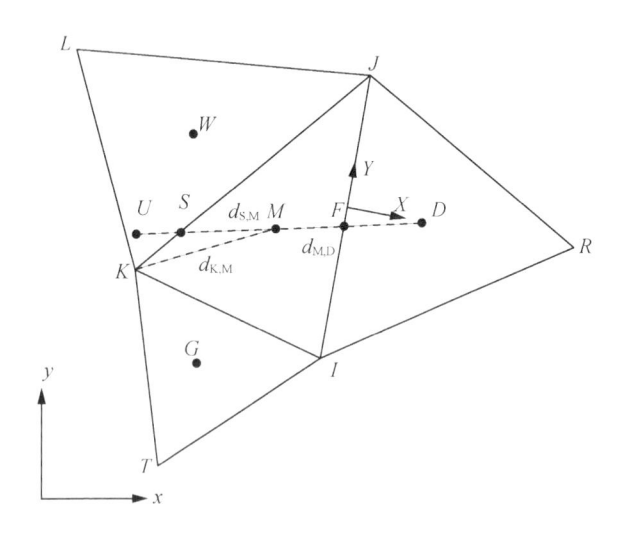

图 3.1 局部坐标系统下三角非结构网格示意图

通量限制器 Ψ 的引入能有效减少迎风法处理对流项时产生的数值弥散。Darwish 和 Moukalled（2003）、Juntasaro 和 Marquis（2004）、Li 等（2008）比较了不同的限制器并发现在相同网格大小的基础上，利用 Superbee 限制器的数值结果通常能获得更高精度。因此，在本文中也采用 Superbee 限制器(Sweby，1984)：

$$\Psi(r) = \max[0, \min(1, 2r), \min(2, r)] \quad 0 \leqslant \Psi \leqslant 2 \tag{3.8}$$

将方程(3.8)代入方程(3.7a)中，可以发现：(1)如果 $\Psi = 0$，那么方程(3.7a)变成一阶迎风格式；(2)如果 $\Psi = 1$，则变成二阶中心差分格式；(3)如果 $\Psi = 2$，则变成一阶顺风格式(Darwish 和 Moukalled，2003)。Superbee 限制器的表达式结合了上述三种数值方法的特征，在每一时步都根据 r 因子所对应的局部浓度变化进行调整。合理选取 r 因子算法直接影响到最终对流项的数值精度。下文中，我们比较了四种现有的算法并推导了新的 r 因子。理论上来说，r 因子是基于迎风浓度差和顺风浓度差的比值来确定的。对于流向为点 M 至点 D 的流动(如图 3.1 所示)，r 可以表达为：

$$r = \frac{C_M - C_U}{C_D - C_M} \tag{3.9}$$

式中：C_M 和 C_D 分别是点 M 和点 D 的浓度；C_U 是迎风点 U 的浓度。点 U 和点 M 之前的距离通常等同于点 M 和点 D 之间的距离，即 $|\vec{V}_{M,D}| = |\vec{V}_{M,U}|$ ($\vec{V}$ 是从第一个下标点指向第二个下标点的位移矢量，$|\vec{V}|$ 是该矢量模块，例如如此两点之间的距离)。当采用非结构网格时，C_U 通常是未知的，因而 C_U 的计算成为不同 r 因子算法的关注点。Bruner(1996)提出了用于 TVD 格式的 r 因子算法：

$$r_{\text{Bruner}} = \frac{2\vec{V}_{M,F} \cdot \nabla C_M}{C_D - C_M} \tag{3.10}$$

式中：$\vec{V}_{M,F}$ 是点 M 至点 F 的位移矢量；∇C_M 是点 M 处的浓度梯度，其值需要通过计算确定。Bruner(1996)假定点 U 和点 M 之间的距离是点 M 和点 F 之间距离的两倍(见图 3.1，F 是线 MD 和 IJ 的交点)。Darwish 和 Moukalled(2003)指出 Bruner 的 γ 因子在一维情况下无法恢复至 TVD 状态，因此提出了一个改进的 r 因子算法：

$$r_{\text{Darwish}} = \frac{2\vec{V}_{M,D} \cdot \nabla C_M}{C_D - C_M} - 1 \tag{3.11}$$

Li 等(2008)发现，当浓度沿着穿过点 U，M 和 D 的线呈抛物线分布时，Darwish 和 Moukalled(2003)算法能获得较合理的 C_U 值；但是，当浓度沿着此线呈指数分布时，计算得到的 C_U 值则与实际值相差很大。因此，Li 等(2008)提供了一个改进的 r 因子算法：

$$r_{\text{Li}} = \frac{C_M - (C_W + \vec{V}_{W,U} \cdot \nabla C_W)}{C_D - C_M} \tag{3.12}$$

式中：W 表示包含点 U 的元的中心(见图 3.1)；∇C_W 是点 W 处的浓度梯度。在计算抛物线浓度分布时，Li 等(2008)的算法要优于 Darwish 和 Moukalled(2003)的算法。但是，当应用于急变浓度问题时，即使使用较密的网格，这两种方法都会产生数值振荡(Li 等，2008)。原因在于这两种方法都需要计算单元中心的浓度梯度，而网格结构可能会导致迎风偏差而不能完全反映迎风信息(Tamamidis，1995)。我们借以图 3.4 所示的一维情况作为实例,一个浓度锋面从左向右移动,红色虚线表示浓度梯度。基于 Li 等(2008)的方法,在迎风点 U 推求出的浓度值为负,这与浓度值不小于零物理特性完全不符,因此在数值计算时必然导致数值振荡。为避免推求浓度梯度这一敏感变量,Casulli 和 Zanolli (2005)提出了基于流量加权的 r 因子算法。在出流的一边 $(j \in s^+)$,r 因子由式(3.13)确定:

$$r_{\text{Casulli}} = \frac{1}{C_{m(i,j)}^n - C_i^n} \frac{\sum\limits_{l \in S_i^-} |Q_l^{n+\xi}| [C_i^n - C_{m(i,j)}^n]}{\sum\limits_{l \in S_i^-} |Q_l^{n+\xi}|} \tag{3.13}$$

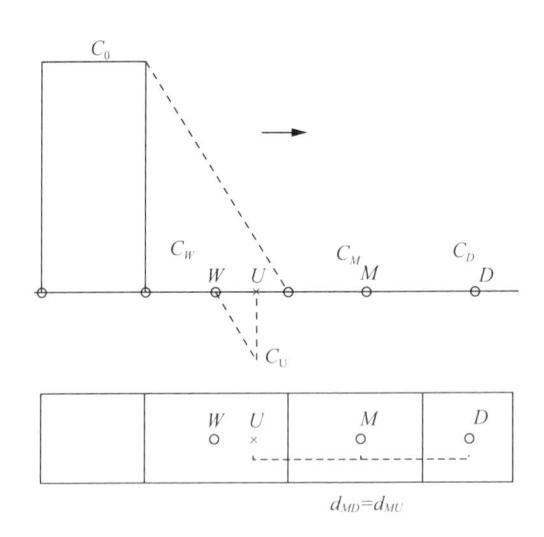

图 3.4 针对浓度锋面一维运移问题示意

式中:$C_{m(i,j)}^n$ 是单元中心的浓度,下标表示单元的序号;$m(i,j)$ 表示元 i 与元 j 共享一条边。例如,在单元 IJK 的一边 IJ(见图 3.1),当流向朝外时,C_i 由 C_M 表示,$C_{m(i,j)}^n$ 由 C_D 表示。在边 JK 或 KI,当流向指向单元 IJK 时,$C_{m(i,j)}^n$ 由 C_W 或 C_G 表示。该方法的不足首先体现在进流量等于出流量的假定在非稳定流时并不成立。此外,提取物质浓度的特征点 W, G, D 和 M(见图 3.1)没有按相同方向排列,这与 TVD 限制器的设计原则不符。因此这种方法易导致"横风扩散"现象的出现。

Tamamidis(1995)的 MUST 方法利用迎风方向顶点和中心的浓度差来反映迎风效果,借鉴该方法的思路,我们利用局部单元来传递迎风信息从而得到了新的 r 因子算法。根据方向导数的数学定义,迎风方向虚点的浓度通过式(3.14)确定:

$$C_U = C_M + (C_S - C_M) \frac{|\vec{V}_{M,U}|}{|\vec{V}_{M,S}|} = C_M + (C_S - C_M) \frac{|\vec{V}_{M,D}|}{|\vec{V}_{M,S}|} \tag{3.14}$$

根据 $|\vec{V}_{M,D}| = |\vec{V}_{M,U}|$,新的 r 因子算法为:

$$r_{\text{New}} = \frac{C_M - C_U}{C_D - C_M} = \left(\frac{C_M - C_S}{C_D - C_M}\right)\frac{d_{M,D}}{d_{S,M}} \tag{3.15}$$

式中：$d_{M,D}$ 是点 M 和点 D 之间的距离；$d_{S,M}$ 是点 S 和点 M 之间的距离；C_S 是线 MU 和 KJ 的交点 S 处的浓度。C_S 可以基于共享边 KJ 的顶点处的浓度值通过线性插值求得。在随后的各向异性扩散计算中，还需要顶点 $K(C_k)$ 处的浓度，该值可以通过距离加权插值法求得：

$$C_K = \frac{\sum_{i=1}^{me(K)} \frac{C_i}{d_i^2}}{\sum_{i=1}^{me(K)} \frac{1}{d_i^2}} \tag{3.16}$$

式中：$me(K)$ 是共享顶点 K 的单元数；d_i 是顶点 K 与相邻单元 i 的中心之间的近距离 [L]。新方法下 C_U 的计算只和相邻单元点的浓度有关，可以通过距离加权插值求得，而无需涉及周围的流量或浓度梯度，这就确保了即使在遇到急剧浓度梯度问题时，C_U 仍然为正值，进而消除了 Darwish 和 Moukalled (2003)、Li 等 (2008) 所遇到的数值振荡现象。由于插值涉及点 J，所以 C_U 受到顺风信息的部分影响。为使得该影响最小化（以最大化迎风结果），点 U（例如点 S）需要远离单元点 J，此要求可以通过在单元内采用锐角网格结构形式来满足。当网格大小较统一时，我们甚至可以用顶点来代替位于单元边上的点，例如 C_K 代替 C_S，$d_{K,M}$ 代替 $d_{S,M}$（见图 3.1）。这种情况下，仅需要一个顶点和两个单元中心点的浓度值来计算 r 因子。

下一步推求新算法的 CFL 稳定条件。方程 (3.15) 代入方程 (3.7a) 后可以改写成下列形式：

$$P_i H_i^{n+1} C_i^{\tau} = P_i H_i^n C_i^n - \Delta t \Big[\sum_{j \in S_i^+} |Q_j^{n+\xi}| C_i^n - \sum_{j \in S_i^-} |Q_j^{n+\xi}| C_{m(i,j)}^n \Big]$$

$$- \frac{\Delta t}{2} \sum_{j \in S_i^+} \frac{\Psi_j^n}{r_j^n} |Q_j^{n+\xi}| (C_i^n - C_S^n) \frac{d_{M,D}}{d_{S,M}}$$

$$- \frac{\Delta t}{2} \sum_{j \in S_i^-} \Psi_j^n |Q_j^{n+\xi}| [C_{m(i,j)}^n - C_i^n] \tag{3.17a}$$

或

$$P_i H_i^{n+1} C_i^{\tau} = \Big[P_i H_i^n - \Delta t \sum_{j \in S_i^+} |Q_j^{n+\xi}| - \frac{\Delta t}{2} \sum_{j \in S_i^+} \frac{\Psi_j^n}{r_j^n} \frac{d_{M,D}}{d_{S,M}} |Q_j^{n+\xi}|$$

$$+ \frac{\Delta t}{2} \sum_{j \in S_i^-} \Psi_j^n |Q_j^{n+\xi}| \Big] C_i^n + \Delta t \sum_{j \in S_i^-} \left(1 - \frac{\Psi_j^n}{2}\right) |Q_j^{n+\xi}| C_{m(i,j)}^n$$

$$+ \frac{\Delta t}{2} \sum_{j \in S_i^+} \frac{\Psi_j^n}{r_j^n} \frac{d_{M,D}}{d_{S,M}} |Q_j^{n+\xi}| C_S^n \tag{3.17b}$$

值得注意的是，加权因子 ξ 应与水流模型中使用的一致，以确保方程（3.17b）中系数的总和等于差分连续方程的右边（Casulli 和 Walters，2000；Zhang 和 Baptista，2008；Fringer 等，2006）：

$$P_i H_i^{n+1} = P_i H_i^n - \Delta t \sum_{j \in S_i^+} |Q_j^{n+\xi}| + \Delta t \sum_{j \in S_i^-} |Q_j^{n+\xi}| \tag{3.18}$$

方程（3.18）右边各项的和代表当前时步单元内的水量。当总和为负值时，该单元是干的，此时可不再求解运移方程，将水量和标量（浓度）值都设为零。当和为正值时，运移模块处于激活状态，参与物质输运过程的计算。此方法已经成功应用于盐水入侵模型（Wang 等，2008）和改进的流域 HSPF 模型（Sen Bai，2010）。

根据限制器函数的定义[方程（3.8）]，可以得到 $0 \leqslant \Psi_j^n \leqslant 2$ 以及 $0 \leqslant \Psi_j^n / r_j^n \leqslant 2$。因此，方程（3.17）中含有 $C_{m(i,j)}^n$ 和 C_S^n 的各项均为正值。为满足最大—最小原则，C_i^n 之前的项也应该为正：

$$P_i H_i^n - \Delta t \Big[\sum_{j \in S_i^+} |Q_j^{n+\xi}| + \frac{1}{2} \sum_{j \in S_i^+} \frac{\Psi_j^n}{r_j^n} \frac{d_{M,D}}{d_{S,M}} |Q_j^{n+\xi}| - \frac{1}{2} \sum_{j \in S_i^-} \Psi_j^n |Q_j^{n+\xi}| \Big] \geqslant 0 \tag{3.19a}$$

从而对时步长 Δt_{Adv} 的限制条件为：

$$\Delta t_{Adv} \leqslant \frac{P_i H_i^n}{\sum_{j \in S_i^+} |Q_j^{n+\xi}| + \frac{1}{2} \sum_{j \in S_i^+} \frac{\Psi_j^n}{r_j^n} \frac{d_{M,D}}{d_{S,M}} |Q_j^{n+\xi}| - \frac{1}{2} \sum_{j \in S_i^-} \Psi_j^n |Q_j^{n+\xi}|} \tag{3.19b}$$

因为 $1/2 \sum_{j \in S_i^-} \Psi_j^n |Q_j^{n+\xi}| \geqslant 0$ 且 $0 \leqslant \Psi_j^n / r_j^n \leqslant 2$，方程（3.19b）可以简化为：

$$\Delta t_{Adv} \leqslant \frac{P_i H_i^n}{\sum_{j \in S_i^+} \left(1 + \frac{d_{M,D}}{d_{S,M}}\right) |Q_j^{n+\xi}|} \tag{3.19c}$$

很明显，该不等式与网格结构有关。如果网格的一致性较好，那么 $1 + d_{M,D}/d_{S,M}$ 接近 2。此时限制条件与 Casulli 和 Zanolli（2005）针对纯对流问题推求的 CFL 稳定条件一致。但是，与其他使用不同 r 因子算法的方法相比，本文提出的方法在处理大浓度梯度问题时能达到更高的精度。

3.3.2 各向异性扩散项处理方法

如前文中提到的，我们使用了 Liang 等（2010）提出的交替式算子劈裂步骤。此部分将详细讨论扩散项的数值方法。为了简化扩散项，每条单元边都引入一局部坐标系统，其中 X—轴垂直于单元边，Y—轴与单元边平行（见图 3.1）。值得注意的是，此类局部坐标系统已被应用于许多地表水模型，例如 UNTRIM（Casulli 和 Walters，2000）、ELCIRC（Zhang 和 Baptista，2008）、SUNTANS（Fringer 等，2006）等。如果物质输运是基于这些地表水模型,那么重组坐标系统的步骤早已包含于其中,物质运移模型则可以直接使用相关的网格信息,免去了拓扑关系的重新构建过程。

引入局部坐标系统后,方程(3.5a)右侧的扩散项可以简化成只包括两个组分,每个单元中心点的浓度为:

$$C_i^{n+1} = \frac{P_i H_j^{n+1} C_i^\tau + \sum_{j \in S_i} \Gamma_j \lambda_j \Delta t}{P_i H_i^{n+1}} \tag{3.20}$$

式中:Γ 是穿过单元边的扩散流量,

$$\Gamma_j = H_j^{n+1} K_{XX} \frac{\partial C}{\partial X} + H_j^{n+1} K_{XY} \frac{\partial C}{\partial Y} \tag{3.21}$$

式中:$\partial C/\partial X$ 和 $\partial C/\partial Y$ 是穿过单元边 j 的浓度梯度,可以根据局部 $X-Y$ 坐标系统求得。使用格林-高斯理论(Barth 和 Jespersen,1989;Jawahar 和 Kamath,2000)来确定这些梯度:

$$\frac{\partial C}{\partial X} = \frac{(C_D - C_M) Y_{I,J} + (C_J - C_I) Y_{D,M}}{2A} \tag{3.22a}$$

$$Y_{I,J} = Y_J - Y_I \text{ 以及 } Y_{D,M} = Y_M - Y_D \tag{3.22b}$$

式中:A 是多边形 $JMID$ 的面积;C_M 和 C_D 分别是单元 JKI 和 JIR 中心点处的浓度;C_J 和 C_I 分别是顶点 J 和 I 处的浓度。与方程(3.22a)类似,我们可以得到以下近似:

$$\frac{\partial C}{\partial Y} = \frac{(C_D - C_M) X_{J,I} + (C_J - C_I) X_{M,D}}{2A} \tag{3.23a}$$

$$X_{J,I} = X_I - X_J \text{ 以及 } X_{M,D} = X_D - X_M \tag{3.23b}$$

把方程(3.22)和(3.23)代入(3.21)可获得:

$$\begin{aligned}\Gamma_j &= H_j K_{XX} \frac{(C_D - C_M) Y_{I,J} + (C_J - C_I) Y_{D,M}}{2A} \\ &+ H_j K_{XY} \frac{(C_D - C_M) X_{J,I} + (C_J - C_I) X_{M,D}}{2A} \\ &= \frac{H_j}{2A} [S(C_D - C_M) + T(C_J - C_I)]\end{aligned} \tag{3.24}$$

式中:

$$S = K_{XX} Y_{I,J} + K_{XY} X_{J,I} = K_{XX} \lambda_j \tag{3.25a}$$

$$T = K_{XX} Y_{D,M} + K_{XY} X_{M,D} \tag{3.25b}$$

如果忽略各向异性扩散($K_{XY} = 0$)并且点 M 和点 D 都位于单元重心($Y_{D,M} = 0$),则 T 为 0(Casulli 和 Zanolli,2005)。本文提出的模型中,为更好地反映单元信息,点 M

和点 D 处于几何中心而不是重心,因此方程(3.25b)右侧第一项 $(K_{XX}Y_{D,M})$ 不为 0,第二项 $(K_{XY}X_{M,D})$ 则代表各向异性扩散效果。

基于整体坐标,SRNH 方法(Benkhaldoun 等,2007)采用了类似的方式来近似扩散流量。根据 Benkhaldoun 等(2007)的方法,我们可以获得当前时步的限制条件为:

$$\Delta t_{Diff} \leqslant \min\left[\frac{P}{4\max(K_{XX}, K_{XY})}\right] \tag{3.26a}$$

根据方程(3.20),同样还要求每个单元中心点求得的浓度值不能为负:

$$P_i H_j^{n+1} C_i^{\tau} + \sum_{j \in S} \Gamma_j \lambda_j \Delta t_{Diff} \geqslant 0 \tag{3.26b}$$

这样便能确保满足最大—最小原则。尽管没法根据方程(3.26b)获得关于时步长要求的简单不等式,但是将其应用到所有单元后能得到一个最大限制值。然而,这样的限制值不如方程(3.19c)得到的值严格,因此模拟中采用的时步长应同时满足对流和扩散过程对时步长的要求:

$$\Delta t \leqslant \min(\Delta t_{Adv}, \Delta t_{Diff}) \tag{3.27}$$

方程(3.27)给出的时步长对应到每个单元都是不同的。在模拟中,所有时步长中的最小值被用来计算下一时步的解,因此 Δt 随时间变化而不随空间变化。

3.4 模型验证及应用

我们采用了 2 个地表水中的经典算例对本文模型进行检验,分别是:(1)非连续浓度变化的对流问题;(2)对流-各向异性扩散问题。

3.4.1 旋转流场中的对流

旋转流场中忽略扩散过程的物质移动现象常用来测试模型处理对流问题的能力。模拟区域设为 80 m×80 m,背景溶质浓度为 0,水深统一设为 1 m,周期为 360 s,对应的旋转速度场为:

$$u = -\frac{2\pi(y-40)}{360} \tag{3.28a}$$

$$v = \frac{2\pi(x-40)}{360} \tag{3.28b}$$

初始时刻中心位于 $x=20$ m,$y=40$ m 处,半径为 7 m 的圆内浓度设置为 1(见图 3.5)。在旋转流的作用下,溶质柱围绕着流场中心($x=40$ m,$y=40$ m)旋转。理论上,浓度圆柱在旋转过程中应一直保持圆形。在模型测试时,采用了边长为 1 m 的三角网格,时步长设为 0.2 s。

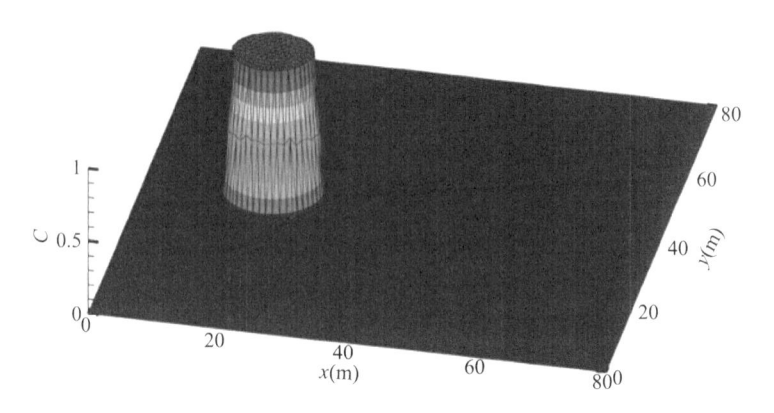

图 3.5 实例 1 初始浓度分布

基于相同步长和网格大小,比较了使用不同 r 因子算法的模型。通过图 3.6 可以看出,在一个旋转周期后,所有的模型都产生了数值弥散。此外,Darwish 和 Moukalled (2003) 和 Li 等. (2008) 的算法还产生了数值振荡。如前文中所讨论到的,在这两个算法中,如果浓度梯度较大时 r 因子接近 2,使得数值方法变成了顺风格式,因而产生了数

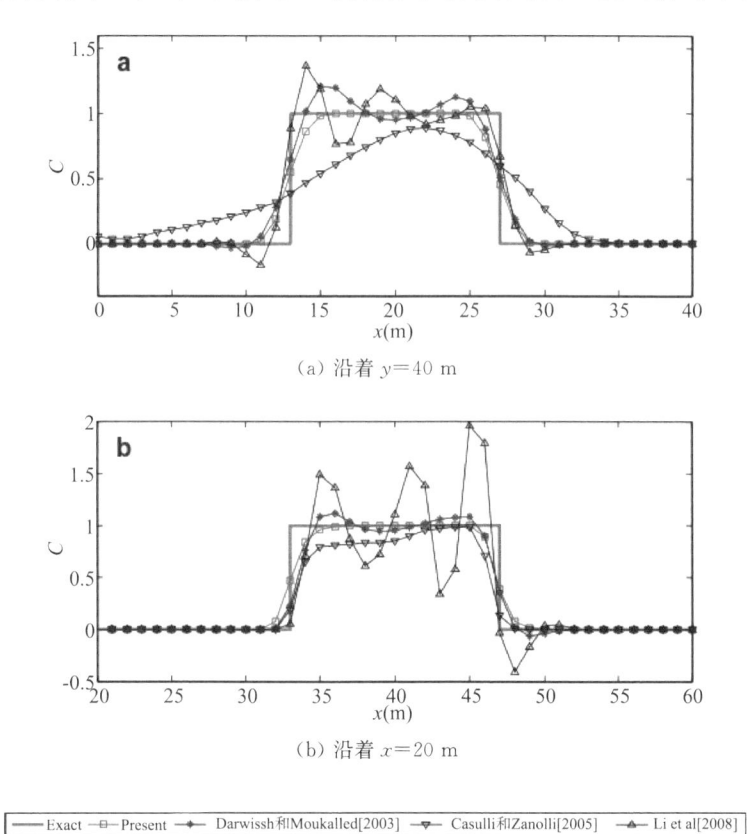

(a) 沿着 $y=40$ m

(b) 沿着 $x=20$ m

— Exact —□— Present —●— Darwissh 和 Moukalled[2003] —▽— Casulli 和 Zanolli[2005] —△— Li et al[2008]

图 3.6 一个旋转周期后不同 r 因子算法对应的浓度分布

值振荡。尽管 Casulli 和 Zanolli(2005)的算法避免了数值振荡,但最大浓度值却随时间降低,显示该算法产生了较大的数值弥散。浓度场的形状从最初的圆柱迅速塌落成圆锥态。相比之下,新 r 因子算法产生了最小的数值弥散,所模拟的浓度沿着圆柱中心对称变化。同时还避免了数值振荡,模拟的浓度值介于相邻单元浓度的最大和最小值之间,满足最大—最小原则。

3.4.2　均匀流场内的对流-各向异性扩散问题

进一步对均匀流场环境下,物质对流-各向异性扩散问题进行测试。一定量的溶质释放到水体后在对流和扩散的影响下将逐渐形成椭圆形态。Liang 等(2010)给出了该问题在无穷域内的解析解形式,表述如下:

$$C(x, y, t) = \frac{M_S}{4\pi t H \sqrt{K_L K_T}} e^{-(\chi+\delta)} \tag{3.29a}$$

$$\chi = \frac{[(x-ut-x_0)\cos(\theta)+(y-vt-y_0)\sin(\theta)]^2}{4K_L t} \tag{3.29b}$$

$$\delta = \frac{[-(x-ut-x_0)\sin(\theta)+(y-vt-y_0)\cos(\theta)]^2}{4K_T t} \tag{3.29c}$$

式中:M_S 是释放的物质总量(M);x_0 和 y_0 是释放位置的坐标(L);u 和 v 分别是沿 x 和 y 方向的流速(L·T^{-1});θ 是流向与 x 轴的夹角。

数值模拟中,模拟区域设置为 500 m × 500 m 的正方形。M_S 和 H 分别设为 988 g 和 1 m。流场流速为 $u=v=0.5$ m/s。模拟区域由 144 000 个网格单元长为 2 m 的三角元组成。模拟步长设为 0.1 s。谢才系数设为 30 m$^{1/2}$·s^{-1},方程(3.3)中的径向和横向扩散常数分别设为 13 和 1.2,进而径向(K_L)和横向(K_T)扩散系数分别为 1 m^2·s^{-1} 和 0.1 m^2·s^{-1}。

释放点的位置选在了 $x_0=5.9$ m, $y_0=5.9$ m。数值模拟的起始浓度采用解析解在 $t=50$ s 时的浓度。为了验证模拟结果,我们还模拟了各向同性扩散 $K_L=K_T=1$ m^2·s^{-1}。溶质浓度随时间的变化如图 3.5 所示。从结果可以看出,各向异性/同性扩散得到的浓度分布相差巨大,各向异性扩散特征形成了椭圆形的浓度分布,且主轴与流向一致。

不同时间段预测得到的浓度分布与解析解进行了比较(见图 3.5)。可以看出,最高溶质浓度点的位置并不受各向异性或各向同性扩散的影响。尽管径向扩散系数相同,但不同的横向扩散系数导致了不同的浓度分布。当横向扩散系数较大时(各向同性),溶质沿横向扩散更快,稀释得也更快,峰值浓度越小。

总体来说,该模型重现了解析解所描述的溶质运移过程和趋势。为验证物质守恒,我们进一步检验了模拟区域内的溶质总量。结果表明物质总量保持不变,符合物质的守恒性。

为探讨 Péclet 数($P_e=\sqrt{u^2+v^2}\mathrm{d}x/\sqrt{K_L K_T}$)(表示对流与扩散的比重)对数值精

度的影响，我们开展了进一步的模拟。K_T 从 $0.1\,\text{m}^2\cdot\text{s}^{-1}$ 变化至 $1.0\,\text{m}^2\cdot\text{s}^{-1}$，$K_L$ 保持不变（$1.0\,\text{m}^2\cdot\text{s}^{-1}$），进而 $1\leqslant K_L/K_T\leqslant 10$，覆盖了大部分地表水流动的真实情形。

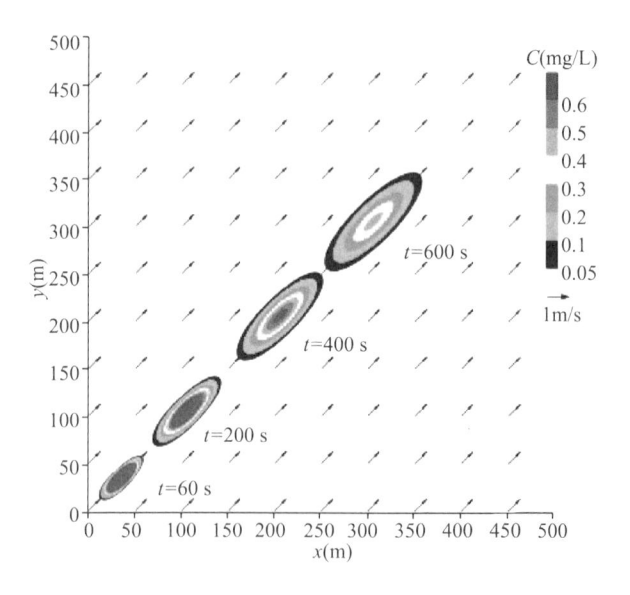

（a）各向异性扩散

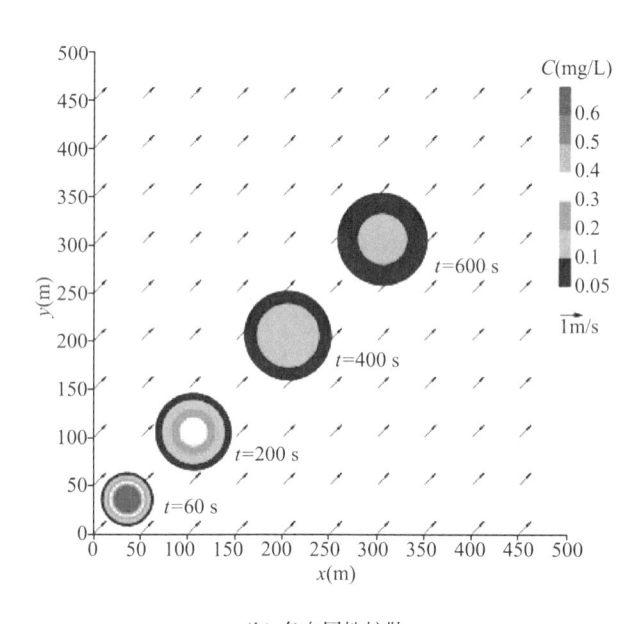

（b）各向同性扩散

图 3.7　各向扩散异性和同性下的浓度预测

由于模拟区域设为 $500\,\text{m}\times 500\,\text{m}$，在模拟的前 600 s，边界对溶质运移几乎没有影响，从而使得数值结果可以与基于无限大域的解析解结果进行比较。根据方程公式上文计算了不同 Péclet 数对应的相对误差。结果表明，在所有模拟中，相对误差都一致维持在较低水平,这表明误差累积不明显。随着 Péclet 数降低,扩散的作用越来越强,从而增强了混合并进一步减小了局部浓度梯度,这也会无形中提高数值解的精度(图3.8)。

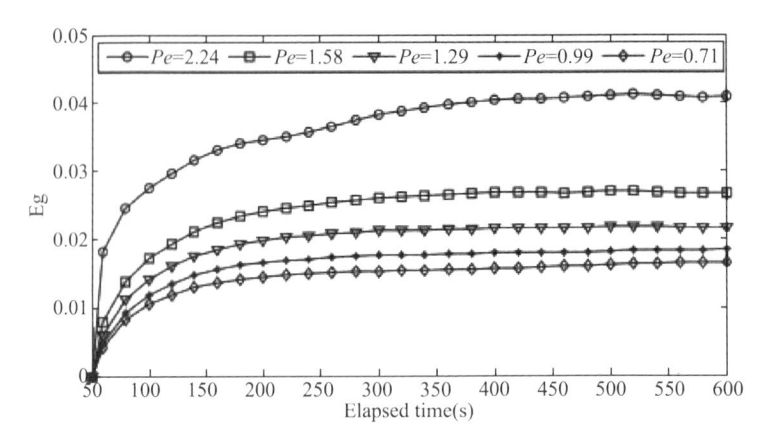

图 3.8　不同 Péclet 数对应的整体相对误差随时间的变化

3.4.3　工程应用

我们采用了 ELCIRC 海洋模型(Zhang 和 Baptista,2008)来模拟泉州湾海域的动力场,最小边长为 100 m 的非结构网格用以刻画复杂的岸线边界形状。在开边界,潮汐水位根据当地的潮汐情况设置:最高潮位高于平均海平面 3.06 m,最低潮位低于平均海平面 3.15 m。泉州湾一个潮周内的模拟流场如图 3.9 所示。在涨潮和退潮期间,潮汐在开边界处的流向分别是东北向和西南向,靠近岸线的环流使得海湾内的流场比较复杂。

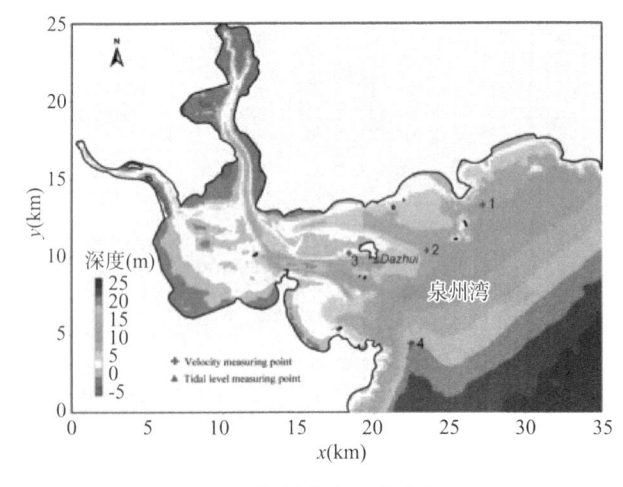

图 3.9　泉州湾水深分布图

在模拟物质运移时,溶质释放位置为 $x = 11.5$ km,$y = 16.4$ km(见图 3.9)。在最高潮位时,溶质开始输入,投放速度为 100 g·s^{-1} 并持续 1 h。如图 3.10 所示,在潮汐流动的驱动下，污染水团在浅滩和深水航道间来回摆动。

数值模拟分别考虑了各向异性和各向同性扩散。对于各向同性扩散，方程(3.3)中的无量纲常数 α 和 β 都设为 13；对于各向异性扩散，这两个常量分别设为 13 和 1.2。结果表明，在各向同性扩散的影响下，低浓度区面积比各向异性扩散作用下的要大，这是因为在各向异性扩散的作用下，浓度水团沿着横向有过多的扩散及稀释。这种趋势在 $t = 12\text{ h}$ 时非常明显，此时水团开始向源点移动。相应地，各向同性扩散作用下高浓度区的面积比各向异性扩散作用下的要小（见图 3.11d）。为进一步比较两种情况下的差别，我们绘画比较了一个潮周内点 $x = 11.6\text{ km}$，$y = 15.5\text{ km}$ 处每半小时的浓度变化（见图 3.12）。尽管两种情况下呈现出相类似的变化趋势，最大浓度却相差巨大，相对误差达到 27%（0.008 mg·L^{-1}，0.011 mg·L^{-1} 分别对应各向同性，各向异性扩散）。如此大的差别说明了在模拟水体中的溶质运移时考虑各向异性扩散的特征是有必要的。

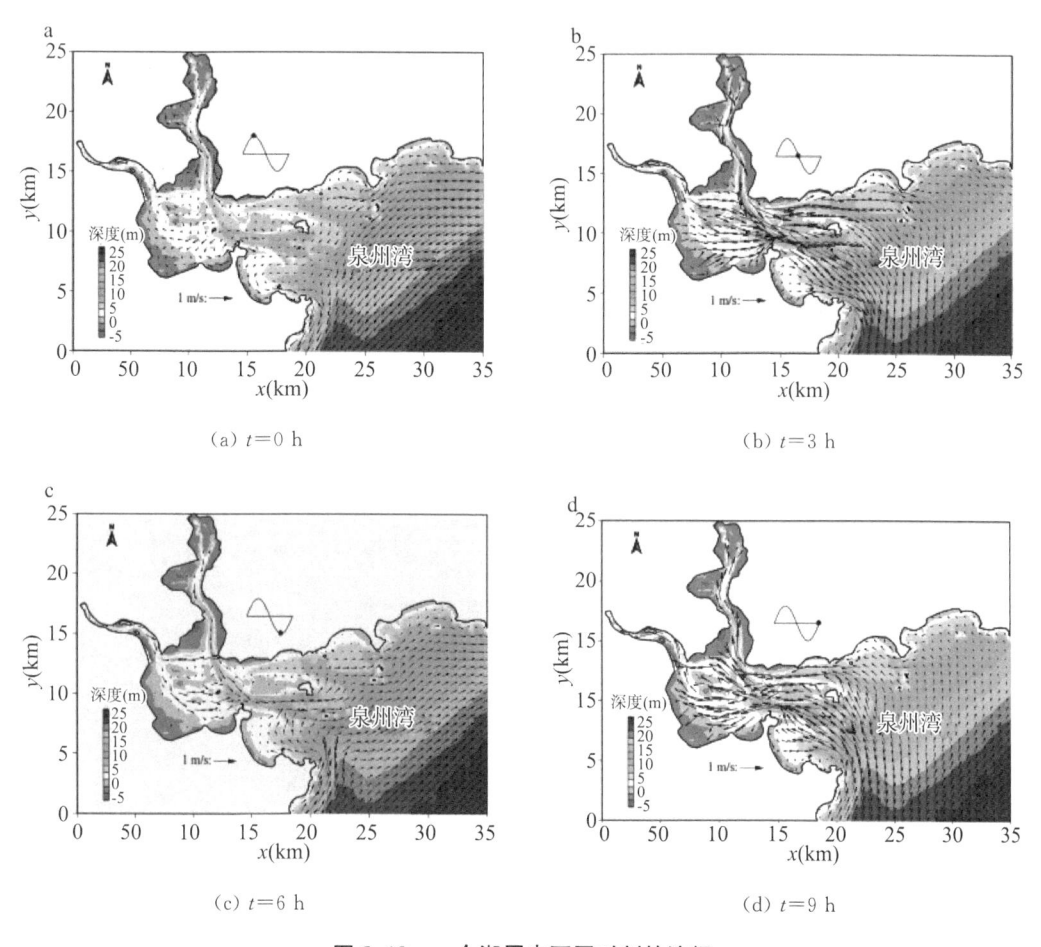

(a) $t = 0$ h

(b) $t = 3$ h

(c) $t = 6$ h

(d) $t = 9$ h

图 3.10　一个潮周内不同时刻的流场

(a) $t=3$ h

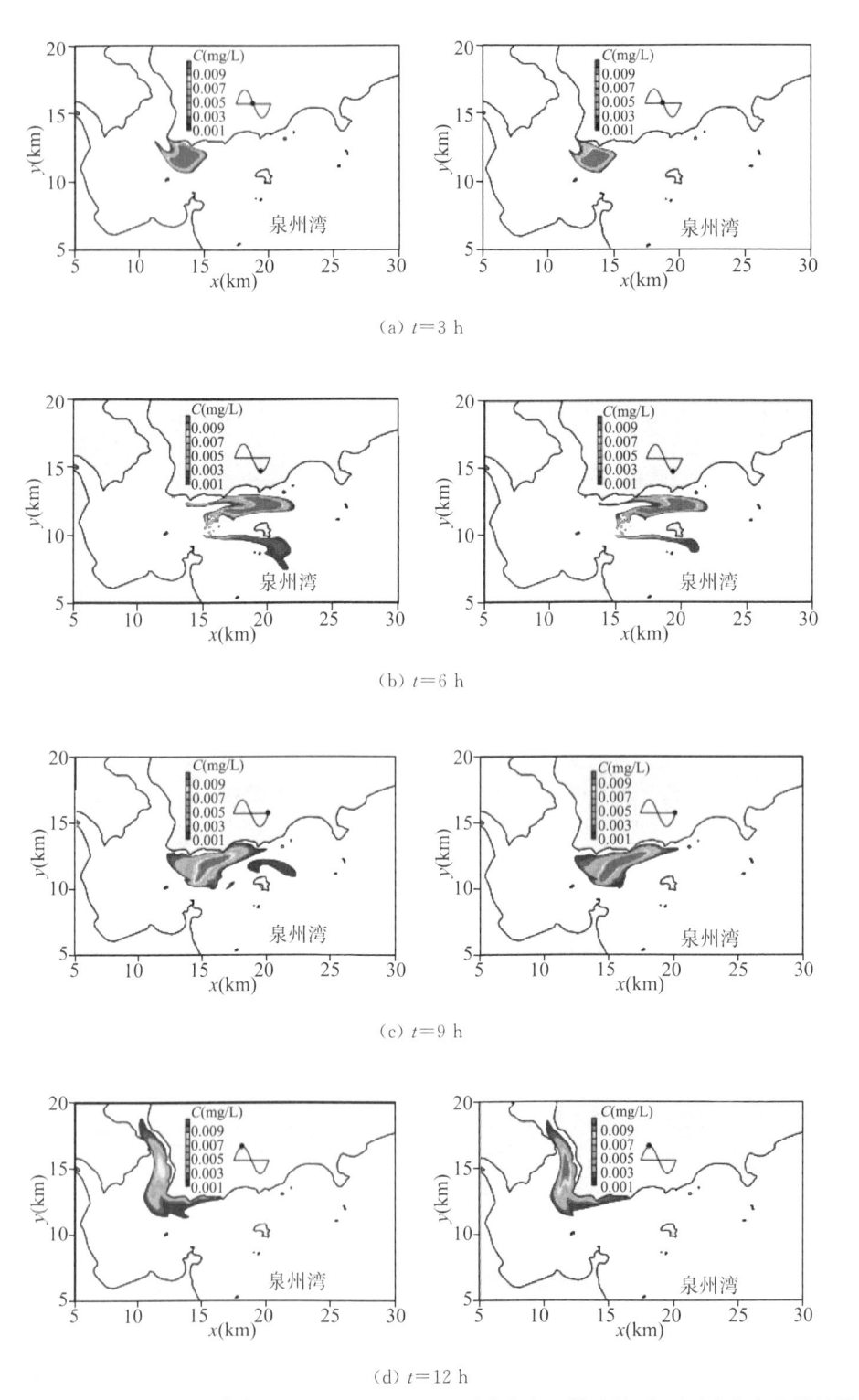

(b) $t=6$ h

(c) $t=9$ h

(d) $t=12$ h

图 3.11　不同扩散效果下浓度场逐时变化过程(左列对应各向同性扩散,右列对应各向异性扩散)

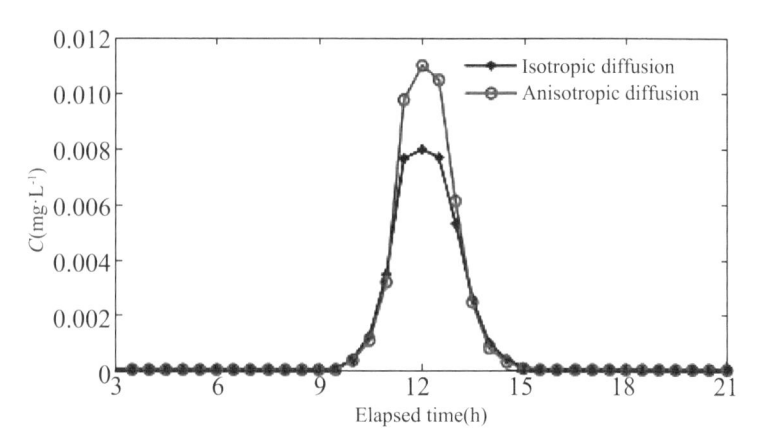

图 3.12 在点 $x=11.6$ km，$y=15.5$ km 处不同扩散作用下的浓度比较

3.5 非可溶态污染物数学模型

近年来，随着海洋活动的持续增多，海上溢油事故频频发生。由于油的密度比水小，所以当发生溢油事故后，大部分油膜漂浮在水体表面。对于模拟这类液体的运动，目前比较通行的方法是"油粒子法"，即将油膜看做较多的油粒子，针对单个油粒开展跟踪模拟，进而分析油污染的影响范围和程度。

溢油模型采用基于欧拉-拉格朗日理论体系基础，模拟油膜在水体中的扩展、水流和风场作用下的传输、分散（夹带）、紊动扩散、蒸发乳化和溶解等各种过程，给出油膜随时间变化的漂移位置和厚度。

模型采用目前国际上广泛应用的"油粒子法"，将油膜离散为大量油粒子，每个粒子赋予一定的油量，油膜则是这些一定数目的油粒子组成的"云团"。这些"云团"释放到水体后，各粒子的离散路径、含水率变化和组分变化等会首先被跟踪和记录为时间函数，然后通过统计各时刻、各网格上的油粒子数及其在各组分中的含量模拟出油膜的漂移轨迹和浓度时空分布。

3.5.1 输移过程

油粒子输移主要包括扩展、漂移、扩散等过程，这些过程主要导致了油粒子的位置变化，而不产生油粒子的组分变化。

（1）扩展运动（Spreading）

溢油后，油膜在重力、黏性力、惯性力以及表面张力的作用下在水平方向不断扩张。采用修正的 Fay 方程进行油膜扩展计算，即重力——黏滞力公式：

$$\left(\frac{\mathrm{d}A_{\mathrm{oil}}}{\mathrm{d}t}\right) = K_a A_{\mathrm{oil}}^{1/3} \left(\frac{V_{\mathrm{oil}}}{A_{\mathrm{oil}}}\right)^{4/3} \tag{3.30}$$

式中：A_{oil} 为油膜面积，$A_{oil} = \pi R_{oil}^2$（其中 R_{oil} 为油膜直径）；t 为时间；K_a 为常系数；V_{oil} 为油膜体积：

$$V_{oil} = \pi R_{oil}^2 \cdot h_s \tag{3.31}$$

其中，h_s 为油膜初始厚度，$h_s = 10 \text{ cm}$。

(2) 漂移运动（Advection）

油粒子的漂移过程主要分为两个部分，即对流过程和紊动扩散。这两个过程综合作用出油粒子在每个时间步长的具体分布。

(a) 对流过程

油粒子的对流位移由水流力和风曳力引起，其漂移速度矢量为两个力的综合作用结果，可由以下权重公式计算求得：

$$\vec{U}_{tot} = c_w(z)\vec{U}_w + \vec{U}_s \tag{3.32}$$

式中：c_w 为风拽力系数，一般取为 0.03～0.04；$\vec{U}_w$ 为水面以上 10 m 的风速；$\vec{U}_s$ 为表面流速矢量。

风场数据从气象资料获得，而流场数据则由上文三维水动力模拟计算结果提供。

由于水动力模拟计算结果中的流速值位于各个网格点上，而实际上此油粒子模型中，绝大多数情况下油粒子没正好处在这些网格点上，因而需采用双线性内插法对流速值进行内插：

$$F = F_1 + (F_2 - F_1) \cdot y + (F_4 - F_1) \cdot x + (F_1 - F_2 + F_3 - F_4) \cdot x \cdot y \tag{3.33}$$

式中：F_1、F_2、F_3、F_4 分别为网格点上的已知流速值；x、y 为距离；流速内插方法示意图如图 3.13 所示。

(b) 紊动扩散

湍流弥散具有随机性，而海上的溢油扩散过程实际上正是湍流的一个弥散过程，因此紊动扩散即油粒子由水流的随机性脉动导致的空间位移，可采用抽取随机数的方法计算得到一个时间步长内粒子的可能扩散距离。假设海洋溢油水平各向同性，则 α 方向上一个时间步长内粒子可能扩散距离 S_a 表示为：

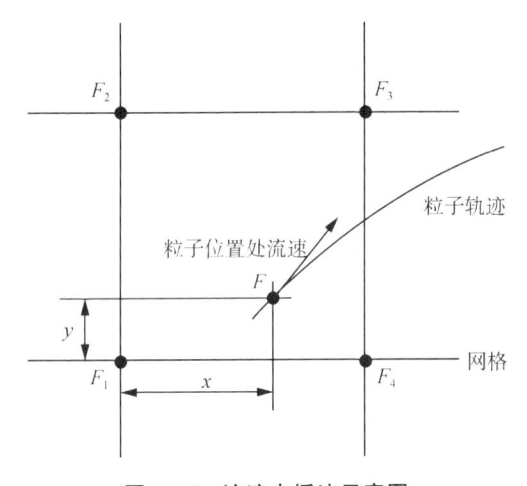

$$S_a = [R]_{-1}^{1} \cdot \sqrt{6 \cdot D_a \cdot \Delta t_p} \tag{3.34}$$

图 3.13 流速内插法示意图

式中：$[R]_{-1}^{1}$ 为随机数（范围 -1～1）；D_a 为 α 方向上的扩散系数（径向扩散系数 D_L 和横向扩散系数 D_T）；Δt_p 为时间步长。

3.5.2 风化过程

溢油在海面经历扩展、漂移等物理输移过程的同时，也经历着蒸发、乳化及溶解等风化过程，风化过程导致溢油的溢油量、油粒子的组成发生变化，不影响油粒子的水平位置。

(1) 蒸发

溢油的蒸发过程较复杂，油粒子组成、气温水温、溢油面积、油膜厚度、风速和太阳辐射等因素均影响油膜蒸发。其蒸发速率首先取决于油膜的化学成分，其次包括溢油的物化属相、环境分度及风的作用等。

SA 模型假定：a. 油膜内部扩散无限制（适用于气温高于 0℃以及油膜厚度小于 5~10 cm）；b. 油膜完全混合均匀；c. 油膜组分在大气中的分压与蒸气压比忽略不计。

如此假定后，油膜中某一组分的蒸发速率可以由如下公式表示：

$$N_i^e = k_{ei} \cdot P_i^{SAT}/RT \cdot \frac{M_i}{\rho_i} \cdot X_i [m^3 \cdot m^{-2} \cdot s^{-1}] \tag{3.35}$$

式中：N^e 为蒸发速率；k_e 为质量转移系数；P^{SAT} 为饱和蒸气压；R 为气体常数；T 为温度；M 为摩尔质量；ρ 为油组分密度；X 为摩尔分数；i 为油膜中的各种油组分。根据 Mackay 等人的理论，k_{ei} 由给定的 Schmidt 数确定：

$$k_{ei} = k \cdot A_{oil}^{0.045} \cdot Sc_i^{-2/3} \cdot U_w^{0.78} (m \cdot s^{-1}) \tag{3.36}$$

式中：k 为蒸发系数；A_{oil} 为油膜面积；Sc_i 为组分 i 的蒸气 Schmidt 数；U_w 为风速。本文溢油计算忽略各个组分的变化情况，只考虑油膜总量变化情况。

(2) 乳化

乳化是指海上溢油在风化过程中油与海水混合形成油水乳化物的过程，因此乳化过程可看作两个部分，分别是溢油向水体扩散后形成水包油乳化物过程和油滴吸收水分以形成油包水乳化物过程。

a. 形成水包油乳化物过程

溢油在水体中的运动机理包括溶解、垂向扩散、沉淀等。垂向扩散是溢油发生后最初的主要过程，水流的紊动能量使油膜破碎成油滴，形成水包油的乳化物。这些乳化物被表面活性剂稳定，阻止油滴返回到油膜。在恶劣的天气状况下，油膜的波浪破碎是最主要的扩散作用力，在平静的天气状况下，伸展压缩运动是最主要的扩散作用力。油膜扩散到水体中形成乳化物的油分损失量计算：

$$D = D_a \cdot D_b \tag{3.37}$$

式中：D_a 为油膜进入水体的分量；D_b 为进入水体后没有返回油膜的分量：

$$D_a = \frac{0.11(1+U_w)^2}{3600} \tag{3.38}$$

$$D_b = \frac{1}{1+50\mu_{oil} \cdot h_s \cdot \gamma_{ow}} \tag{3.39}$$

式中：μ_{oil} 为油膜的粘度；γ_{ow} 为油—水界面张力。

另外，油滴返回油膜的速率为：

$$\frac{dV_{oil}}{dt} = D_a \cdot (1 - D_b) \tag{3.40}$$

b. 形成油包水乳化物过程

可用以下平衡方程表示油中的含水率变化：

$$\frac{dy_w}{dt} = R_1 - R_2 \tag{3.41}$$

式中：R_1 为水的吸收速率，R_2 为水的释出速率，由下式表示：

$$R_1 = K_1 \cdot \frac{(1+U_w)^2}{\mu_{oil}} \cdot (y_w^{max} - y_w) \tag{3.42}$$

$$R_2 = K_2 \cdot \frac{1}{As \cdot Wax \cdot \mu_{oil}} \cdot y_w \tag{3.43}$$

式中：K_1 为吸收系数；y_w^{max} 为油膜的最大含水率；y_w 为油膜的实际含水率；K_2 为释出系数；As 为油中沥青成分含量（重量比）；Wax 为油中石蜡成分含量（重量比）。

(3) 溶解

溢油的溶解度较小，在全部溢油过程中溢油的溶解量一般不超过总量的1%，占主要溶解量的是低碳的轻组分油。溢油某一组分 i 的溶解率用下式表示：

$$\frac{dV_{dsi}}{dt} = Ks_i \cdot C_i^{SAT} \cdot X_{mol_i} \cdot \frac{M_i}{\rho_i} \cdot A_{oil} \tag{3.44}$$

式中：Ks_i 为溶解传质系数；C_i^{SAT} 为组分 i 的溶解度；X_{mol_i} 为组分 i 的摩尔分数，M_i 为摩尔质量；A_{oil} 为油膜面积。Ks_i 由以下公式估算：

$$Ks_i = 2.36 \cdot 10^{-6} e_i \tag{3.45}$$

式中：e_i 分别取值1.4（烷烃）、2.2（芳香烃）、1.8（精制油）。

实际海洋预警预报活动中，往往要求能在最短时间内（1~2个潮周期）对油膜的运动范围做出判断，在如此短的时段内，乳化、蒸发等化学过程减少的表面原油仅占总量的1%~5%，因此在开展短期快速预警过程中，偏于保守考虑，可暂不考虑油膜的化学消耗作用。

3.6 非可溶态污染物数学模型数学方法

3.6.1 虚拟栅格法

针对非结构的三角形网格，水位、流速、流向等信息可由潮流数值模型预测后布置于三角形的节点或单元中心位置，空间布局没有规律。基于此动力输出文件，构建油粒子模型时,不可避免的存在寻址难度,跟踪某一个油粒子上一时刻和当前时刻的位置,都需要在众多的三角形中去一一判别,可采用的方法是面积法,即

$$S_1 + S_2 + S_3 = Sum \tag{3.46}$$

式中:S_1、S_2和S_3分别表示油粒子与某个三角形网格3个网格节点组成的3个三角形的面积,Sum表示该三角形网格的面积,当等式成立时,即代表油粒子处于当前三角形网格。如图3.14所示,该方法尽管能够准确判别出油粒子的位置,但较为耗时,若模型中油粒子数量数以万计,则在每次模拟过程中寻址等待的时间会非常漫长。

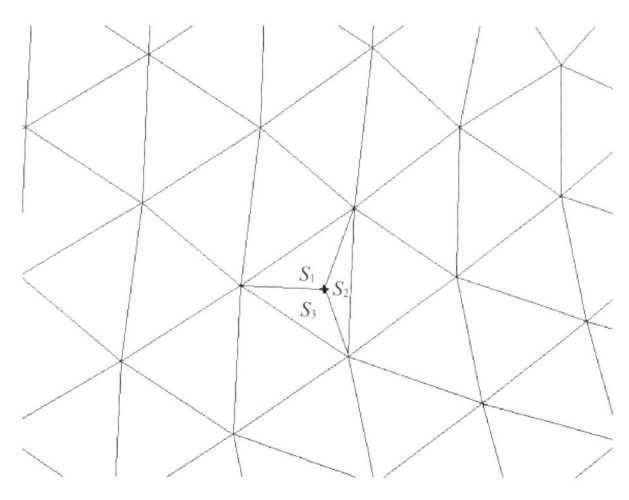

图3.14 传统方法油粒子判别示意

针对这一不足,本文提出了栅格法技术,即在真实的非结构网格框架上,另构建一套虚拟的规则网格系统,该套网格的精度根据需要在横向和纵向上可疏密优化,如图3.15

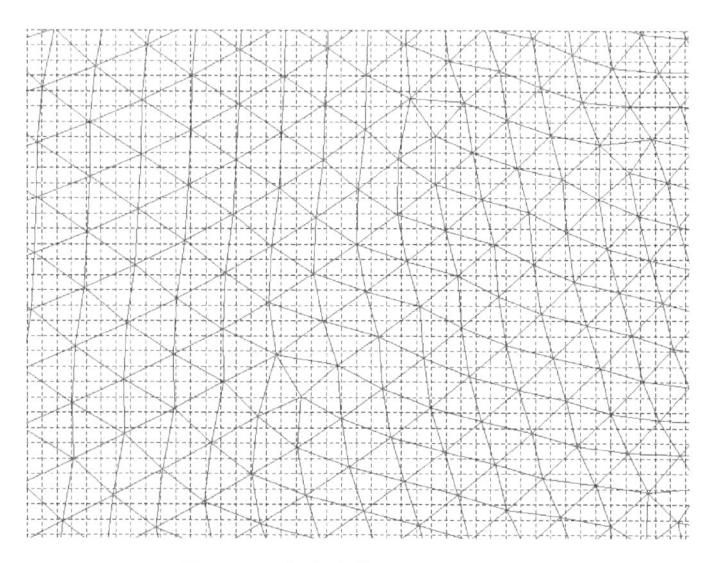

图3.15 真实计算网格和虚拟栅格

所示,虚线网格为虚拟栅格格网,实线为真实的水动力模型计算网格,前者的密度可以高于后者。虚拟的规则网坐标系统有助于快速判别油粒子的位置,即油粒子的空间坐标位置可通过以下公式获得:

$$\begin{cases} N_x = int(x/d_x) \\ N_y = int(y/d_y) \end{cases} \tag{3.47}$$

式中:x、y 代表油粒子在以油膜初始质点为坐标原点的直角坐标系上的坐标;d_x、d_y 分别代表虚拟网格单元在 x 轴与 y 轴上的长度。

当上述位置确定后,则根据规则网格四个节点的流速信息,采用双线性插值法,可获得当前点位的速度和方向,为下一次油粒子运动提供动力信息。

$$F = F_1 + (F_2 - F_1) \cdot y + (F_4 - F_1) \cdot x + (F_1 - F_2 + F_3 - F_4) \cdot x \cdot y \tag{3.48}$$

式中:F_1、F_2、F_3、F_4 分别为网格点上的已知流速值;x、y 表示粒子与网格节点的距离。流速内插方法示意图如图 3.16 所示。

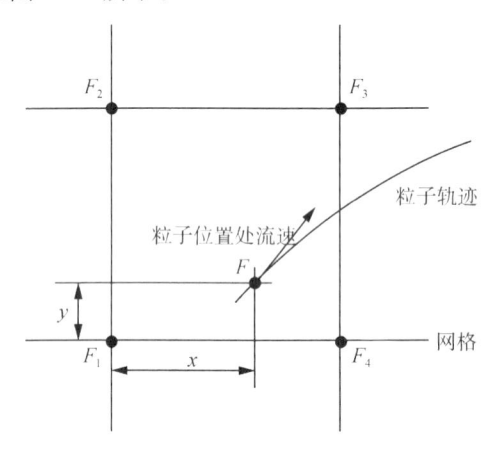

图 3.16 流速内插法示意图

值得注意的是,虚拟网格系统下,矩形网格每个节点的流速信息也是通过插值获得,由真实非结构网格节点或中心点的信息提供。矩形单元每个节点的空间位置,决定了其所处的三角形网格信息,这就需要构建虚拟网格和真实网格的拓扑关系,可在溢油模型运行前实现构建,而不影响油粒子模型的运行效率。

3.6.2 寻址优化法

通过以上的方法,可以快速判别任一油粒子的空间位置,但也存在不足。如在海湾内存在防波堤、复杂结构建筑物时,采用传统的真实网格,可以在模型中通过固壁边界的法向流速为 0 这一特点,加以避免。而采用虚拟网格构建时,很容易将这类占海用地区域也视为可通行水域,导致在模拟过程中出现油粒子穿越建筑物的现象。为此在本课题中,提出了寻址优化方法,实现油粒子的绕行。如图 3.17 所示,A 点为 n 时刻油粒子位置,C 为 $n+1$ 时刻油粒子位置,B、C 分别为建筑物(如防波堤)的两个头部端点,在计算过程中当油粒子穿越结构物时，满足以下判别指标：

$$S_{ABC} + S_{ACD} = S_{ABD} + S_{BCD} \tag{3.49}$$

此时，在程序中，通过插值方法，将油粒子修正至建筑物与油粒子路径的交点处。这里以一个具有复杂防波堤形式的海湾为例，见图 3.17。在此案例中，在港区外侧共布置了 4 条防洪堤，以满足消浪作用。外海潮流进入港区后，沿防波堤之间的水道往复运动，涨落急时刻流场见图 3.18。

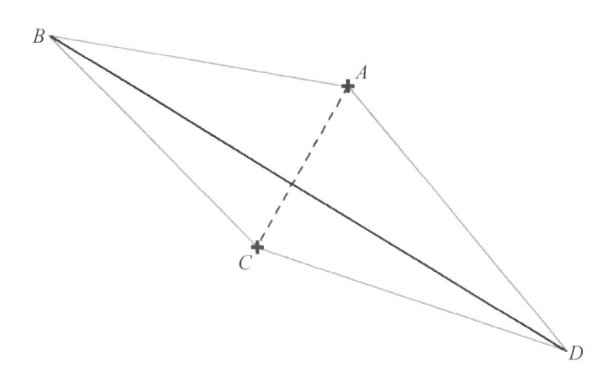

图 3.17　特殊建筑物阻隔油粒子运动处理示意图

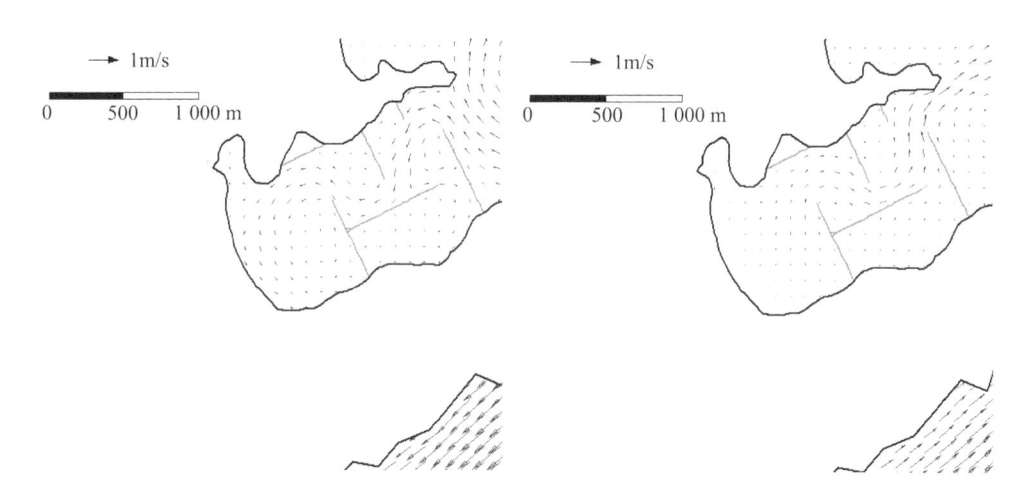

图 3.18　某复杂港区的防波堤布置及涨落急时刻流场

从油粒子模型的预测结果可以看出，采用新方法后，油粒子的运动过程中不会出现穿越防波堤的现象，沿堤线外侧油粒子平行防波堤走向流动。实际案例中，油膜进入港内，绕过 4 条防波堤堤坝，3 h 后油膜完全进入港区，随后随落潮流开始流出港区，从图 3.19(b)～(d)中可以看出第 6～12 h 油膜的运动过程，均是沿着防波堤之间的通航水道运动，比较真实地反映了油膜的漂移过程，不同时刻油膜的分布见图 3.19。

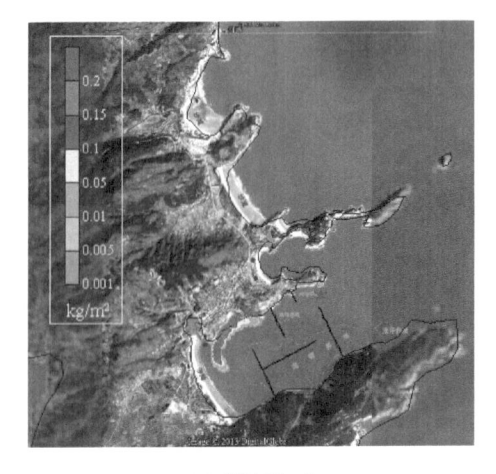

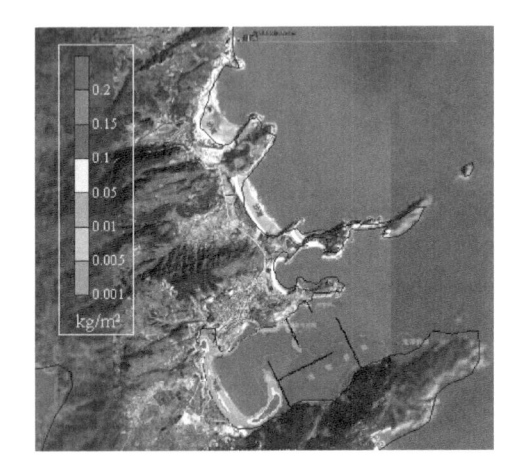

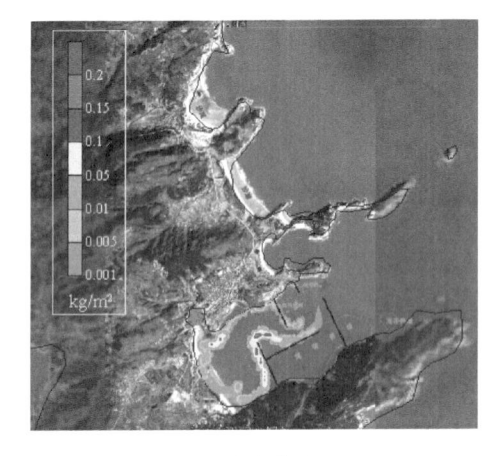

(a) 溢油后 3 h (b) 溢油后 6 h

(c) 溢油后 9 h (d) 溢油后 12 h

图 3.19　港区溢油后油膜运动过程

第4章 近岸水域波浪传播变形数值模拟

4.1 概述

在近岸水域,波浪是重要的水动力因素之一,它不仅直接对海岸建筑物的安全构成威胁,而且通过与水流的共同作用影响海岸泥沙运动和塑造海岸地貌形态。波浪在近岸水域传播过程中,由于受到水深变化、水流、水底摩擦、海岸建筑物等的影响,会发生浅化、折射、绕射、反射、破碎等现象,从而使如波高、波周期、波向等的波浪特征参数发生变化。从能量方面来讲,这些现象可以解释为水深变浅引起的波能积聚、水深变化和水流引起的波能辐聚和辐散、海底摩擦和波浪破碎引起的波能耗散、障碍物的反射引起的波能增加以及非线性相互作用引起的波能重分布。合理地刻画这些复杂的物理过程,开展近岸波浪传播变形的数值模拟,对研究海岸动力过程和海岸工程具有重要意义。

由于能够模拟波浪的折射和绕射,且经改进后还可描述环境水流、海底摩擦、波浪破碎等现象,缓坡方程是被广泛应用于海岸工程领域的波浪传播变形数学模型。缓坡方程首先由 Berkhoff(1972)在缓变水深条件下用小参数展开法导得,该方程克服了传统折射模型无法计算焦散点附近波浪场以及绕射模型仅考虑等水深的限制,具有完全频散特性,适用于深水和浅水域。自缓坡方程问世起众多专家学者围绕其做了大量的理论和应用研究工作,研究内容主要包括方程的型式改进、简化近似、数值方法等。通过缓坡方程的修正和改进,可以考虑波浪传播过程中非线性的影响(Kirby 等,1984,1986,1992;Zhao 和 Anastasiou,1993;Tang 和 Ouellet,1997)、海底摩阻的影响(Booij,1981;Dalrymple 等,1984;洪广文,1993;左其华等,1993)、海底陡坡的影响(Massel,1993;Chamberlain 和 Porter,1995;Suh 等,1997)、环境水流的作用(Booij,1981;Liu,1983;Kirby,1984;洪广文,1995)、波浪的不规则性(Yu 和 Togashi,1994;蒋德才等,1993;朱志夏等,2001)等。通过缓坡方程的简化近似,以探寻高效的数值计算方法,如将缓坡方程化为 Helmholtz 型方程(Radder,1979)、抛物近似型方程(Radder,1979)、一阶双曲型方程组(Copeland,1985;Madsen 和 Larsen,1987)、水波演化方程(Li,1994)、等价双曲型控制方程组(Ebersole,1985)等。缓坡方程的形式和求解方法较多,使得它被广泛应用于海湾

(Pearce 和 Panchang，1985)、航道(左其华和杨正已，1996)、港池(Pan，2000；张洪生等，2003)、开敞水域(冯卫兵，1999；张洪生，2002)、岸线演变(Mani 等，1997)等波浪场的模拟,已成为模拟近岸波浪传播变形的重要方程之一。

4.2 缓坡方程

Berkhoff(1972)在缓变水深条件下,用小参数展开的方法,推导了反映波浪折射和绕射综合影响的缓坡方程:

$$\nabla \cdot (cc_g \nabla \phi) + \omega^2 \frac{c_g}{c} \phi = 0 \tag{4.1}$$

式中：ϕ 为速度势函数 $\tilde{\Phi}$ 的水平变化函数,两者之间的关系如下,

$$\tilde{\Phi}(x,y,z,t) = \phi(x,y) \frac{\cosh[k(h+z)]}{\cosh(kh)} e^{-i\omega t} \tag{4.2}$$

式中：ω 为圆频率；k 为波数，c 为波速；c_g 为波群速；h 为当地水深；g 为重力加速度。

缓坡方程还可表达为时间关联型的形式(Smith 和 Sprinks，1975),如下：

$$\frac{\partial^2 \eta}{\partial t^2} - \nabla \cdot (cc_g \nabla \eta) + \omega^2 \left(1 - \frac{c_g}{c}\right) \eta = 0 \tag{4.3}$$

或(Liu，1983)：

$$\frac{\partial^2 \Phi}{\partial t^2} - \nabla \cdot (cc_g \nabla \Phi) + \omega^2 \left(1 - \frac{c_g}{c}\right) \Phi = 0 \tag{4.4}$$

式中：$\eta_{(x,y,t)}$ 为波动自由面；Φ 为时间型水平速度势函数,表达为 $\Phi(x,y,t) = \phi(x,y) e^{-i\omega t}$。

或(Radder 和 Dingemans，1985)：

$$\begin{cases} g \dfrac{\partial \eta}{\partial t} + \nabla \cdot (cc_g \nabla \Phi) + (\omega^2 - k^2 cc_g) \Phi = 0 \\ \dfrac{\partial \Phi}{\partial t} = -g\eta \end{cases} \tag{4.5}$$

4.2.1 缓坡方程的修正和改进

原始型式的缓坡方程是线性单频波方程,方程未考虑波浪非线性、海底摩阻、海底陡坡、波流相互作用、波浪的不规则性等因素,这些因素的影响都可以通过对方程型式的改进来实现。

1) 考虑波浪非线性的影响

Kirby 等(1984)在时间关联型缓坡方程(4.3)中加入一弱非线性项,考虑了波浪非线性的影响:

$$\frac{\partial^2 \eta}{\partial t^2} - \nabla \cdot (cc_g \nabla \eta) + (\omega^2 - k^2 cc_g + \omega c_g K' |A|^2)\eta = 0 \quad (4.6)$$

式中:

$$K' = \frac{k^3 c}{c_g} \frac{\cosh(4kh) + 8 - 2\tanh^2(kh)}{8\sinh^4(kh)} \quad (4.7)$$

Kirby 等(1986;1992)、Zhao 和 Anastasiou(1993)分别对弱非线性项的表达形式作了改进和推广。为处理非线性谐波产生的波波相互作用,Tang 等(1997)从 Laplace 方程和非线性边界条件出发,利用无量纲化方法,推导了非线性缓坡方程。方程由线性部分和非线性部分组成。其中,线性部分即为缓坡方程,非线性部分则反映了不同频率组成波之间的相互作用。

2) 考虑海底摩阻的影响

Booij(1981)在缓坡方程(4.1)中加入底摩阻耗散项,考虑了海底摩擦作用的影响:

$$\nabla \cdot (cc_g \nabla \phi) + \left(\omega^2 \frac{c_g}{c} + i\omega W\right)\phi = 0 \quad (4.8)$$

式中:W 为底摩阻系数,Dalrmple 等(1984)、洪广文(1993)、左其华等(1993)分别给出了 W 的具体表达式。

3) 考虑海底陡坡的影响

Massel(1993)应用 Galerkin 本征函数法,推导了适用于陡坡海底地形波浪传播的改进型缓坡方程,当忽略所有消逝波时,方程形式如下:

$$\nabla \cdot (cc_g \nabla \phi) + (k^2 cc_g + R)\phi = 0 \quad (4.9)$$

式中:

$$R = \frac{cc_g}{2nh^2} \frac{kh}{\tanh(kh)} \left[R_{00}^{(1)} (\nabla h)^2 + R_{00}^{(2)} \frac{\nabla^2 h}{\lambda} \right] \quad (4.10)$$

$$\lambda = \frac{\omega^2}{g} \quad (4.11)$$

$$n = \frac{1}{2}\left(1 + \frac{2kh}{\sinh(kh)}\right) \quad (4.12)$$

$$R_{00}^{(1)} = \frac{1}{\cosh^2(kh)}(P_1 I_1 + P_2 I_2 + P_3 I_3 + P_4 I_4 + P_5 I_5 + P_6) \quad (4.13)$$

$$R_{00}^{(2)} = \frac{1}{\cosh(kh)}(Q_1 I_1 + Q_2 I_2 + Q_3 I_3) \quad (4.14)$$

式中：$P_1 \sim P_6$，$I_1 \sim I_5$，$Q_1 \sim Q_3$ 均为 k 和 h 的函数。

Chamberlain 等(1995)、Suh 等(1997)分别使用变分原理和格林公式,亦推导了含有陡坡改进项的缓坡方程,并各自给出了陡坡改进项的表达式。

4) 考虑波流相互作用的影响

缓变水深和水流水域缓坡方程数学模型,主要有以下四种形式：

Booij(1981)的模型：

$$\frac{D\Phi^2}{Dt^2} + \nabla \cdot \vec{U}\frac{D\Phi}{Dt} + \left[\frac{D}{Dt}(\nabla \cdot \vec{U})\right]\Phi - \nabla \cdot (cc_g \nabla \Phi) + (\sigma^2 - k^2 cc_g)\Phi = 0 \quad (4.15)$$

Liu(1983)的模型：

$$\frac{D\Phi^2}{Dt^2} - \nabla \cdot (cc_g \nabla \Phi) + (\sigma^2 - k^2 cc_g)\Phi = 0 \quad (4.16)$$

Kirby(1984)的模型：

$$\frac{D\Phi^2}{Dt^2} + \nabla \cdot \vec{U}\frac{D\Phi}{Dt} - \nabla \cdot (cc_g \nabla \Phi) + (\sigma^2 - k^2 cc_g)\Phi = 0 \quad (4.17)$$

Hong(1995)的模型：

$$\frac{D}{Dt}\left(\frac{D}{Dt} + W^*\right)\Phi + \nabla \cdot \vec{U}\left(\frac{D}{Dt} + W^*\right)\Phi - \nabla \cdot (\tilde{c}\tilde{c}_g \nabla \Phi) + (\bar{\sigma}^2 - \bar{k}^2 \tilde{c}\tilde{c}_g)\Phi = 0 \quad (4.18)$$

上述四个模型,Booij 的模型没有正确使用自由表面动力学条件(Kirby,1984);Liu 的模型则推导不出波作用守恒方程(尹宝树和蒋德才,1989);Booij、Liu 和 Kirby 的模型都没有区别折射和联合折射、绕射波数矢的不同(Hong,1995);Hong 的模型则区别了折射和联合折射、绕射波数矢的不同,并且包含了底摩阻耗散项,是较为完善的考虑水流作用的缓坡方程。

5) 考虑波浪不规则性的影响

线性波浪理论假定随机波面是无穷多个振幅不等、频率不同、位相杂乱的小振幅波的线性叠加,其组成波各自独立地传播,独立地受到地形的作用而变形,因而可以认为各组成波分别满足缓坡方程。在这一假定下,Yu 和 Togashi(1994)引入主波的概念,把依赖于各组成波频率的缓坡方程化为以主波参数表示的摄动缓坡方程,从而,建立了一个不规则波传播的数学模型。蒋德才等(1993)依据线性叠加原理,将组成波振幅表示为组成波谱值,并将谱值分量引入 Ebersole 模式中,从而建立了一个外海到近岸的关于海浪频谱的联合折射绕射模式。朱志夏等(2001)以改进的波浪文氏理论谱为靶谱,运用波动叠加原理,推导了一个不恒定非均匀流场中随机波折绕射的数学模型。

4.2.2 缓坡方程简化与近似

缓坡方程(4.1)是椭圆型偏微分方程,具有不可分离的性质,其直接求解可采用有限元的方法(Berkhoff,1982),该方法能较好地处理复杂边界条件,但适用的空间范围较小。为探寻高效、稳定的数值方法,众多科研工作者对缓坡方程做了大量的简化和近似。

1) Helmholtz 型方程

Radder(1979)把椭圆型缓坡方程(4.1)化为 Helmholtz 型方程,其形式如下:

$$\nabla^2 \varphi + k_c^2 \varphi = 0 \tag{4.19}$$

式中:$\varphi = \phi \sqrt{cc_g}$;$k_c^2 = k^2 - \dfrac{\nabla^2 \left[(cc_g)^{1/2} \right]}{(cc_g)^{1/2}}$。

该方程可以采用共轭梯度法(Panchang 和 Pearce,1991)、误差传播法(Panchang 等,1988)求解。共轭梯度法节省了计算机的内存和计算时间,相比有限元模型,较为显著地拓展了计算域。误差传播法虽然可以有效解决大面积海域上波浪的计算,但波浪传播主方向受到一定的限制(±55°),而且该方法存在内在的不稳定。

2) 抛物近似型缓坡方程

为了便于应用,Radder 等(1979)将波动速度势 ϕ 分解为前进波势 ϕ^+ 和反射波势 ϕ^-,$\phi = \phi^+ + \phi^-$,代入到缓坡方程(4.1)中,并略去反射波和传播方向的绕射影响,得到抛物型缓坡方程如下:

$$\frac{\partial \phi^+}{\partial x} = \left[ik - \frac{1}{2kcc_g} \frac{\partial (kcc_g)}{\partial x} + \frac{i}{2kcc_g} \frac{\partial}{\partial y} \left(cc_g \frac{\partial}{\partial y} \right) \right] \phi^+ \tag{4.20}$$

方程(4.20)将微分方程的边值问题化为初值问题,其数值求解可采用 Crank-Nicolson 差分格式(林钢和邱大洪,1999),降低了计算量,适合较大范围水域波浪的演化计算,但受限于不考虑反射波的影响,方程不适合反射作用比较强的情况。陶建华等(1999)指出,在滩槽相间、波向变化较大的河口海岸水域,抛物型方程的应用会受到较大的限制。Zhang 等(2005)较为严格地论证了抛物近似模型的局限性。

3) 双曲型缓坡方程

Copeland(1985)仿 Ito 的方法,化时间关联型缓坡方程(4.3)为一阶双曲型方程组,其形式如下:

$$\begin{cases} \nabla \cdot \vec{Q} + \dfrac{c_g}{c} \dfrac{\partial \eta}{\partial t} = 0 \\ \dfrac{\partial \vec{Q}}{\partial t} + cc_g \nabla \eta = 0 \end{cases} \tag{4.21}$$

式中:$\vec{Q}$ 为质点速度在垂直方向上的积分矢量。

方程组(4.21)既具有与椭圆型缓坡方程相同的精度,又具有数值求解方法简单的优点。Copeland(1985)使用 ADE 法对双曲型缓坡方程进行了求解,其数值方法的收敛性受到 Courant 数的限制。Mardsen 和 Larsen(1987)通过消去方程组(4.21)中的时间快变项,得到了如下双曲型缓坡方程组:

$$\begin{cases} \dfrac{c_g}{c}\dfrac{\partial \eta^*}{\partial t} + \dfrac{c_g}{c}i\omega\eta^* + \dfrac{\partial P^*}{\partial x} + \dfrac{\partial Q^*}{\partial y} = SS \\ \dfrac{\partial P^*}{\partial t} + i\omega P^* + cc_g\dfrac{\partial \eta^*}{\partial x} = 0 \\ \dfrac{\partial Q^*}{\partial t} + i\omega Q^* + cc_g\dfrac{\partial \eta^*}{\partial y} = 0 \end{cases} \quad (4.22)$$

式中：SS 为内部造波源项；$\eta^*(x, y, t) = \eta(x, y, t)e^{-i\omega t}$；$P^*(x, y, t) = P(x, y, t)e^{-i\omega t}$；$Q^*(x, y, t) = Q(x, y, t)e^{-i\omega t}$，并使用 ADI 法进行数值求解。郑永红等(2001)使用空间交错、时间非交错的数值格式对考虑弱非线性改进的双曲型缓坡方程进行了数值求解。

4) 水波演化方程

Li(1994)利用摄动法，通过引入时间上的缓变量，化缓坡方程(4.4)为水波演化方程。该方程为抛物型，表达式如下：

$$-2\omega i\dfrac{\partial \psi}{\partial t} = \nabla \cdot (cc_g \nabla \psi) + k^2 cc_g \psi \quad (4.23)$$

式中：$\psi(x, y, t) = \Phi(x, y, t)e^{i\omega t}$，其中，$t = \varepsilon t$。水波演化方程的数值求解多采用 ADI 法，并且其数值求解格式无条件稳定。

5) 等价的双曲型控制方程组

Ebersole(1985)把关系式 $\phi = ae^{iS}$ 代入缓坡方程(4.1)，并分离实部、虚部，分别得到了光程函数方程和波能守恒方程，如下：

$$|\nabla S|^2 = k^2 + \dfrac{1}{cc_g a}\nabla \cdot (cc_g \nabla a) \quad (4.24)$$

$$\nabla \cdot (a^2 cc_g \nabla S) = 0 \quad (4.25)$$

式(4.24)、(4.25)与波数矢无旋方程

$$\nabla \times (\nabla S) = 0 \quad (4.26)$$

构成了 Ebersole 模型。

Ebersole 模型的数值求解在实数域内进行，可以采用空间步进法(Ebersole，1985)、后差分隐式格式、特征—差分中心对称格式相结合的综合格式(冯卫兵，1999)、Crank-Nicolson 格式(张洪生，2002)进行数值求解。因 Ebersole 模型的空间步长不受波长的限制，所以其被广泛应用于大范围水域波浪场的数值计算，但是该模型没有考虑反射波的影响。

由此可见，缓坡方程的各种简化和近似型式及其数值求解方法都有其优缺点。随着数值计算方法的发展和计算机软硬件技术的提高，计算机的计算速度已不像过去那样严重制约着数值模拟效率，于是研究者们又从原型缓坡方程出发，对近岸水域波浪的传播变形进行数值模拟，如赵明和滕斌(2002)使用有限元法求解椭圆型缓坡方程；Chen 等(2005)亦采用有限元法求解波流相互作用下的椭圆型缓坡方程。下面我们将介绍一个时间型缓坡方程数值模拟模型及其相关的若干检验实例。

4.3 时间型缓坡方程数值模型

4.3.1 控制方程

考虑能量耗散、陡变和快变地形影响的扩展型缓坡方程为：

$$\nabla \cdot (cc_g \nabla \phi) + (k^2 cc_g (1+\mathrm{i}f) + R_1 \nabla^2 h + R_2 (\nabla h)^2)\phi = S \quad (4.27)$$

式中，ϕ 为二维速度势函数；k 为波数；c 为波速；c_g 为群波速；h 为水深；f 为波能损耗系数；R_1 和 R_2 是陡变地形项和快变地形影响项的系数，它们是 k 和 h 的函数；S 是内部造波源函数，根据 Kim 等（2007）的研究，S 可表达为：

$$S(x, y, t) = 2gc_g \delta(x - x_s) \cos(\theta) \eta_i \quad (4.28)$$

式中：$\delta(x-x_s)$ 是 Direclet 函数；x_s 是海绵层的位置坐标；θ 是入射波的波向线与造波线的夹角；η_i 是入射波的波动自由面函数，可表达为 $\eta_i = \dfrac{H_i}{2}\cos(k_y y - \omega t)$；$H_0$ 为入射波的波高。

波数 k 和圆波频 ω 满足如下弥散关系：

$$\omega^2 = gk \tanh(kh) \quad (4.29)$$

通过线性单频波 ϕ 和 η 的关系，方程（4.27）可转化为：

$$\nabla \cdot (cc_g \nabla \eta) + (k^2 cc_g (1+\mathrm{i}f) + R_1 \nabla^2 h + R_2 (\nabla h)^2)\eta = \frac{\mathrm{i}\omega}{g} S^* \quad (4.30)$$

再通过单频波 η 和 $\partial^m \eta / \partial t^m (m=1, 2)$ 的关系，同时引入变换 $\zeta = \eta \sqrt{cc_g}$（ζ 为有效波面函数），方程（4.30）可转化为：

$$\frac{\partial^2 \zeta}{\partial t^2} + \omega f \left(\frac{k}{k_c}\right)^2 \frac{\partial \zeta}{\partial t} - \left(\frac{\omega}{k_c}\right)^2 \nabla^2 \zeta = S^* \quad (4.31)$$

式中：k_c 为有效波数，可表达为：

$$k_c^2 = k^2 + \frac{R_1 \nabla^2 h + R_2 (\nabla h)^2}{cc_g} - \nabla^2(\sqrt{cc_g})/\sqrt{cc_g} \quad (4.32)$$

S^* 是方程（4.31）的造波源函数，表达为：

$$S^* = \left(\frac{\omega}{k_c}\right)^2 \frac{S_t}{g\sqrt{cc_g}} \quad (4.33)$$

4.3.2 物理过程处理

1）能量耗散系数的表达式

能量损耗系数 f 包含四部分，分别是海底摩阻引起的能量耗散 f_d、波浪破碎引起的

能量耗散 f_b、波浪在孔隙介质内的能量损耗 f_p 和海绵层内的能量损耗 f_s。

根据 Battjes 等(1985)、洪广文(1993)、左其华等(1993)等的研究,海底摩阻造成的能量损耗 f_d 可表达为:

$$f_d = \frac{4c_f}{3\pi g} \frac{a\sigma^2}{ng \sinh^3(kh)} \tag{4.34}$$

式中:c_f 为底摩阻因数,h 为波高。

根据 Kirby 等(1994)、Maa 等(2002)以及 Zheng 等(2004)的研究,水深变浅造成波浪破碎的能量损耗 f_b 可表达为:

$$f_b = KC_g[1-(\gamma h/H)^2]/h \tag{4.35}$$

式中:H 是破碎波高;K 和 γ 是经验系数,其中,$K = 0.4$,$\gamma = 0.15$。

孔隙层内的能量损耗系数与入射波的波高、周期、孔隙层的厚度、孔隙介质的孔隙率、名义直径、层流阻力系数和紊流阻力系数有关,Madsen 和 Larsen(1987)根据线性波理论,给出了反射系数 K_r 与孔隙层厚度和能量损耗系数的关系,见下式:

$$K_r = \frac{(1-\varepsilon)+(1+\varepsilon)\mathrm{e}^{-\mathrm{i}2\kappa B}}{(1+\varepsilon)+(1-\varepsilon)\mathrm{e}^{-\mathrm{i}2\kappa B}} \tag{4.36}$$

式中:B 为孔隙层的宽度;ε 和 κ 分别是与孔隙层内的摩阻系数有关的表达式,可表达为,

$$\kappa = \frac{\sigma}{c}(1-\mathrm{i}f_p) \tag{4.37}$$

$$\varepsilon = \frac{1}{\sqrt{1-\mathrm{i}f_p}} \tag{4.38}$$

根据 Lee 和 Yoon(2007)的研究,海绵层内的能量损耗系数可采用指数衰减的形式,如下式:

$$f_s = \begin{cases} 0, & x > x_s \\ \dfrac{\omega^2}{k^2 cc_g}\left(\dfrac{\mathrm{e}^{d/s}-1}{\mathrm{e}-1}\right), & x < x_s \end{cases} \tag{4.39}$$

式中:d 是从海绵层边界的起点至层内点的距离;s 是海绵层的厚度。

2) 陡变和快变地形影响系数的表达式

根据 Massel(1993)、Chamberlain 和 Porter(1995)以及 Suh 等(1997)对扩展型缓坡方程的研究,R_1 和 R_2 可表示为:

$$R_1/g = \frac{\sinh(2K)-2K\cosh(2K)}{4\cosh^2(K)[2K+\sinh(2K)]} \tag{4.40}$$

$$R_2/(gk) =$$
$$\frac{8K^4 + 16K^3\sinh(2K) - 9\sinh^2(2K)\cosh(2K) + 12K[1+2\sinh^4(K)][K+\sinh(2K)]}{6\cosh^2(K)[2K+\sinh(2K)]^3} \quad (4.41)$$

式中：$K = kh$。

3) 非线性弥散关系表达式

为了考虑波浪弱非线性的影响，Kirby 和 Darlymple(1986)以及 Li 等(2003)分别对非线性振幅频散关系进行了研究，根据他们的研究成果，非线性振幅频散关系可表达为：

$$\sigma^2 = gk(1 + 0.25F_1 k^2 H^2)\tanh(kh + 0.5F_2 kH) \quad (4.42)$$

式中：F_1 和 F_2 为修正系数，可表达为：

$$F_1 = \tanh^2(kh) \quad F_2 = kh/\sinh(kh) \quad (4.43)$$

4.3.3 边界条件

1) 开边界条件：开边界条件的处理可采用两种方法，一是采用辐射边界条件，使波浪可以自由地进出开边界，可采用 Engquist 和 Majda(1997)的二阶辐射边界条件，如下：

$$\frac{\partial^2 \zeta}{\partial t^2} + \left(\frac{\sigma}{k_c}\right)\frac{\partial^2 \zeta}{\partial n \partial t} - \frac{1}{2}\left(\frac{\sigma}{k_c}\right)^2 \frac{\partial^2 \zeta}{\partial \tau^2} = 0 \quad (4.44)$$

式中：n 和 τ 分别是边界的法线方向和切向方向。

二是采用一定厚度的海绵层消除反射波的方式，其可与固壁边界条件或辐射边界条件共同使用(Oliveria, 2000)。海绵层是一种有效处理开边界条件的数值方法，在 Boussinesq 方程和缓坡方程的数值模型中被广泛地应用，通常 2.5 倍波长的海绵层厚度即可有效吸收 95% 以上的波浪。

2) 全反射边界条件和部分反射边界条件：对于全反射边界条件，可采用波面法向梯度为零的条件进行控制，如下：

$$\frac{\partial \zeta}{\partial n} = 0 \quad (4.45)$$

对于部分反射边界条件，可于固壁边界前设置一定厚度的孔隙层，通过调整孔隙层的厚度和层内的波能损耗系数，实现不同程度的波浪反射。

3) 入射边界条件：对于入射边界附近受反射波影响较小的情况，可采用给定的入射波条件，如下：

$$\zeta = \zeta_i \quad (4.46)$$

若允许反射波自由地进出入射边界条件，则有：

$$\frac{\partial \zeta}{\partial n} = \frac{k_c}{\omega}\frac{\partial}{\partial t}(\zeta - 2\zeta_i) \quad (4.47)$$

式中：$\zeta_i = \sqrt{cc_g}\eta_i$。由于使用了波向的一阶近似，方程(4.47)仅适用于反射波与入射边界的夹角较小的情况。

另一种生成入射波浪的方法是采用内部造波源的方法，在指定造波线附近生成指定波高和周期的波浪。该方法由 Larsen 和 Dancy(1983)提出，并在 Boussinessq 方程(Wei 等，1999；Madsen 等，1997)和缓坡方程(Copland，1985；Madsen 和 Larsen，1987；Lee 等，2003；Kim 等，2006)中得到了广泛应用。在这些模型中，用于造波的造波线多为直线型，或一条直线(Larsen 和 Dancy，1983)，或两条直线(Copland，1985)，或直线型的造波带(Wei 等，1995)。直线型造波源的主要问题在于斜向入射波的生成存在着较大的误差，对此，Changhoon 和 Yoon(2007)进行了较为详细的论述，提出了弧形造波线的方法对直线型造波法进行了改进。在本文数值模型中，我们亦引入了 Changhoon 和 Sung(2007)的弧形造波法，同时，为了缓慢地在造波线处生成波浪，我们将造波源项 $s(x, y, t)$ 乘以指数：$[\tanh(n\Delta t/NT)]$，其中 N 是大于 1 的正整数，通常取为 1~5。

4.3.4 数值离散格式

以方程(4.31)为控制方程，时间上和空间上均采用具有二阶精度的中心差分格式，建立数值计算模式。

1) 差分格式

将物理量（ζ, k_c, c, c_g、f 和 s）布置在网格节点上，对固定的空间步长 Δx、Δy 和时间步长 Δt，方程(4.31)可离散为：

$$\frac{\zeta_{i,j}^{n+1} - 2\zeta_{i,j}^n + \zeta_{i,j}^{n-1}}{\Delta t^2} + \omega f \left(\frac{k}{k_c}\right)^2 \frac{\zeta_{i,j}^{n+1} - \zeta_{i,j}^{n-1}}{2\Delta t}$$
$$= \left(\frac{\sigma}{k_c}\right)^2 \left(\frac{\zeta_{i+1,j}^n - 2\zeta_{i,j}^n + \zeta_{i-1,j}^n}{\Delta x^2} + \frac{\zeta_{i,j+1}^n - 2\zeta_{i,j}^n + \zeta_{i,j-1}^n}{\Delta y^2}\right) + s^n \quad (4.48)$$

对方程(4.48)进行整理，可得：

$$\zeta_{i,j}^{n+1} = a_0 \zeta_{i,j}^{n-1} + a_1 \zeta_{i,j}^n + a_2 (\zeta_{i+1,j}^n + \zeta_{i-1,j}^n) + a_3 (\zeta_{i,j+1}^n + \zeta_{i,j-1}^n) + \frac{\Delta t^2}{a_0} s^n \quad (4.49)$$

式中：$a_0 = -(1 - \omega f (k/k_c)^2 \Delta t/2)/a$；$a_1 = 2\left(\frac{1}{a} - a_2 - a_3\right)$；$a_2 = (\omega \Delta t/(k_c \Delta x))^2/a$；$a_3 = (\omega \Delta t/(k_c \Delta y))^2/a$；$a = 1 + \omega f (k/k_c)^2 \Delta t/2$。

2) 稳定性分析

差分方程在离散过程中存在着截断误差，对固定 Δx、Δy 和 Δt，关于 ζ 进行 Taylor 展开：

$$\zeta_{i,j}^{n\pm 1} = \zeta_{i,j}^n \pm \Delta t \left(\frac{\partial \zeta}{\partial t}\right)_{i,j}^n + \frac{\Delta t^2}{2!}\left(\frac{\partial^2 \zeta}{\partial t^2}\right)_{i,j}^n \pm \frac{\Delta t^3}{3!}\left(\frac{\partial^3 \zeta}{\partial t^3}\right)_{i,j}^n + \frac{\Delta t^4}{4!}\left(\frac{\partial^4 \zeta}{\partial t^4}\right)_{i,j}^n \pm \cdots$$
(4.50a)

第4章 近岸水域波浪传播变形数值模拟

$$\zeta_{i,j}^{n+1} = \zeta_{i,j}^{n-1} + 2\Delta t \left(\frac{\partial \zeta}{\partial t}\right)_{i,j}^{n} + 2\frac{\Delta t^3}{3!}\left(\frac{\partial^3 \zeta}{\partial t^3}\right)_{i,j}^{n} + 2\frac{\Delta t^5}{5!}\left(\frac{\partial^5 \zeta}{\partial t^5}\right)_{i,j}^{n} + \cdots \quad (4.50b)$$

$$\zeta_{i\pm 1,j}^{n} = \zeta_{i,j}^{n} \pm \Delta x \left(\frac{\partial \zeta}{\partial x}\right)_{i,j}^{n} + \frac{\Delta x^2}{2!}\left(\frac{\partial^2 \zeta}{\partial x^2}\right)_{i,j}^{n} \pm \frac{\Delta x^3}{3!}\left(\frac{\partial^3 \zeta}{\partial x^3}\right)_{i,j}^{n} + \frac{\Delta x^4}{4!}\left(\frac{\partial^4 \zeta}{\partial x^4}\right)_{i,j}^{n} \pm \cdots$$
$$(4.50c)$$

$$\zeta_{i,j\pm 1}^{n} = \zeta_{i,j}^{n} \pm \Delta t \left(\frac{\partial \zeta}{\partial y}\right)_{i,j}^{n} + \frac{\Delta y^2}{2!}\left(\frac{\partial^2 \zeta}{\partial y^2}\right)_{i,j}^{n} \pm \frac{\Delta y^3}{3!}\left(\frac{\partial^3 \zeta}{\partial y^3}\right)_{i,j}^{n} + \frac{\Delta y^4}{4!}\left(\frac{\partial^4 \zeta}{\partial y^4}\right)_{i,j}^{n} \pm \cdots$$
$$(4.50d)$$

将式(4.50)代入式(4.48)，整理后可得：

$$\left[\frac{\partial^2 \zeta}{\partial t^2} + \omega f \left(\frac{k}{k_c}\right)^2 \frac{\partial \zeta}{\partial t} - \left(\frac{\omega}{k_c}\right)^2 \nabla^2 \zeta\right]_{i,j}^{n} = TE \quad (4.51)$$

方程(4.51)左边与方程(4.31)左边相一致，TE 是差分以后产生的截断误差，为方便起见，视 k_c、ω、c 和 c_g 为常量，略去上下标记 i、j 和 n，可表示为：

$$TE = -\frac{\Delta t^2}{12}\frac{\partial^4 \zeta}{\partial t^4} + \frac{\Delta t^2}{6}\omega f\left(\frac{k}{k_c}\right)^2 \frac{\partial^3 \zeta}{\partial t^3} + \left(\frac{\omega}{k_c}\right)^2 \left(\frac{\Delta x^2}{12}\frac{\partial^4 \zeta}{\partial x^4} + \frac{\Delta y^2}{12}\frac{\partial^4 \zeta}{\partial y^4}\right) + O(\Delta t^4, \Delta x^4, \Delta y^4)$$
$$(4.52)$$

从误差表达式(4.52)可知，上述离散格式在空间和时间上都具有二阶精度。依式(4.31)将 TE 中的时间偏导数尽转化为空间偏导数，最后有：

$$TE = \frac{1}{12}\left(\frac{\omega}{k_c}\right)^2 \left[E_x \frac{\partial^4 \zeta}{\partial x^4} + E_y \frac{\partial^4 \zeta}{\partial y^4} + \left(\frac{\omega}{k_c}f\Delta t\right)^2 \frac{\partial^2 \zeta}{\partial t^2} - 2\left(\frac{\omega \Delta t}{k_c}\right)^2 \frac{\partial^4 \zeta}{\partial x^2 \partial y^2}\right]$$
$$+ O(\Delta t^4, \Delta x^4, \Delta y^4) \quad (4.53)$$

式中：$E_x = \Delta x^2 - \left(\frac{\omega}{k_c}\right)^2 \Delta t^2$；$E_y = \Delta y^2 - \left(\frac{\omega}{k_c}\right)^2 \Delta t^2$。

从式(4.53)可知，离散方程的截断误差 TE 仅由数值耗散引起。由 Heuristic 稳定性分析可知，为保证数值计算的稳定性，应避免负的数值扩散，因此，模型应满足如下条件：

$$E_x \geqslant 0, \ E_y \geqslant 0 \rightarrow \Delta t \leqslant \min(k_c \Delta x/\omega, k_c \Delta y/\omega) \quad (4.54)$$

截断误差的第三项是由能量耗散引起的，该项系数恒为正，因此，该项的存在可以有效地遏制数值负扩散，故考虑能量损耗后的计算格式将具有更高的数值稳定性。

3) 波高计算

对于线性单频波而言，达到稳态后的有效波面函数可表示为：

$$\zeta(t) = 0.5 \sqrt{cc_g} H\cos(\sigma t) \quad (4.55)$$

因此，波高的计算可采用如下方法：

$$H = \frac{2\sqrt{2}}{\sqrt{cc_g}} \left[\frac{1}{mT} \int_{t_0}^{t_0+mT} \zeta(t)^2 \mathrm{d}t \right]^{1/2} \tag{4.56}$$

式中:m 是大于1的整数,在本文的计算中,我们取计算域内的有效波面达到稳态后的5个周期对波高进行计算。

4.4 模型验证与应用

4.4.1 均匀水深水域内波浪的传播

为了检验模型数值造波和消波的性能,我们对均匀水深水域内波浪的传播变形进行了数值计算。考虑的是沿 x 方向传播于水深为 $h = 11.7$ m,波高为 $H_0 = 0.5$ m 的波浪,计算的波周期分别为(a) $T = 2.0$ s ($kh \approx 11.77$)、(b) $T = 5.0$ s ($kh \approx 1.96$) 和 (c) $T = 10.0$ s ($kh \approx 0.74$),分别对应于深水、有限水深和浅水的情况。对于上述三个算例,计算域的空间范围均大于200倍波长。波浪于计算域内部生成,造波线的位置距上游固壁边界为 $2.5L$ (L 为波长),并于此2.5倍波长范围内布置海绵层;下游辐射边界亦采用2.5倍波长的海绵层进行消波处理。虽然是本算例考察的是一维波浪传播过程,但计算中采用的是二维数值模式,计算域的宽度为11倍波长,左右边界设为固壁。

图 4.1 和图 4.2 所示分别为(a)、(b)、(c)三个算例的相对波高(H/H_0)和达到稳态

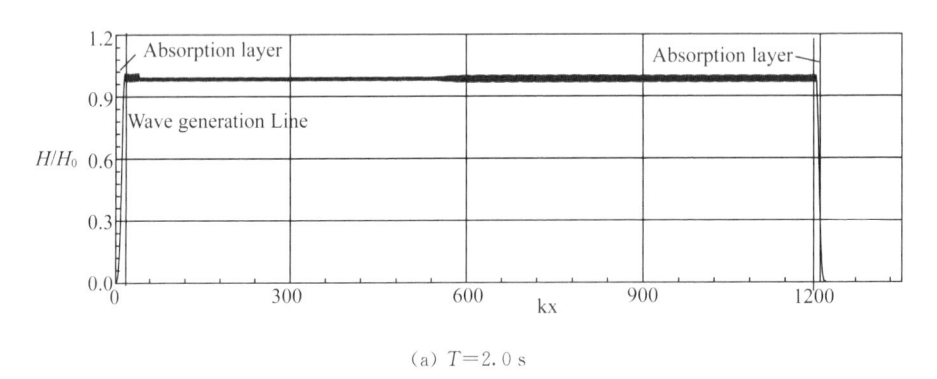

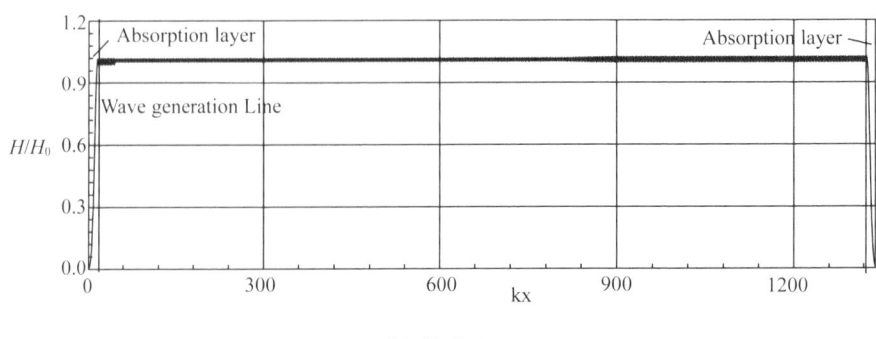

(a) $T = 2.0$ s

(b) $T = 5.0$ s

(c) $T=10.0$ s

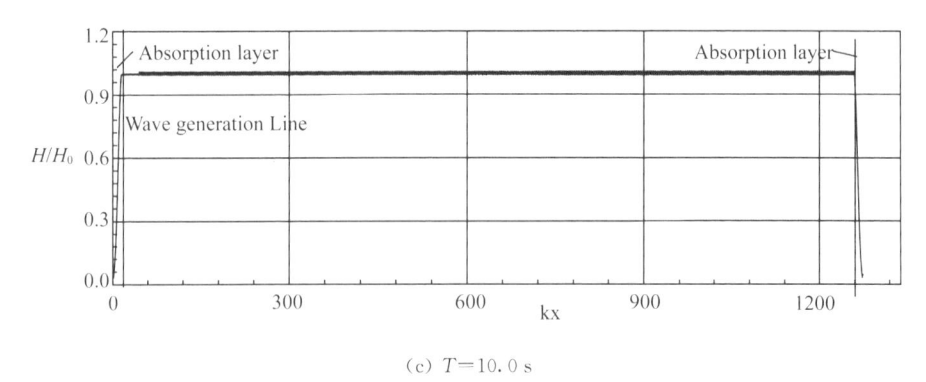

图 4.1 均匀水深水域情况下相对波高的沿程分布

(a) $T=2.0$ s

(b) $T=5.0$ s

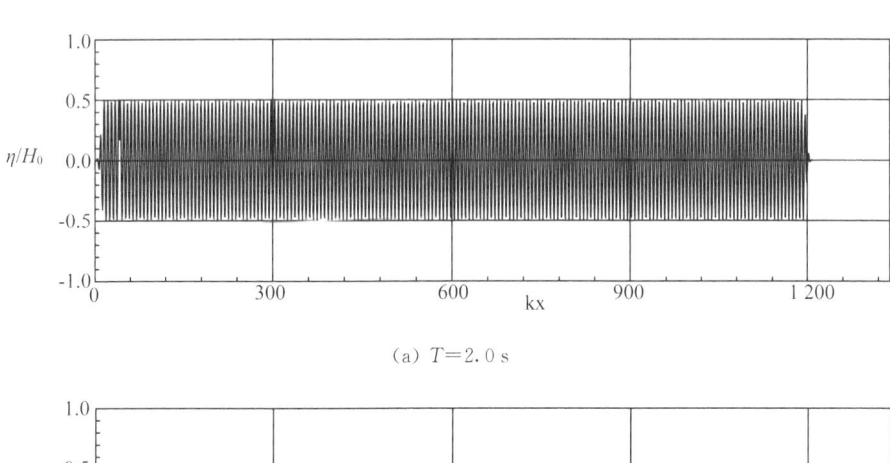

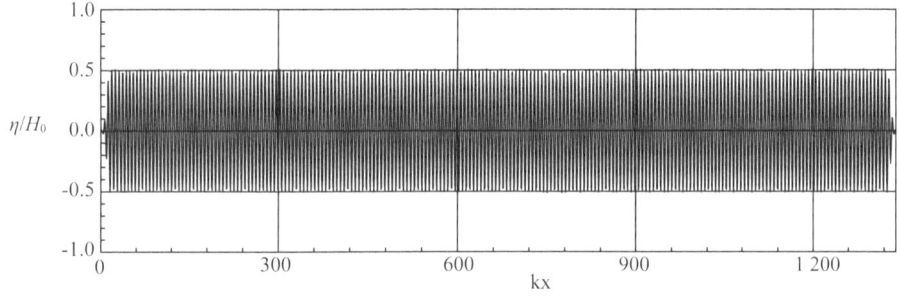

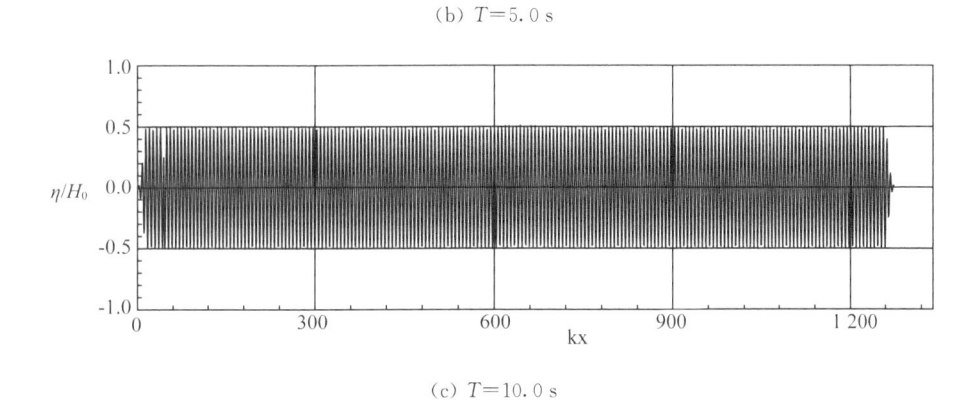

(c) $T=10.0$ s

图 4.2 均匀水深水域情况下相对波面的沿程变化

后的相对波面(η/H_0)的计算结果,由此可知:(1)海绵层内的波高由海绵层的起始位置向海绵层内迅速衰减,至海绵层底部可有效衰减到5%以下;(2)波浪在长距离的传播过程中,沿程的比波高基本在1.0左右,最大误差不超过5%。上述结果一方面说明了造波方法和消波方式的正确性,另一方面,也说明了模型的数值计算格式受数值耗散的影响甚小。

4.4.2 波浪的全反射与部分反射

为了检验以孔隙层处理波浪反射的有效性,我们对传播于均匀水深水域的周期为5.0 s,水深为11.7 m,波高为1.0 m的波浪进行了数值计算。计算域的长度为4 000 m,宽度为400 m,计算的时间步长为0.2 s,空间步长为4.0 m;采用内部造波源函数方法进行数值造波,并以海绵层吸收反向的传播波;在下游边界处以沙水孔隙层模拟部分反射,孔隙层厚度设为12.0 m,通过给定不同的孔隙层能量损耗系数,实现计算域内不同程度的反射。

图4.3为不同孔隙层能量损耗系数情况下数值波浪水槽内相对波高的沿程分布,其中(a)~(d)分别是反射系数为K_r=0.3、0.5、0.8和0.97的情况,所对应的能量损耗系数分别为(a) f_p=1.4、(b) f_p=2.7、(c) f_p=16.1、(d) f_p=0.01。上述计算结果表明,孔隙层内能量损耗系数的不同,使计算域内出现了不同程度的反射:反射系数随着能量损耗系数的减小,呈现先减小后增大的变化。上述测试表明,通过调整孔隙层厚度和层内的能量损耗系数,可实现不同部分反射边界条件。

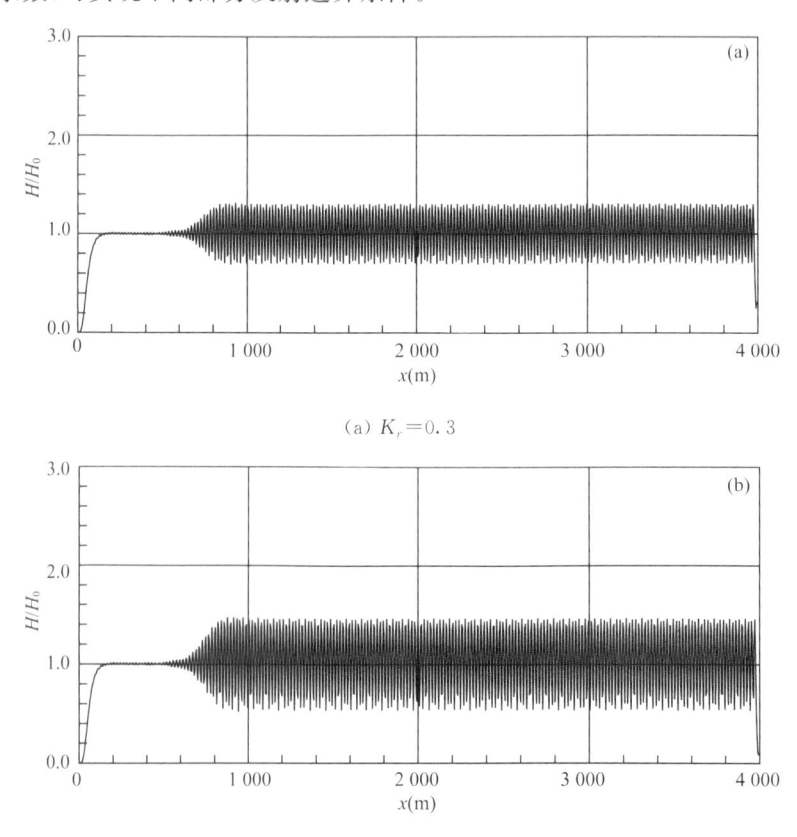

(a) K_r=0.3

(b) K_r=0.5

(c) $K_r=0.8$

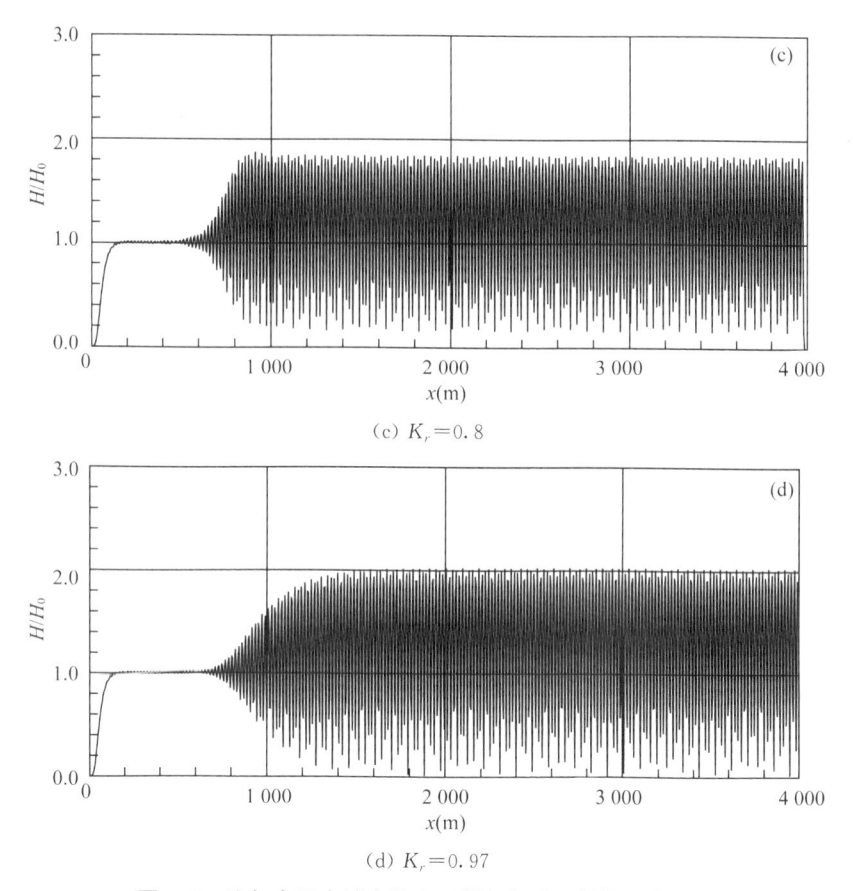

(d) $K_r=0.97$

图 4.3 均匀水深水域内的全反射与部分反射的计算结果

4.4.3 均匀水深水域二维波浪的传播

为了检验圆弧形造波的有效性及较传统的直线型造波线的优势,我们对均匀水深水域二维波浪的传播变形进行了数值计算,研究的波况为:均匀水深水域($h=0.1$ m)内、波高为 $H=0.02$ m、周期为 $T=1.2$ s 的波动。在本算例中,计算域的空间范围为 $20L\times20L$(L 为入射波长),模型四周为固壁边界条件,并在固壁边界前设置了宽度为 $3.0L$ 厚度的海绵层以消除反射波对计算结果的影响;模型的空间步长为 $L/16\times L/16$ m,时间步长取为 $T/32$。

图 4.4(a)所示为由直线型造波源(平行于 x 方向的造波线)产生的、沿 y 方向行进的波浪达到稳态后的数值波面。数值结果显示,由于沿两侧边界布置了海绵层,其波峰线平行于海绵层的法向,所以计算域内的能量向海绵层漏失,使得海绵层外有效计算域内的波峰线发生了弯曲,波能出现了幅聚和发散,幅聚处的最大波高约为入射波的 1.1 倍左右,而幅散处的最小波高则降低到了入射波的 0.9 倍左右,这说明海绵层对计算域内的数值结果存在着较大的影响,它使得有效计算域的范围减小。

图 4.4(b)所示为两条造波线(一条平行于 x 方向、一条平行于 y 方向)产生的沿斜向 45°行进的波浪达到稳态后的数值波面。结果显示,海绵层外侧计算域内的波面亦存在着

幅聚和幅散的现象,但是其产生的原因与前述情况不同:两条造波线产生斜向入射波情况下发生的幅聚和幅散现象源于两条造波线的交点是数学上的奇异点,对于该点数值造波源,难以在理论上给出解析表达。

图 4.4(c)所示为以半径为 $3L$ 的 1/4 圆弧连接两条平行于 x 轴和 y 轴的造波线产生的、斜向 45°行进的波浪达到稳态后的波面。比较图 4.4(c)与 4.4(b)可以看出,以圆弧连接两条直线型的造波线不仅可以有效缓解因两条直线型造波线的奇异点所产生的幅聚和幅散的问题,而且还可以显著降低计算域内能量向海棉层内漏失的问题,从而使得有效计算域的范围得以提高。此外,需要说明的是,连接直线型造波线的圆弧半径对计算结果有一定的影响。数值测试显示,半径越大,计算域内的数值结果就越为理想,当半径为 $3L$ 的圆弧时,计算域内的数值波面即可达到理论解的 5% 以下。

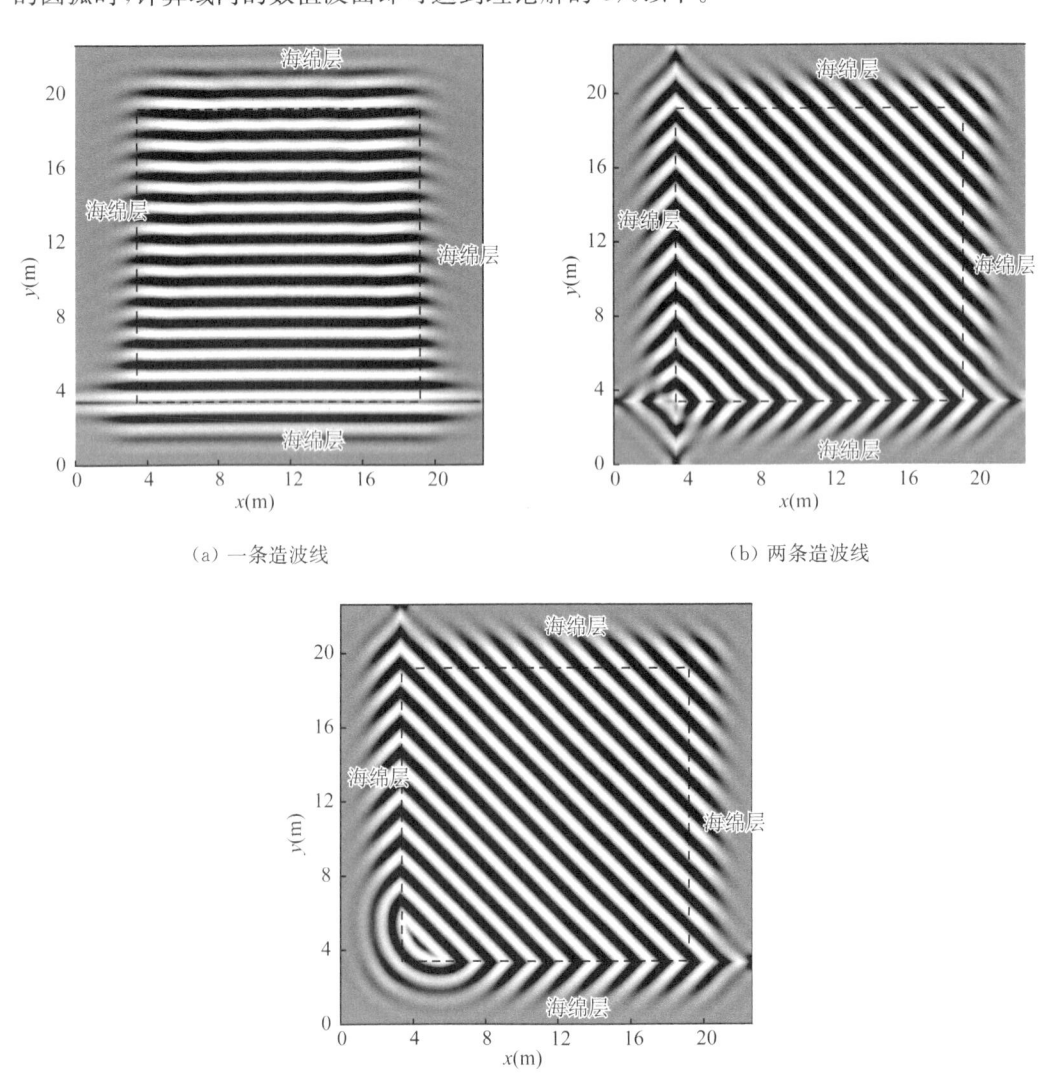

(a) 一条造波线

(b) 两条造波线

(c) 圆弧形造波线

图 4.4 不同造波线法所得波面的空间分布图

4.4.4 半无限防波堤附近波浪的传播

为了检验模型关于波浪绕射的计算效果,我们对均匀水深情况下半无限防波堤附近波浪的传播变形进行了数值计算。本算例的空间范围为 960 m×960 m,水深为 10.0 m,于 $y=480$ m 处设置平行于 x 轴的长度为 480 m 的防波堤,周期为 $T=6.0$ s,波高为 $H_0=1.0$ m 的入射波沿 y 轴方向传播。对于该算例的计算,我们采用的空间范围为 3.0 m× 3.0 m,约为 $L/16$(L 为波长),时间步长取为 0.3 s;在 $y=-357$ m 处以源函数造波;模型四周设置为固壁边界,并于上游、下游以及右侧部分固壁边界前设置厚度为 $2.5L$ 的海绵层(如图中的虚线范围所示)以模拟开边界条件。

图 4.5(a)~(b)所示分别为波面 η 和相对波高 H/H_0 的数值计算结果,图 4.5(c)所示

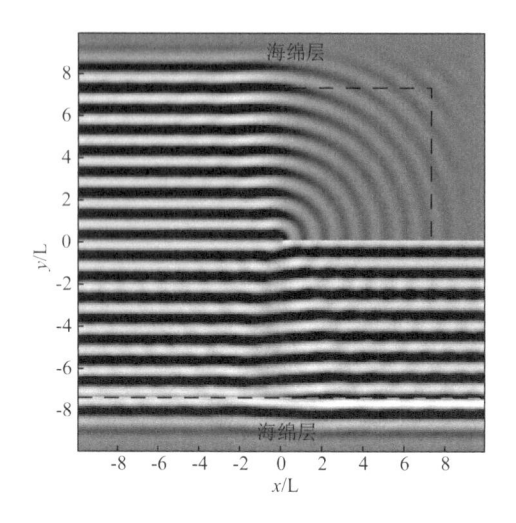

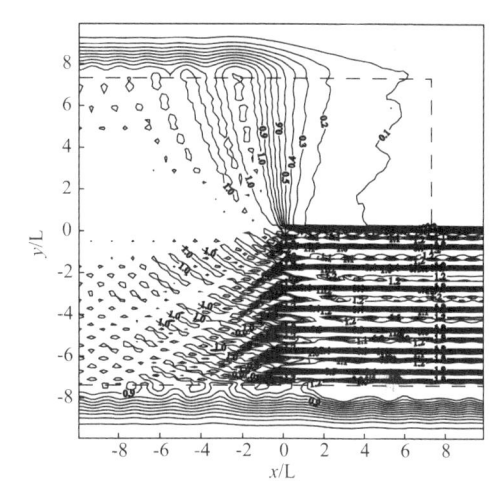

(a) 波面 η 的数值结果

(b) 相对波高 H/H_0 的数值结果

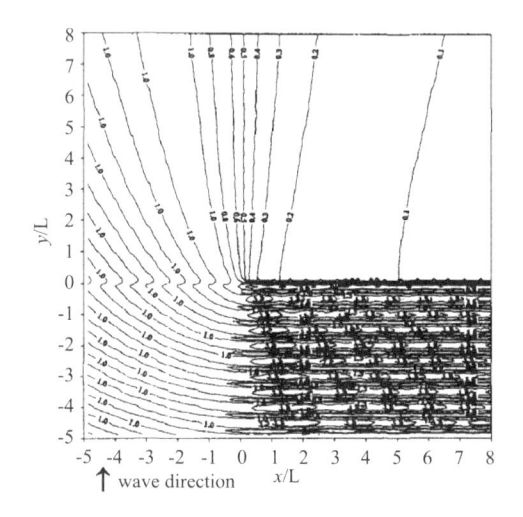

(c) 解析解的计算结果(取自 Pan 等,2000)

图 4.5 半无限防波堤附近波浪传播结果

为相对波高的解析解。数值结果显示：防波堤前发生了显著的全反射和堤后产生了明显的绕射，且数值结果与解析解相吻合，这说明数值模式具有模拟波浪绕射和结构物反射的能力。

4.4.5 斜坡和椭圆型浅滩组合地形上波浪的传播

Berkhoff 等(1982)在斜坡和椭圆型暗礁组合地形上进行了波浪传播的物理模型实验，实验地形如图 4.6 所示，浅滩的中心位于(11.0 m，10.0 m)，入射波周期 T 为 1.0 s，波高 H_0 是 0.05 m，1#～8# 断面分别位于 $x=12、14、16、18、20$ m 和 $y=8、10、12$ m。这是个经典算例，可用于检验模式关于波浪折射、绕射和非线性频散效应的综合作用。

模型的计算参数如下：计算域为 22.0 m × 20.0 m，左右边界为全反射边界，上游边界为入射边界条件，下游边界为辐射边界条件。模型的空间步长 $\Delta x=\Delta y=0.1$ m，时间步长 $\Delta t=T/40$。由于计算域相对较小，所以不考虑底摩阻的影响，即 $f_d=0$。

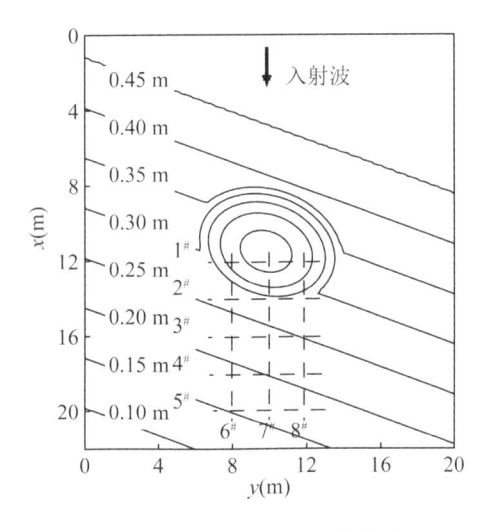

图 4.6 Berkhoff 地形水深等值线

图 4.7 是数值波面的空间分布，由图可知，受到水底地形变化的影响，波浪在传播过程中发生了明显的折射现象，且在椭圆浅滩后，形成了显著的波能幅聚和幅散区域。图 4.8 是 1#～8# 断面上相对波高分布图，其中，实心圆点是物理模型实验值，空心圆点是基于线性频散关系的计算结果；虚线是基于线性频散关系且考虑陡变和快变地形项的计算结果，实线是基于非线性频散关系的数值解。由图可知，基于非线性频散关系的数值解比基于线性频散关系的数值解更

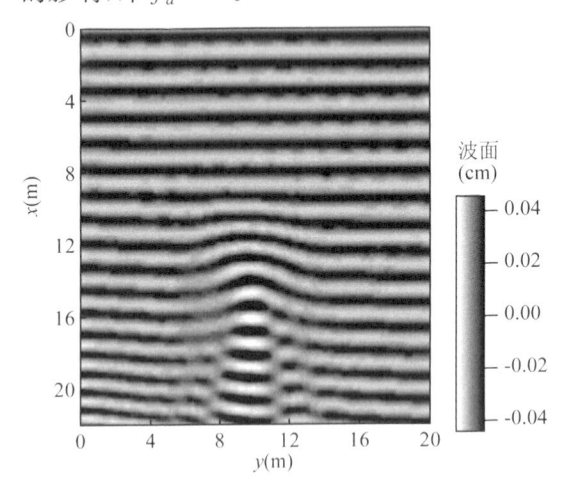

图 4.7 数值波面平面分布

为接近模型实验值，尤其是浅滩后非线性作用较强的区域。而考虑与不考虑陡变和快变地形影响的结果几乎重合，这说明对于 Berkhoff 地形，波浪的传播几乎不受陡变或快变地形的影响。

第 4 章 近岸水域波浪传播变形数值模拟

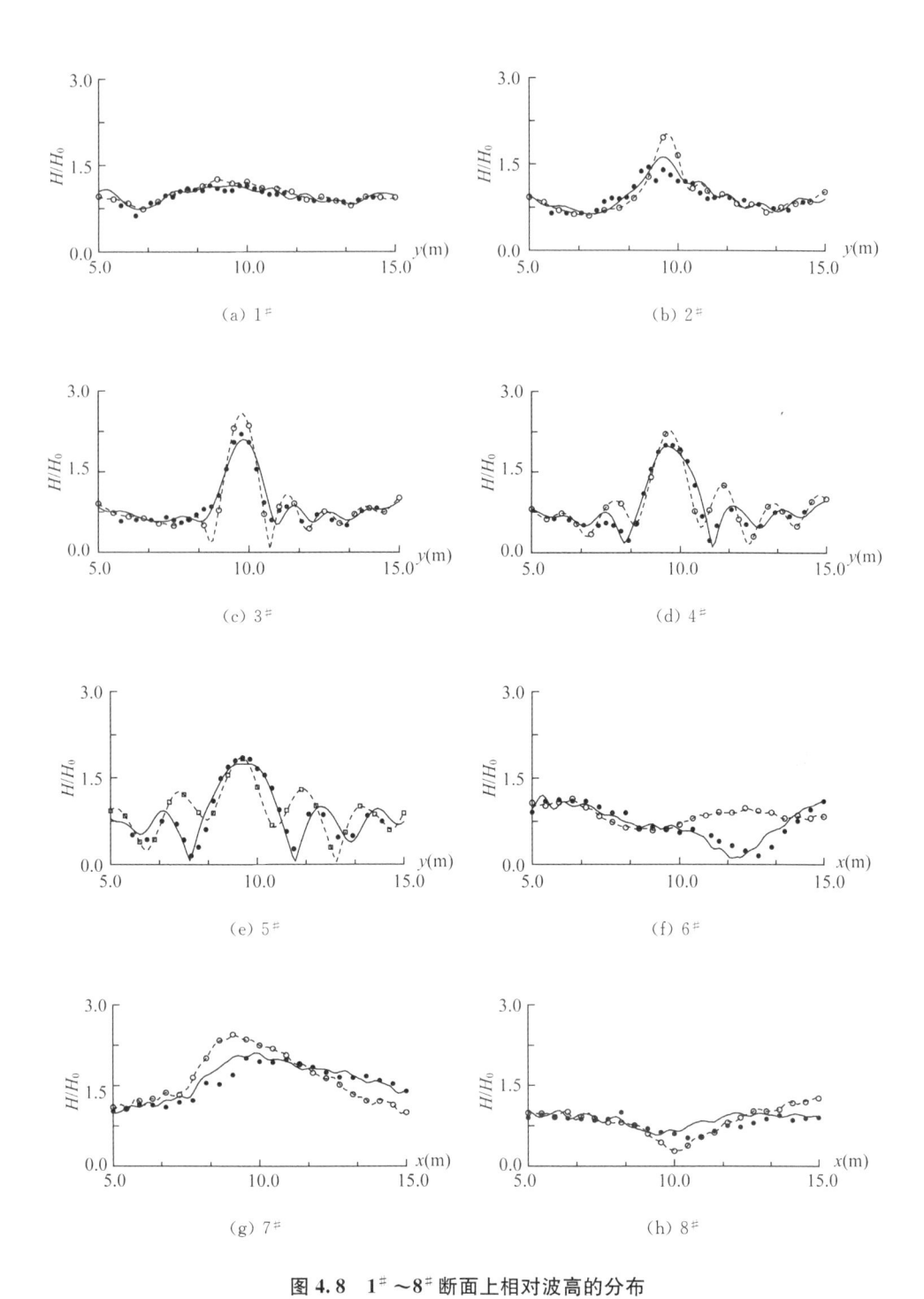

图 4.8 1#~8# 断面上相对波高的分布

——基于非线性频散关系的计算结果；--- 基于线性频散关系和考虑陡变地形项的计算结果；
○○○ 基于线性频散关系的计算结果；●●● 模型实验值。

4.4.6 单色波的 Bragg 反射

为了验证模型对于快变地形的适用性,选择 Davies 和 Heathershaw(1985)的模型实验进行数值模拟研究。在他们的波浪水槽实验中,水槽水深为 31.3 cm,正弦波纹地形的波长 L_s 和振幅 A 分别是 1 m 和 5 cm,在波纹地形的设置上有三种情况,分别是波纹数为 2、4 和 10。众多研究表明(Massel,1993;Chamberlain 和 Porter,1995;Suh 等,1997),对于波纹数为 10 的实验,不考虑陡变和快变地形影响的方程关于地形变化引起的波浪反射系数的预测仅能给出定性的结果,所以我们对波纹数为 10 的实验进行了数值模拟研究。数值模拟的时间步长和空间步长分别为 $\Delta t = T/90$ 和 $\Delta x = \Delta y = L/30$ (T 为波周期,L 为波长)。水槽宽度为 2 m,两侧为固壁边界,上游边界为入射波边界条件,下游边界为辐射边界条件,计算中不考虑能量耗散的影响。

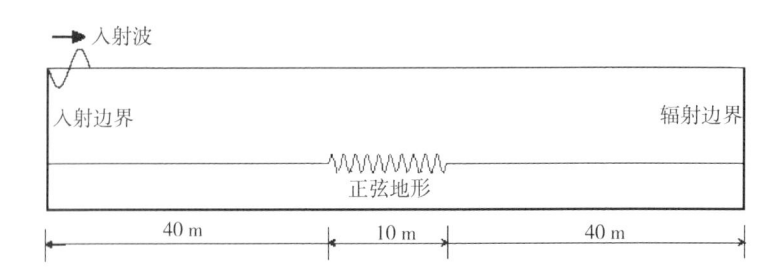

图 4.9 正弦波纹地形的数值计算域

图 4.10(a)和图 4.10(b)分别是完全 Bragg 反射情况下(对应的波周期 $T = 1.31$ s),考虑陡变和快变地形影响,$x = 0$ m 和 $x = 90$ m 处波面的时间变化图。由图 4.10(a)可知,在 $t = 52$ s 之前,入射边界处的波面几乎不受正弦地形引起的反射波的影响;在 $t = 52$ s,反射波到达入射边界,从这一时刻开始,入射波和反射波叠加,最后形成了稳定的部分立波,此时波振幅为 4.25 cm。由图 4.10(b)可知,在辐射边界处,亦形成了稳定的波面,波振幅为 1.75 cm。图 4.10 反映的另一个信息是,不仅前进波可以自由地传出下游开边界,反射波亦可以自由地传出入射边界。图 4.11 所示为完全 Bragg 反射情况下相对波高的沿程变化。其中,实线是不考虑陡变和快变地形变化项的数值结果,虚线是考虑陡变和快变地形变化项的数值结果。图 4.12 所示为地形变化引起波浪反射的反射系数随正弦波纹地形的波长和入射波波长比($2L_s/L$)的变化,两者吻合良好。由上述计算结果可知,考虑与不考虑陡变和快变地形变化项的模型都可以模拟出 0~50 m 之间的前进波和反射波相互作用区以及 50~90 m 之间的前进波区,并且通过数值模式,我们可以清楚地了解到波浪从波纹地形前的部分立波到波纹地形后的前进波的变化过程。从反射系数上看,对于完全 Bragg 反射的情况,不考虑陡变与快变地形影响项的反射系数为 0.28,而考虑陡变与快变地形项的反射系数为 0.70,这与 Davies 和 Heathershaw(1984)的解析值 0.695 相吻合。

(a) $x=0$ m

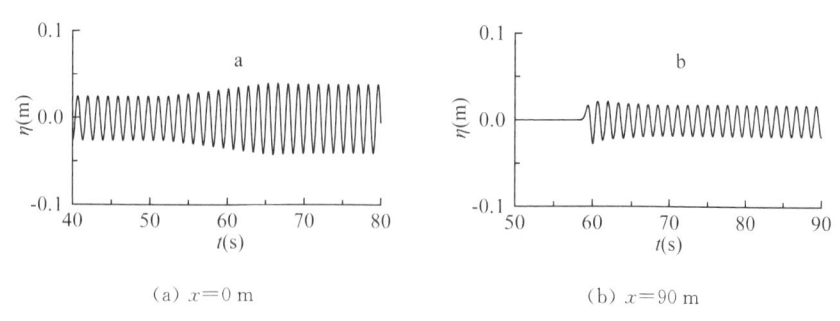

(b) $x=90$ m

图 4.10　完全 Bragg 反射情况下波面的时间变化

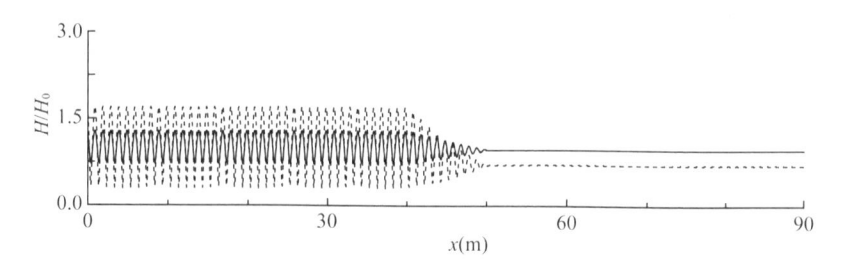

图 4.11　完全 Bragg 反射情况下沿水槽中心线的相对波高的沿程变化
——不考虑陡变和快变地形变化；--- 考虑陡变和快变地形变化。

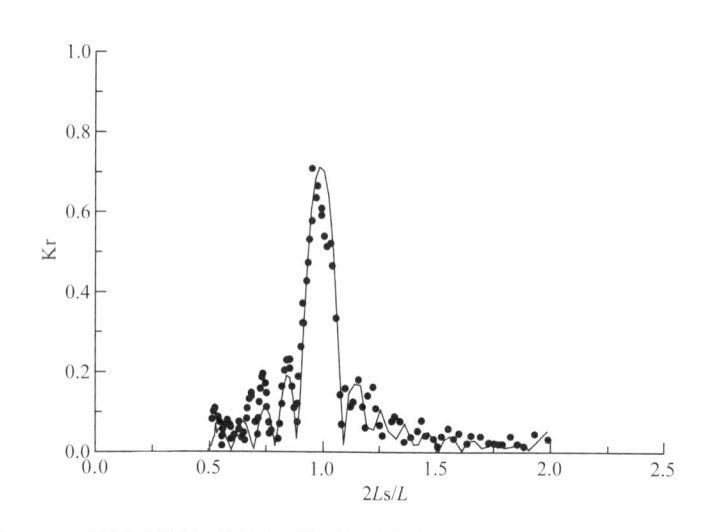

图 4.12　反射系数随正弦波纹地形的波长和入射波波长比($2Ls/L$)的变化

4.4.7　离岸堤附近波浪的传播

为了检验模型关于波浪折射、绕射、反射、浅水变形和水深变浅诱导的波浪破碎的适用性，对 Watanabe 和 Maruyama(1986)离岸堤模型实验进行数值模拟。其实验区域为 5 m×8 m，地形为 1∶50 的斜坡，在水深 6 cm 处设有平行于水边线的离岸堤。周期为 1.2 s、波高为 2 cm 的波浪在水深为 10 cm 入射边界处正向行进。

计算域宽 8 m,长 4.75 m,下游边界的水深设置为 0.5 cm(其附近波浪已破碎),上游为入射边界条件,下游为辐射边界条件,左右两侧以及防波堤两侧均为全反射边界条件。模型的空间步长 $\Delta x = \Delta y = 0.025$ m,时间步长 $\Delta t = 0.012$ s,底摩擦因数 c_f 取为 0.01。

图 4.13 所示为离岸堤周围数值波面的空间变化;图 4.14 所示为离岸堤周围的波高等值线。由图 4.13 和图 4.14 可知,在离岸堤前,波浪发生全反射,其最大波高达到入射波波高的 2 倍以上;在离岸堤后,形成了明显的波浪掩护区,波浪绕射明显;两侧前进波的波高随水深的变浅逐渐变大,最后由于波浪破碎,波能衰减,岸滩处波高减小。图 4.14 中的实心圆点为物理模型记录的波浪破碎点,这与数值波高等值线相吻合,表明模型可以较为合理地考虑波水及破碎波造成的波能耗失。

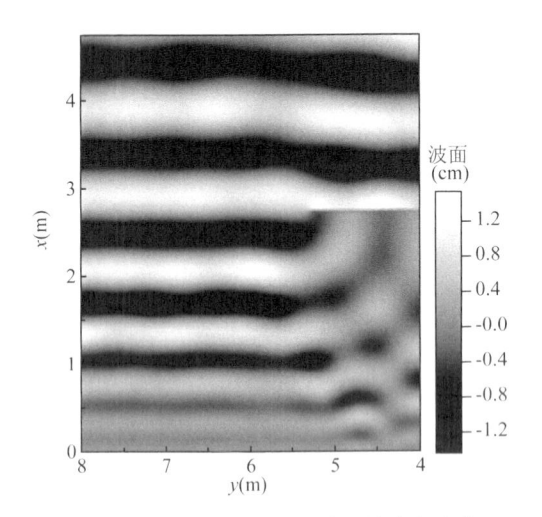

图 4.13　离岸堤周围数值波面的空间变化　　图 4.14　离岸堤周围的波高等值线 (cm)

●●● 破碎点

4.4.8　港域波浪的传播

为了检验数值模式关于港内波浪计算的有效性,对潘军宁(2007)在南京水利科学研究院进行的港内波浪传播物理模型试验进行了数值模拟。港区布置和水下地形如图 4.15(a)所示,港域由防波堤和护岸合围而成,图中粗实线表示直立结构,虚线表示1∶2坡度的抛石斜坡,港域平底水深为 0.3 m,在口门后设置有一长轴为 4.0 m、短轴为 1.0 m 的椭圆形浅滩,浅滩中心位于(6.0 m, 2.5 m),中心处最浅水深为 0.15 m,浅滩内任一点的水深可表示为:

$$d = 0.3 - 0.15\left[1 - \left(\frac{x-6.0}{2.0}\right)^2 - \left(\frac{x-2.5}{0.5}\right)^2\right] \tag{4.57}$$

在港域左上侧设有 1∶10 的斜坡,斜坡顶端设有抛石护岸,港域上游边界为开边界,波浪可以自由地传出。试验中左港域设置了六个横向断面,各断面位置如图 4.15(b)所示。试验中进行了三组规则波和一组不规则波,我们以第一组规则波试验进行数值计算,该试验的入射波波高为 0.04 m,波周期为 1.2 s。

第 4 章 近岸水域波浪传播变形数值模拟

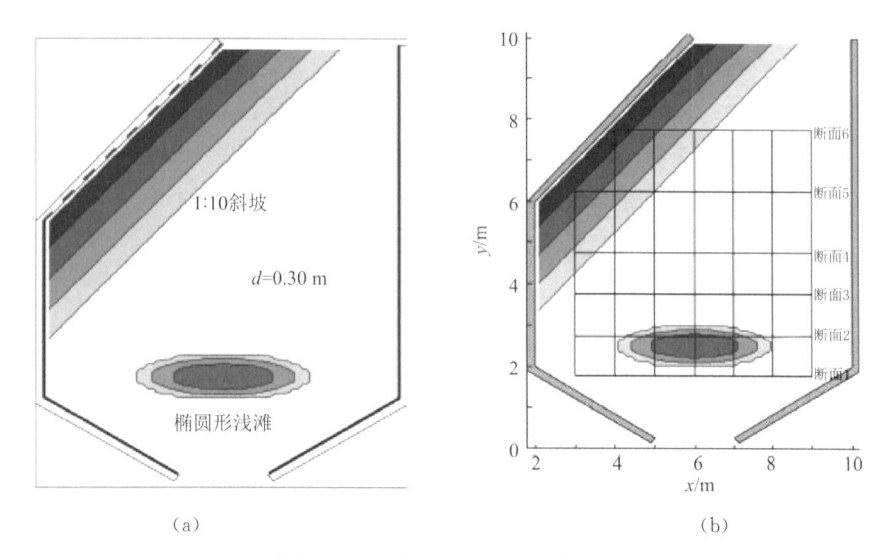

图 4.15 港域平面布置、水下地形和测量断面位置示意

数值模拟模型的计算方案如下:模型的计算范围为 20 m×20 m,四周设置为固壁边界条件,并于固壁边界条件前设置 2.5L 的海绵层。$y=-0.5$ m 处设置造波线,产生沿 y 轴方向传播的波浪。在港域结构物前,设置有 0.2 m 厚的孔隙层,对于直立式结构物,孔隙层的能量损耗系数设为 50,反射系数可达 95% 以上;对于斜坡式结构,孔隙层内的能量损耗系数设置为 2.3,反射系数约为 0.4。

图 4.16(a)和图 4.16(b)所示分别为数值计算的港域内达到稳态后的波面和波高的

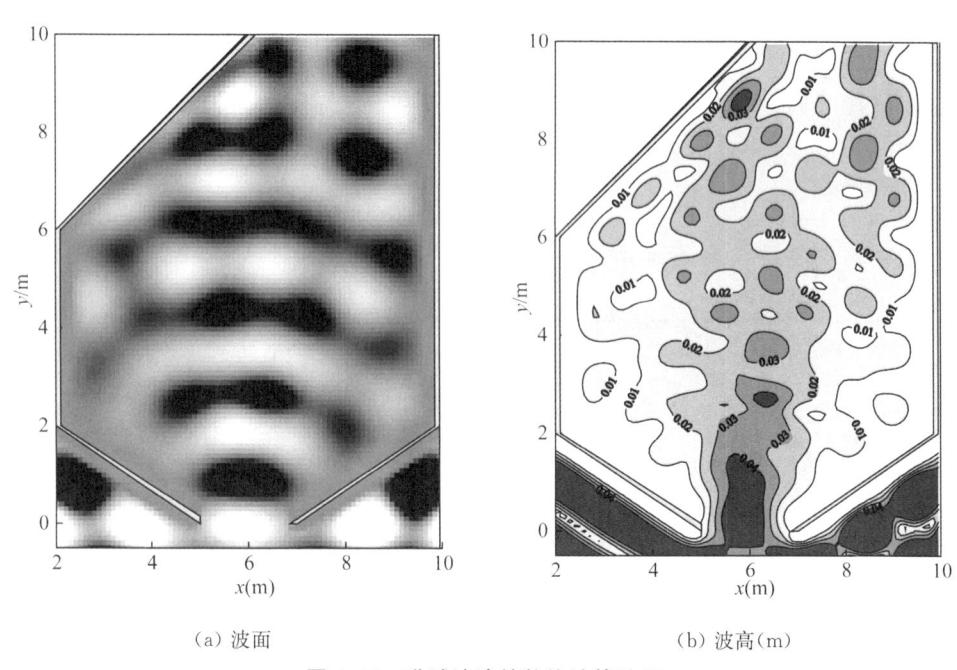

(a) 波面

(b) 波高(m)

图 4.16 港域波浪的数值计算结果

空间分布。该图表明,在港域外直立式结构物前,波浪的反射现象明显,由于入射波和反射波存在一定的交角,所以堤前的波面分布形态呈棋盘型,且波高可达到入射波波高的2.1倍左右;在港域内,波浪的传播变形较为复杂,椭圆浅滩后方有明显的波能幅聚,环抱式防波堤后以波浪绕射为主,波浪在斜坡上的传播存在一定程度的波能聚集,且由于斜坡式护岸的反射,港区下游侧附近的波高甚至要强于港区中部。图4.17(a)～(f)分别为港内 1#～6# 断面附近波高的计算值和实验值的比较,二者吻合良好,说明数值计算模式可用于港内规则波传播的数值预测。

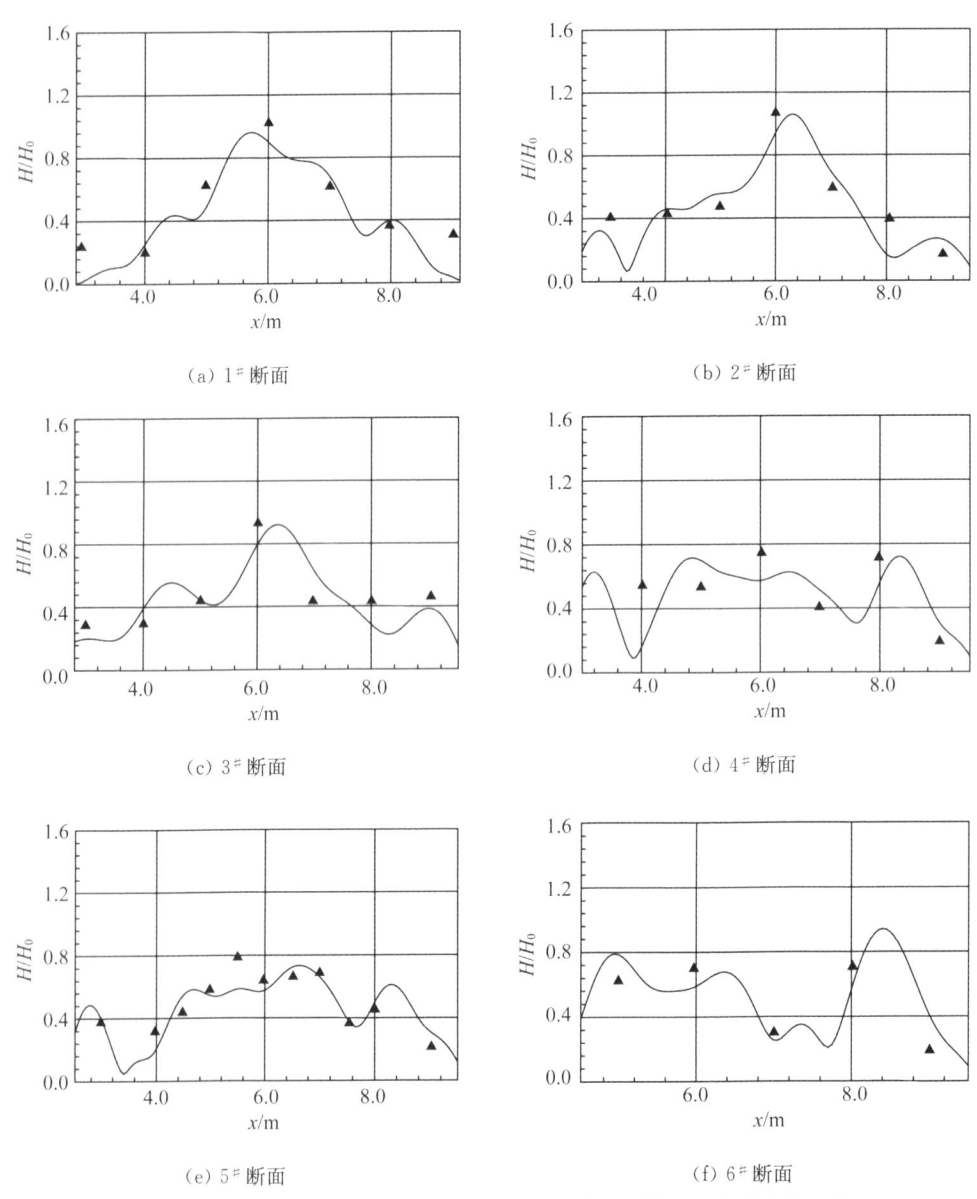

(a) 1# 断面

(b) 2# 断面

(c) 3# 断面

(d) 4# 断面

(e) 5# 断面

(f) 6# 断面

图 4.17 港内 1#～6# 断面(图 a～f)附近波高的计算值和实验值的比较

——计算值;▲▲▲ 实验值。

4.4.9 狭长矩形港湾的波浪共振

开敞水域狭长矩形港湾的共振早被学者们所关注,这是一个经典的港湾共振问题,除解析解(Ipen 和 Goda,1963;Lee,1971)外,还有众多物理模型(Ipen 和 Goda,1963;Lee,1971;Chen 和 Mei,1974)和数学模型(Madsen 等,1987;Panchang 等,1991,Zhang 等,2007)实验研究。图 4.18 所示为关于狭长矩形港湾共振数值模拟的计算区域和边界条件的设置:狭长矩形港湾长 $l=31$ m,宽 $b=6$ m,港内水深均匀,为 $h=25.73$ m,边界为全反射边界;矩形港湾外是水深均匀的无限开敞水域,在模型中宽度设置为 400 m,长度设置为 150 m;为了模拟辐射边界条件,开敞水域的上部边界和左右边界分别向外延伸 2.5L(L 为波长),并于此宽度内设置海绵层;入射边界条件采用内部造波源函数法,造波线设在 $y=181$ m 处;为了考察港湾对不同入射波周期的响应,分别对周期为 5.0~14.0 s 的 23 组不同周期的正向入射波进行了计算;数值计算的空间步长为 $\Delta x = \Delta y = 1.0$ m,时间步长为 $\Delta t = 0.04$ s。

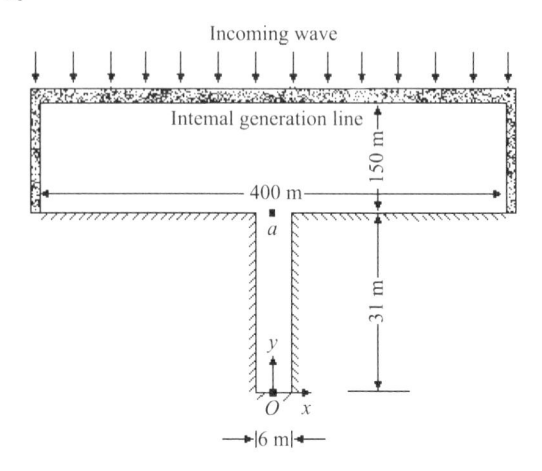

图 4.18 开敞水域矩形港湾示意图

限于篇幅,这里仅给出了一级共振峰附近周期为 11.3 s($kl=1.25$)和二级共振峰附近周期为 5.5 s($kl=4.13$)的入射波引起的港内外的波况,见图 4.19~图 4.22。图 4.19(a)、(b)

(a)

(c)

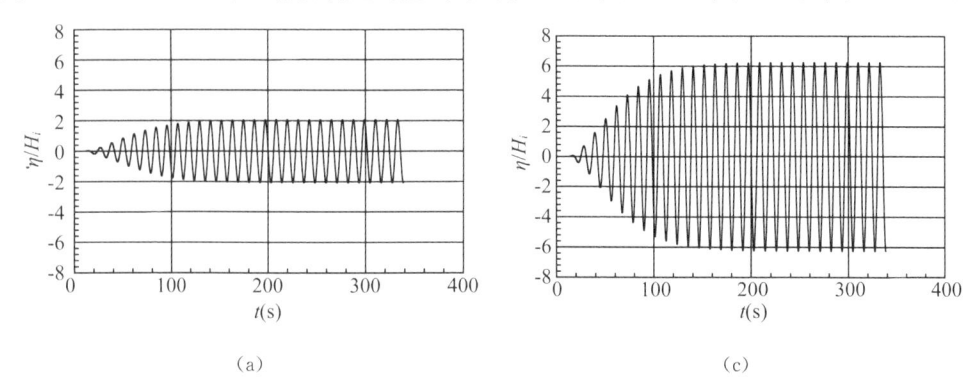

图 4.19 11.3 s 入射波情况下湾口 a 点(图 a)和湾底 o 点(图 b)的波面时间变化过程线

和图 4.20(a)、(b)所示分别为 11.3 s 和 5.5 s 的入射波在湾口 a 点和湾底 o 点处的相对波面 η/H_i 的时间变化过程;图 4.21 和图 4.22 所示分别是周期为 11.3 s 和 5.5 s 入射波情况下矩形港湾内外相对波高 (H/H_i) 的平面分布。图 4.19~图 4.20 表明,数值模拟的矩形港湾湾内波动的时间过程平稳,域内计算结果已达到稳定状态;一级共振峰附近湾口处的波高约为入射波的 4.2 倍,湾底处的波高约为入射波的 12.6 倍;二级共振峰附近湾口处的波高约为入射波的 2.7 倍,湾底处的波高约为入射波的 4.5 倍。

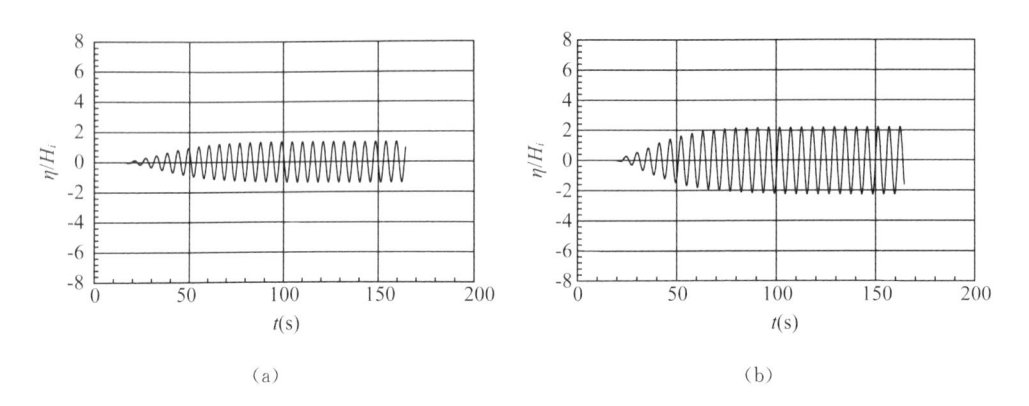

图 4.20　5.5 s 入射波情况下湾口 a 点(图 a)和湾底 o 点(图 b)的波面时间变化过程线

图 4.21 和图 4.22 表明:对于周期为 11.3 s 的入射波,湾内波高由湾口向湾底逐渐增大;对于周期为 5.5 s 的入射波,在 $x=12.0$ m 处相对波高几乎为零(类似于节点);在 $x=0.0$ m 和 $x=24.0$ m 处,相对波高达到最大(类似于腹点),约为 4.5;湾内产生向湾外传播的辐射波,且在入射波、反射波和辐射波的综合作用下,湾外波高的空间分布明显异于驻波。

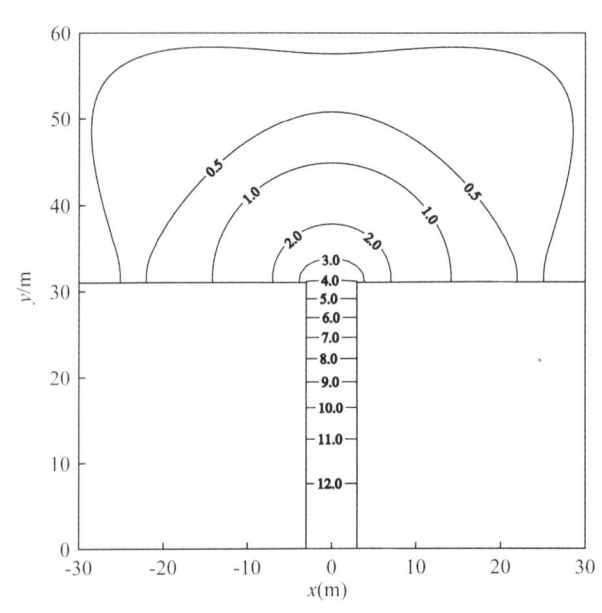

图 4.21　入射波周期为 11.3 s 情况下狭长矩形港湾内外相对波高(H/H_i)的平面分布

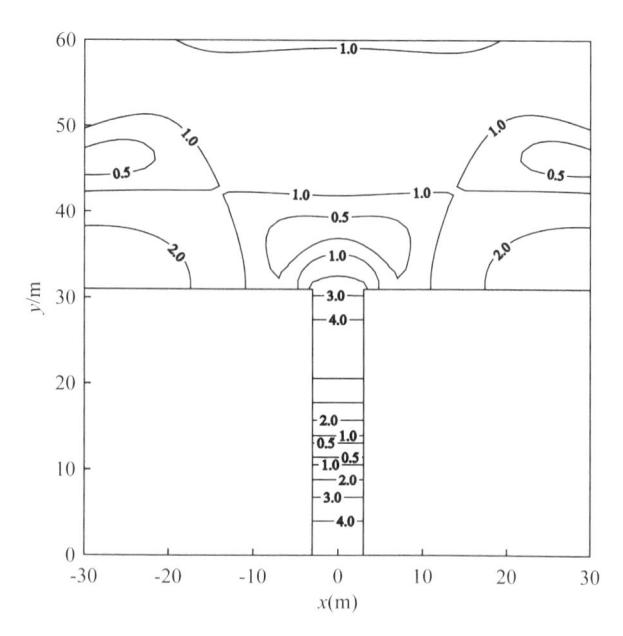

图 4.22　入射波周期为 5.5 s 情况下狭长矩形港湾内外相对波高(H/H_i)的平面分布

图 4.23 所示为矩形港湾底部 o 点的波动响应曲线的数值解与解析解的比较,其中,纵坐标是 o 点波高相对于驻波波高的放大因子 $\left(\dfrac{H_o}{2H_i}\right)$,横坐标是波数 k 与港湾长度 l 的乘积。数值结果显示,矩形港湾的一级共振发生在 $kl=1.25$ 处,共振峰值为 6.3；二级共振发生在 $kl=4.3$ 处,共振峰值为 2.3,这与 Lee(1973)解析解基本吻合,说明模型具有预测港湾的共振周期和共振峰值的能力。

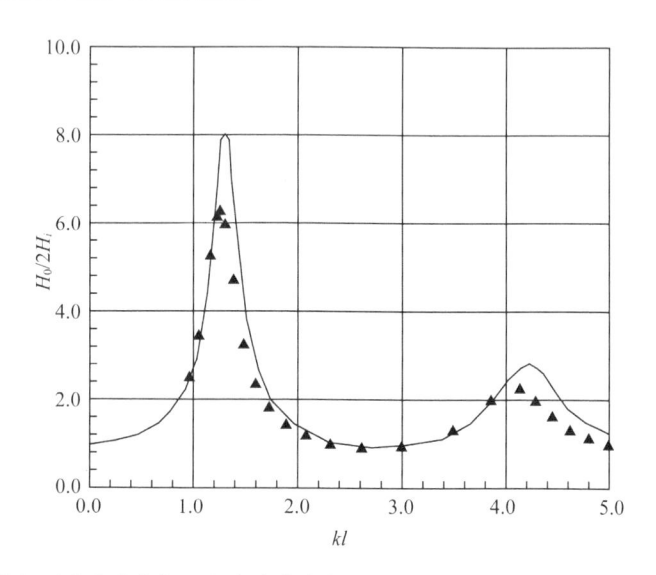

图 4.23　狭长矩形港湾湾底部 o 点波动响应曲线的数值解(三角点)与解析解(实线)的比较

第 5 章　小尺度涌潮数值模拟

5.1　概述

全世界有 3/4 的城市坐落在沿海地区,40％以上的人口生活在离海岸线不到 60 km 的区域,海岸带是很多国家和地区的经济发动机,承担着交通运输、资源开发、能源保障、国防军事等多方面重大责任。我国海岸线曲折漫长,大陆架宽阔,入海河流含沙量大,形成了较高比例的沙质或淤泥质海岸。数十年来,受到温室效应的影响,全球变暖导致两极冰川加速融化,海平面逐渐上升,台风、风暴潮等极端天气事件及其次生灾害在数量上和强度上都有了上升的趋势。这些极端天气事件给海洋水体输入了巨大的动能,期间产生的波浪和水流与常规状态相比存在着较大的量级差异和独特的时空分布特征。波浪掀沙、潮流输沙,往往一次台风过程就能对近岸地区的海床地形产生明显的影响,进而改变沿海地区的水动力条件和底沙空间分布,威胁海岸工程构筑物的安全。在极端天气事件中,海工构筑物附近的水体运动处于强非线性状态:近岸波浪受地形影响发生浅化变形,在海堤附近发生爬高和破碎;桥墩等桩柱结构附近水流流速增大,局部环流进一步增强;一些河口地区受到地形的影响还会引发涌潮,使得潮流的局部垂向交换得到显著加强。

研究自然现象通常有三种方法:理论分析、试验研究和数值模拟。对于强非线性的水沙动力问题,目前理论分析只适用于个别简单的特殊情况,在数学上尚未能给出有工程应用价值的解析解。传统方法是在实验室中进行物理模型试验研究。二十世纪以来,学者们开展了大量的模型试验,从中总结出的经验公式已被成功地应用于世界各地海岸工程的建设。随着结构的多样化和设计波要素的极端化,这些经验公式逐渐难以适应多变的设计工况,针对不同工况进行特定的物理模型试验成为海岸工程设计中不得不进行的环节。但从另一方面讲,试验研究存在着成本高、耗时长、地形不易修改等缺点,试验结果又受比尺效应和仪器精度的影响,其结论并不一定完全正确。

随着水波理论和计算机技术的发展,越来越多的研究人员开始利用数值模型来模拟海工构筑物附近的强非线性水-沙-结构物相互作用。Kobayashi 和 Wurjanto(2010)利用基于非线性浅水方程的数值模型模拟了波浪在斜坡堤上的越浪,并与 Saville(1955)的试验数据进行了对比。类似地，Hu 等(2000)使用 AMAZON 模型模拟了波浪在斜坡上的爬升、与多平台斜坡堤、直立堤的相互作用，但受限于使用的控制方程，无法复演波浪破碎等物理现象。相比之下，采用 NS(Navier-Stokes)方程或 RANS(Reynolds-Averaged Navier-Stokes)方程作为控制方程的数学模型可以更好地描述水体在海岸工程结构物附近复杂的水动力特性，COBRAS 模式、IH-3VOF 模式和 OpenFOAM 模式等就是其中典型的代表。国内关于波浪与防波堤相互作用的传统数值模拟工作大多基于 FLUENT 软件平台，使用 RANS 控制方程和紊流模型，采用 VOF 方法追踪自由水面，代表文献如周勤俊等，刘亚男等，焦颖颖等。郭晓宇和李雪艳采用类似的理论建立了数值波浪水槽，分别研究了波浪在斜坡堤上的越浪和波浪对弧形防浪墙结构的作用。

上述一系列数值模型，无论是基于浅水方程(SWE)还是 RANS 方程，采用的都是欧拉网格的处理思想。然而水体与建筑物强非线性相互作用时涉及波浪的翻卷、破碎、水气掺混以及水体内部旋涡，在数值模拟过程中会产生严重的网格畸变，大量的计算时间被消耗在了自由表面的捕捉上。另外，网格法在离散对流项时还会因数值黏性的影响而降低计算精度(任冰等，2012)。

近些年来，无网格方法引起了学界极大的兴趣，在一些应用中被认为要优于传统的有限差分法(Finite Difference Method，FDM)和有限元法(Finite Element Method，FEM)，光滑粒子流体动力学法(Smoothed Particle Hydrodynamics，SPH)就是其中的代表。SPH 方法最早由 Gingold 和 Monaghan，Lucy 在 1977 年分别提出，旨在解决三维开放空间中的天体物理学问题。SPH 方法通过大量粒子来离散研究对象，每一个粒子代表该对象中的介质团，粒子之间无直接的网格联系，因此可以有效地避免传统网格方法难以处理的网格畸变问题。这种粒子系统不仅具有直观的物质属性，即密度、速度、压强等宏观物理量，还兼具计算节点的功能。通过对节点邻域内的所有粒子进行加权累加，可以用来估算场变量、对控制方程进行离散近似。目前，SPH 方法已被广泛地应用于天体物理学、计算流体力学、计算固体力学，甚至生物力学和社会学。

本书第五章至第七章，将重点介绍 SPH 数值方法、SPH 数学模型及其在河口海岸强非线性水-沙-结构物相互作用领域的应用，主要包括小尺度涌潮的数值模拟、波浪与防波堤相互作用和波浪与沙滩相互作用三部分内容。

在潮差较大的喇叭形河口地区，由于河道的束窄与河床的抬高，涨潮水体发生汇聚，潮波能量逐渐集中，经常可以形成涌潮这一壮观的自然现象，其中以我国杭州湾地区的钱塘江涌潮最为著名。涌潮气势磅礴，是重要的自然和人文景观，但其蕴含的巨大能量也是所在河道长期大冲大淤、游荡变化的主要原因之一，同时还严重威胁了沿岸涉水建筑物和生产生活设施的安全。对涌潮水动力特性的研究，可以为河道规划、海塘设计等工作提供科学的参考依据和技术支撑，有助于更好地开展防灾减灾工作，实现人水和谐。

涌潮潮头经过之处，水位和流速在短时间发生剧烈变化，强非线性水体运动给数值模拟研究带来了巨大的困难。根据计算求解的时空尺度不同，涌潮的数值模型可以分为两大类。大尺度涌潮模型以整个河口区域为研究对象，以潮波运动周期为研究时间尺度，一般采用平面二维浅水方程等作为控制方程，重点考察涌潮在河口地区形成、发展和衰减的宏观过程，及其对河口水动力环境的影响。与大尺度模型不同，小尺度模型更关注涌潮潮头部分，其空间尺度和时间尺度通常以米和秒计。

相比普通的潮波运动，潮头内部存在着较强的垂向对流，自由表面呈现波动（波状涌潮）或波浪翻卷破碎（漩滚涌潮）等非线性水动力学特征，往往需要采用垂向二维或者三维的 Navier-Stokes 方程或者 RANS 方程并配合适当的自由表面捕捉算法才能进行准确描述。本章将基于 SPH 方法求解 Navier-Stokes 方程，建立能够处理复杂自由表面流的 SPH 水动力学数值模型。基于 SPH 开边界技术，提出一种适合无网格粒子法的涌潮生潮系统，模拟波状涌潮和漩滚涌潮在平直河段上的传播和运动过程，探讨和研究涌潮潮头附近的水动力机制，展示 SPH 水动力模型在处理强非线性水体运动的优势。

5.2 SPH 方法与经典 SPH 水动力学模型

5.2.1 SPH 方法的基本原理

SPH 方法的核心思想是将研究对象离散为有限个粒子组成的系统。该粒子系统不仅具有直观的物质属性，即密度、速度、压强等宏观物理量，还兼具计算节点的功能。通过对节点邻域内的所有粒子进行加权累加，可以用来计算系统的场函数及其导数。这一过程一般分两步进行：核近似和粒子近似。

5.2.1.1 核近似

在 SPH 方法中，对于任意位置点 r 给定的任意函数 $f(r)$，有：

$$f(\bm{r}) = \int_\Omega f(\bm{r}')\delta(\bm{r}-\bm{r}')\mathrm{d}\bm{r}' \tag{5.1}$$

式中：Ω 为积分域，$\delta(\bm{r}-\bm{r}')$ 为狄拉克 δ 函数，定义为：

$$\delta(\bm{r}-\bm{r}') = \begin{cases} \infty, & \bm{r} = \bm{r}' \\ 0, & \bm{r} \neq \bm{r}' \end{cases} \tag{5.2}$$

若使用光滑函数（Smoothing Function）$W(\bm{r}-\bm{r}', h)$ 来代替 δ 函数，则 $f(\bm{r})$ 的积分表达式可以进一步写为：

$$f(\bm{r}) \approx \int_\Omega f(\bm{r}')W(\bm{r}-\bm{r}',h)\mathrm{d}\bm{r}' \tag{5.3}$$

式中：h 为光滑函数影响区域的光滑长度；光滑函数 $W(\bm{r}-\bm{r}', h)$ 常被称为核函数（Kernel Function），因而这一步也被称为"核近似"。将式(5.3)写为 SPH 习惯表达式：

$$\langle f(\bm{r}) \rangle = \int_\Omega f(\bm{r}')W(\bm{r}-\bm{r}',h)\mathrm{d}\bm{r}' \tag{5.4}$$

类似的，函数 $f(\bm{r})$ 的空间导数 $\nabla \cdot f(\bm{r})$ 可以通过核近似写作：

第 5 章 小尺度涌潮数值模拟

$$\langle \nabla \cdot f(\boldsymbol{r}) \rangle = \int_{\Omega} [\nabla \cdot f(\boldsymbol{r}')] W(\boldsymbol{r} - \boldsymbol{r}', h) \mathrm{d}\boldsymbol{r}' \tag{5.5}$$

对上式积分号内部应用散度定理,则式(5.5)可以变换为:

$$\langle \nabla \cdot f(\boldsymbol{r}) \rangle = \int_{\Omega} \nabla \cdot [f(\boldsymbol{r}') W(\boldsymbol{r} - \boldsymbol{r}', h)] \mathrm{d}\boldsymbol{r}' - \int_{\Omega} f(\boldsymbol{r}') \cdot \nabla W(\boldsymbol{r} - \boldsymbol{r}', h) \mathrm{d}\boldsymbol{r}' \tag{5.6}$$

对式(5.6)中等号右侧第一项应用散度定理,将体积分转换为面积分,有:

$$\langle \nabla \cdot f(\boldsymbol{r}) \rangle = \int_{S} f(\boldsymbol{r}') W(\boldsymbol{r} - \boldsymbol{r}', h) \cdot \vec{n} \mathrm{d}S - \int_{\Omega} f(\boldsymbol{r}') \cdot \nabla W(\boldsymbol{r} - \boldsymbol{r}', h) \mathrm{d}\boldsymbol{r}' \tag{5.7}$$

式中:$\vec{n}$ 为面域 S 的单位法向矢量。一般来说,函数 $f(\boldsymbol{r})$ 的积分域对称且无缺失,上式中面积分项为零,则式(5.7)可进一步写为:

$$\langle \nabla \cdot f(\boldsymbol{r}) \rangle = -\int_{\Omega} f(\boldsymbol{r}') \cdot \nabla W(\boldsymbol{r} - \boldsymbol{r}', h) \mathrm{d}\boldsymbol{r}' \tag{5.8}$$

5.2.1.2 粒子近似

将系统离散为有限个具有质量和物质属性的粒子,则核近似后的式(5.4)可以进一步转化为支持域内所有粒子叠加求和的形式,这一步称为"粒子近似"。

$$\langle f(\boldsymbol{r}_i) \rangle = \sum_{j=1}^{N} V_j f(\boldsymbol{r}_j) \cdot W_{ij} \tag{5.9}$$

式中:$\langle f(\boldsymbol{r}_i) \rangle$ 表示函数 $f(\boldsymbol{r})$ 在粒子 i 处的粒子近似式;粒子 i 支持域的光滑长度为 h,共有 N 个邻域粒子,其中粒子 j 对粒子 i 的影响权重为 $W_{ij} = W(\boldsymbol{r}_i - \boldsymbol{r}_j, h)$;$V_j$ 表示粒子 j 所占据的空间大小,一维、二维和三维情况下分别表示长度、面积和体积,最常见的形式为 $V_j = m_j / \rho_j$,代入式(5.9),有:

$$\langle f(\boldsymbol{r}_i) \rangle = \sum_{j=1}^{N} \frac{m_j}{\rho_j} f(\boldsymbol{r}_j) W_{ij} \tag{5.10}$$

类似的,粒子 i 处的函数空间导数粒子近似式写为:

$$\langle \nabla \cdot f(\boldsymbol{r}_i) \rangle = \sum_{j=1}^{N} \frac{m_j}{\rho_j} f(\boldsymbol{r}_j) \nabla_i W_{ij} \tag{5.11}$$

式中:$\nabla_i W_{ij} = \dfrac{\boldsymbol{r}_i - \boldsymbol{r}_j}{r_{ij}} \dfrac{\partial W_{ij}}{\partial r_{ij}} = \dfrac{\boldsymbol{r}_{ij}}{r_{ij}} \dfrac{\partial W_{ij}}{\partial r_{ij}}$,$r_{ij}$ 为粒子 i 与粒子 j 之间的距离。在实际运用中,式(5.12)和式(5.13)比式(5.11)更为常见,详细的推导可参见 Danis 等的工作。

$$\langle \nabla \cdot f(\boldsymbol{r}_i) \rangle = \frac{1}{\rho_i} \sum_{j=1}^{N} m_j [f(\boldsymbol{r}_j) - f(\boldsymbol{r}_i)] \nabla_i W_{ij} \tag{5.12}$$

$$\langle \nabla \cdot f(\boldsymbol{r}_i) \rangle = \rho_i \sum_{j=1}^{N} m_j \left[\frac{f(\boldsymbol{r}_i)}{\rho_i^2} + \frac{f(\boldsymbol{r}_j)}{\rho_j^2} \right] \nabla_i W_{ij} \tag{5.13}$$

SPH 方法中函数二阶导数 $\nabla \cdot (f_2 \nabla f_1)$ 的计算方法一般可分为三种：分步求导法、直接求导法和差分近似法。

在分步求导法中，先求函数 f_1 的一阶导数 ∇f_1，乘以 f_2 后再次进行求导。其特点是容易操作和理解，在粒子分布规整时效果较好；可以得到任意组合的二阶导数。直接求导法则直接运用光滑函数的二阶导数进行计算。Monaghan 指出，分步求导法和直接求导法的计算精度对粒子分布的规整度非常敏感，随着粒子的运动，粒子分布不再规则，这两种方法的计算误差也会迅速增大。另外，直接求导法还受光滑函数二阶导数性质的影响，在特定情况下会出现非物理性现象。

目前应用最广的 SPH 函数二阶导数计算方法是差分近似法(Integral Approximation)。差分近似法最早由 Brookshaw 在 1985 年提出，他给出了恒定热传导率条件下二阶导数的一维近似方法：先使用差分方法求得函数 f_1 的一阶导数，随后将其代入 SPH 的一阶求导公式，得到二阶导数的近似公式。Cleary 给出了可变热传导率条件下二阶导数的二维近似公式，该公式的变形(式 5.14)成为目前拉普拉斯算子的主流选择算法。Espanol 和 Revenga 推导了二阶导数的三维近似公式。

$$\langle \nabla^2 f(\boldsymbol{r}_i) \rangle = \sum_{j=1}^{N} \frac{2 m_j}{\rho_j} [f(\boldsymbol{r}_i) - f(\boldsymbol{r}_j)] \frac{\boldsymbol{r}_{ij} \cdot \nabla_i W_{ij}}{|\boldsymbol{r}_{ij}|^2 + \eta^2} \quad (5.14)$$

式中：η 一般取 $0.01h$，以防止分母为零。

5.2.1.3 光滑函数

光滑函数（如图 5.1 所示）在 SPH 方法的理论体系中占据了非常重要的地位，因为它不仅决定了函数近似式的形式，定义了粒子支持域的尺寸，而且决定了核近似和粒子近似的一致性和精度。

Liu 和 Liu 在其著作中对光滑函数的主要特性进行了归纳和总结：

(1) 归一性。该性质可以保证连续函数积分的零阶连续性。

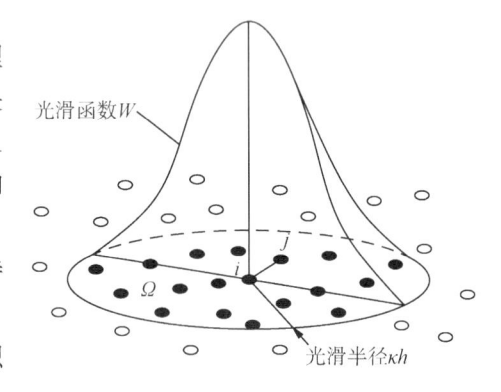

$$\int_\Omega W(\boldsymbol{r} - \boldsymbol{r}', h) \mathrm{d} \boldsymbol{r}' = 1 \quad (5.15)$$

图 5.1 光滑函数示意图

(2) 紧支性。该性质保证了仅支持域内有限个粒子对函数积分有贡献，支持域之外的粒子对 $\boldsymbol{r}$ 处的函数积分无影响。κh 定义了支持域（通常为圆/球形）的大小，故被称为光滑半径。不同的光滑函数有不同的比例因子 κ，$\kappa = 2$ 是比较常见的取值。

$$W(\boldsymbol{r} - \boldsymbol{r}') = 0, \ |\boldsymbol{r} - \boldsymbol{r}'| > \kappa h \quad (5.16)$$

(3) 非负性。

$$W(\boldsymbol{r} - \boldsymbol{r}') \geqslant 0, \ |\boldsymbol{r} - \boldsymbol{r}'| \leqslant \kappa h \quad (5.17)$$

(4) 衰减性。即光滑函数值随粒子间的距离增大而单调递减。

(5) δ 函数性质。当光滑长度趋于零时,光滑函数收敛于 δ 函数,保证核近似时式(5.4)和式(5.5)的精度

$$\lim_{h \to 0} W(\bm{r} - \bm{r}', h) = \delta(\bm{r} - \bm{r}', h) \tag{5.18}$$

(6) 对称性。光滑函数需为偶函数。

(7) 光滑性。

根据上述七种光滑函数的特性,研究人员可以按照需要构造光滑函数。常用的光滑函数主要包括高斯型光滑函数和样条型光滑函数。

5.2.2 经典 SPH 水动力学模型

5.2.2.1 控制方程

根据 Monaghan 的推导,拉格朗日型式的 Navier-Stokes 方程的动量方程和连续性方程可以分别写为:

$$\frac{\mathrm{D}\bm{u}}{\mathrm{D}t} = -\frac{1}{\rho} \nabla P + g + \bm{\Gamma} \tag{5.19}$$

$$\frac{\mathrm{d}\rho}{\mathrm{d}t} = -\rho \nabla \cdot \bm{u} \tag{5.20}$$

式中:$\bm{u}, \rho, P$ 分别表示速度矢量、密度和压强,g 表示重力加速度,$\bm{\Gamma}$ 为耗散项。受益于 SPH 方法的拉格朗日属性,可以直接计算速度关于时间的全导数 $\mathrm{D}\bm{u}/\mathrm{D}t$,而无需像欧拉法中需要分别考虑当地加速度和迁移加速度,这不仅大大简化了方程组的求解,还有利于提高对流问题的计算精度。

1) 动量方程

对式(5.19)应用式(5.13),可以将动量方程离散为一种比较常见的粒子 i 的加速度计算公式:

$$\frac{\mathrm{D}\bm{u}_i}{\mathrm{D}t} = -\sum_{j=1}^{N} m_j \left(\frac{P_j}{\rho_j^2} + \frac{P_i}{\rho_i^2} \right) \nabla_i W_{ij} + g + \bm{\Gamma} \tag{5.21}$$

上式采用的对称格式可以降低粒子不一致问题产生的误差。

2) 连续性方程

对式(5.20)应用式(5.12),可以将连续方程离散为

$$\frac{\mathrm{d}\rho_i}{\mathrm{d}t} = \sum_{j=1}^{N} m_j \bm{u}_{ij} \nabla_i W_{ij} \tag{5.22}$$

式中:$\bm{u}_{ij} = \bm{u}_i - \bm{u}_j$,表示粒子 i 与粒子 j 的相对速度。式(5.22)被称为"连续性密度法"(Continuity Density Approach),通过引入粒子相对速度 $\bm{u}_{ij}$ 来求解密度的时间导数,可以缓解边界效应带来的粒子缺失,更适合于强非连续的情况。

另一种粒子密度的计算方法(式5.23)被称为"密度求和法"(Summation Density Approach)。这种方法在整个问题域内的积分严格遵守质量守恒定律,被认为体现了SPH近似法的本质。但当粒子处于边界或不同材料交界面时,会出现边界效应,而且即便粒子处于问题域内部,密度求和法得到的粒子密度会因粒子的不规则分布降低计算精度。

$$\rho_i = \sum_{j=1}^{N} m_j W_{ij} \tag{5.23}$$

本书模型采用连续密度法(式5.22)来计算粒子密度变化率。

5.2.2.2 状态方程

根据求解压强思路的不同,基于NS方程的SPH水动力模式可以分为两大类:弱可压SPH(Weakly Compressible SPH,WCSPH),不可压SPH(Incompressible SPH,ISPH)。

Monaghan将水视为弱可压缩流体,基于人工压缩率的概念给出了水体的状态方程:

$$P = B\left[\left(\frac{\rho}{\rho_0}\right)^\gamma - 1\right] \tag{5.24}$$

式中,$\gamma = 7$,$B = c_0^2 \rho_0 / \gamma$。$\rho_0$为参考密度,对于水体模拟,取$\rho_0 = 1\,000\,\text{kg/m}^3$。$c_0$为人工声速,其大小选择有两方面限制:一方面,必须足够大,使得人工可压缩流体的性质与真实流体充分接近;另一方面,必须足够小,将时间步的增量控制在允许范围。由于可压缩流体的相对密度差δ与马赫数M相关:

$$\delta = \frac{\Delta \rho}{\rho_0} = \frac{|\rho - \rho_0|}{\rho_0} = \frac{U^2}{c_0^2} = M^2 \tag{5.25}$$

一般取人工声速大于10倍流体整体流速U,即可保证马赫数小于0.1,从而将流体的密度变化范围控制在1‰以内。WCSPH通过状态方程显式求解流体压强,大大简化了程序结构,并能提高计算效率。

Cummins和Rudman提出了半隐式的ISPH:首先将动量方程中的压强梯度力与其他力分开,由其他力显式计算得到中间步的速度和位移;根据引起的粒子密度变化,隐式求解关于压强的泊松方程,得到下一时间步的粒子压强;使用新的粒子压强驱动处于中间位置的粒子,修正其速度和位移。这种方法的计算思路与移动粒子半隐式法(Moving Particle Semi-implicit Method,MPS)比较相似。

关于WCSPH和ISPH两种方法孰优孰劣,不同流派的学者你来我往、针锋相对,至今也未能决出高下。不过,根据大量的文献对比,至少可以有以下几点结论:1)ISPH通过隐式求解泊松方程可以准确地得到粒子压强场,而传统WCSPH由于使用状态方程来显式计算压强,得到的压强场存在比较严重的振荡现象,且无法通过提高人工声速彻底消除;2)ISPH的时间步长主要受限于CFL条件,WCSPH的时间步长则主要受限于人工声速,前者要远大于后者,所以当粒子数较小时,ISPH的计算速度要快于WCSPH;3)方程组的迭代求解是ISPH模式最耗机时和内存的环节,随着计算规模的增大,ISPH的计算耗时和内存占用呈指数增加,而全显式的 WCSPH 模式的计算耗时和内存占用与计算规模呈线性关系,所以对于大规模计算来讲,WCSPH 的效率更高,且更容易实现并行化;4) 经过多年的发展,研究人员针对 WCSPH 提出了一系列压强计算的修正方法,如使用谢泼德过滤器(Shepard Filter)、最小移动平均方法(Moving Least Squares,MLS)对密度场进行光滑,使用 δ-SPH 公式对密度的时间导数进行修正等。通过这些修正,由 WCSPH 得到的压强计算结果并不比 ISPH 差。

另外,对于具有复杂运动界面的水动力学现象,如波浪的翻卷、水花抛洒,WCSPH 相比 ISPH 能得到更为光滑的自由液面。综合考虑之后,本书采用 WCSPH 的计算方法来求解压强。

5.2.2.3 黏性项

在 SPH 水动力模型中,常见的耗散项(式 5.19 中的 Γ)包括人工黏性、层流黏性和湍流黏性。其中人工黏性为数值黏性,后两者为物理黏性。

1) 人工黏性

Monaghan 提出使用人工黏性把粒子冲击动能转化为热能,以消除非物理性振荡,式 (5.21)转化为:

$$\frac{\mathrm{D}\boldsymbol{u}_i}{\mathrm{D}t} = -\sum_{j=1}^{N} m_j \left(\frac{P_j}{\rho_j^2} + \frac{P_i}{\rho_i^2} + \prod_{ij} \right) \nabla_i W_{ij} + \boldsymbol{g} \tag{5.26}$$

式中,Π_{ij} 表示人工黏性项,按下式计算:

$$\Pi_{ij} = \begin{cases} \dfrac{-\alpha \mu_{ij}(\bar{c}_{ij} - \mu_{ij})}{\bar{\rho}_{ij}} & \boldsymbol{u}_{ij} \cdot \boldsymbol{r}_{ij} < 0 \\ 0 & \boldsymbol{u}_{ij} \cdot \boldsymbol{r}_{ij} \geqslant 0 \end{cases} \tag{5.27}$$

式中,$\boldsymbol{u}_{ij}$ 和 $\boldsymbol{r}_{ij}$ 分别为中心粒子与邻域粒子之间的相对速度和相对位置,$\boldsymbol{u}_{ij} = \boldsymbol{u}_i - \boldsymbol{u}_j$,$\boldsymbol{r}_{ij} = \boldsymbol{r}_i - \boldsymbol{r}_j$;$\bar{c}_{ij}$ 和 $\bar{\rho}_{ij}$ 分别为平均声速和平均密度,$\bar{c}_{ij} = (c_i + c_j)/2$,$\bar{\rho}_{ij} = (\rho_i + \rho_j)/2$;$\mu_{ij} = h\boldsymbol{u}_{ij} \cdot \boldsymbol{r}_{ij}/(r_{ij}^2 + 0.01h^2)$,$h$ 为光滑半径;α 表示人工黏性系数,一般取为 0.01~0.1。

2) 层流黏性

包含层流黏性(Laminar Viscosity)项的动量方程可以写为:

$$\frac{\mathrm{D}\boldsymbol{u}}{\mathrm{D}t} = -\frac{1}{\rho}\nabla P + \boldsymbol{g} + v_0 \nabla^2 \boldsymbol{u} \tag{5.28}$$

式中,v_0 为流体的动力黏滞系数,对于标准状态下的水,一般取 1.0×10^{-6} m²/s。Lo 和 Shao 采用式(5.14)的一种变形公式来计算黏性项,将式(5.28)写为 SPH 粒子形式:

$$\frac{\mathrm{D}\boldsymbol{u}_i}{\mathrm{D}t} = -\sum_{j=1}^{N} m_j \left(\frac{P_j}{\rho_j^2} + \frac{P_i}{\rho_i^2}\right) \nabla_i W_{ij} + \boldsymbol{g} + \sum_{j=1}^{N} \frac{4v_0 m_j \boldsymbol{r}_{ij} \boldsymbol{u}_{ij} \nabla_i W_{ij}}{(\rho_i + \rho_j)|\boldsymbol{r}_{ij}|^2} \tag{5.29}$$

3) 紊流黏性

当流体运动具有较大的雷诺数时,还应考虑紊流的影响。在基于网格的数值模型中,大涡模拟(Large-Eddy Simulation,LES)是一种较为常用的紊流模拟技术。其中,流体的大尺度流动由网格计算得到,而小于网格尺度的运动则根据亚网格尺度(Sub-Grid Scale,SGS)紊流模型进行计算。类似的,Gotoh 等(2001)在无网格模型中引入了亚粒子尺度(Sub-Particle Scale,SPS)紊流模型,实现了 MPS 的大涡模拟。Lo 和 Shao、Dalrymple 和 Rogers 分别于 2002 年和 2006 年实现了 ISPH 和 WCSPH 模型的大涡模拟。本书采用 Gomez-Gesteira 等提出的改进 SPS 紊流模型,其中动量方程为:

$$\frac{\mathrm{D}\boldsymbol{u}}{\mathrm{D}t} = -\frac{1}{\rho}\nabla P + \boldsymbol{g} + \upsilon_0 \nabla^2 \boldsymbol{u} + \frac{1}{\rho}\nabla \cdot \boldsymbol{\tau} \tag{5.30}$$

式中:$\boldsymbol{\tau}$ 为亚粒子尺度应力张量,各分量有,

$$\boldsymbol{\tau}_{ij} = \upsilon_t \rho \left(2S_{ij} - \frac{2}{3}k\delta_{ij}\right) - \frac{2}{3}\rho C_I \Delta^2 \delta_{ij} |S_{ij}|^2 \tag{5.31}$$

式中:k 为亚粒子尺度紊流动能,紊流涡黏系数 $\upsilon_t = (C_s \Delta)^2 |S|$,Smagorinsky 常数 C_s 取 0.12,$C_I = 0.0066$,$\delta_{ij} = \{1\ i=j;\ 0\ i\neq j\}$,$\Delta$ 为粒子初始间距,$|S| = \sqrt{2S_{ij}S_{ij}}$,$S_{ij}$ 为亚粒子应力张量的分量,按下式计算:

$$S_{ij} = \frac{1}{2}\left(\frac{\partial u_i}{\partial x_j} + \frac{\partial u_j}{\partial x_i}\right) \tag{5.32}$$

将式(5.30)写为 SPH 粒子形式:

$$\frac{\mathrm{D}\boldsymbol{u}_i}{\mathrm{D}t} = -\sum_{j=1}^{N} m_j \left(\frac{P_j}{\rho_j^2} + \frac{P_i}{\rho_i^2}\right) \nabla_i W_{ij} + \boldsymbol{g} + \sum_{j=1}^{N} \frac{4\upsilon_0 m_j \boldsymbol{r}_{ij} \boldsymbol{u}_{ij} \nabla_i W_{ij}}{(\rho_i + \rho_j)|\boldsymbol{r}_{ij}|^2} + \sum_{j=1}^{N} m_j \left(\frac{\tau_j}{\rho_j^2} + \frac{\tau_i}{\rho_i^2}\right) \nabla_i W_{ij} \tag{5.33}$$

5.2.2.4 时间迭代

本书采用具有二阶精度的预测-校正格式进行显式迭代。

预测步:预测计算中间步 $(n+1/2)$ 的粒子速度、密度、位移和压强。

$$\begin{cases} \boldsymbol{u}_i^{n+1/2} = \boldsymbol{u}_i^n + \frac{\Delta t}{2}\frac{\mathrm{D}\boldsymbol{u}_i^n}{\mathrm{D}t} \\ \rho_i^{n+1/2} = \rho_i^n + \frac{\Delta t}{2}\frac{\mathrm{D}\rho_i^n}{\mathrm{D}t} \\ \boldsymbol{r}_i^{n+1/2} = \boldsymbol{r}_i^n + \frac{\Delta t}{2}\boldsymbol{u}_i^n \\ P_i^{n+1/2} = \mathrm{B}\left[\left(\frac{\rho_i^{n+1/2}}{\rho_0}\right)^\gamma - 1\right] \end{cases} \tag{5.34}$$

校正步:使用预测的变量校正中间步的粒子速度、密度、位移。

$$\begin{cases} \boldsymbol{u}_i^{n+1/2} = \boldsymbol{u}_i^n + \dfrac{\Delta t}{2} \dfrac{\mathrm{D}\boldsymbol{u}_i^{n+1/2}}{\mathrm{D}t} \\ \rho_i^{n+1/2} = \rho_i^n + \dfrac{\Delta t}{2} \dfrac{\mathrm{D}\rho_i^{n+1/2}}{\mathrm{D}t} \\ \boldsymbol{r}_i^{n+1/2} = \boldsymbol{r}_i^n + \dfrac{\Delta t}{2} \boldsymbol{u}_i^{n+1/2} \end{cases} \quad (5.35)$$

$n+1$ 步的变量由 n 步和中间步的变量计算得到。

$$\begin{cases} \boldsymbol{u}_i^{n+1} = 2\boldsymbol{u}_i^{n+1/2} - \boldsymbol{u}_i^n \\ \rho_i^{n+1} = 2\rho_i^{n+1/2} - \rho_i^n \\ \boldsymbol{r}_i^{n+1} = 2\boldsymbol{r}_i^{n+1/2} - \boldsymbol{r}_i^n \\ P_i^{n+1} = \mathrm{B}\left[\left(\dfrac{\rho_i^{n+1}}{\rho_0}\right)^\gamma - 1\right] \end{cases} \quad (5.36)$$

本书采用的可变时间步长 Δt 受 CFL 条件 (Δt_u)、粒子受力 (Δt_F) 和黏性项 (Δt_v) 的共同控制：

$$\Delta t = C_{CFL} \cdot \min(\Delta t_u, \Delta t_F, \Delta t_v) \quad (5.37)$$

式中，C_{CFL} 为 Courant-Friedrichs-Lewy 数，取 $0.2\sim 0.3$，Δt_u、Δt_F 和 Δt_v 按下式计算：

$$\begin{cases} \Delta t_u = \min\left(\dfrac{h}{c_i + |\boldsymbol{u}_i|}\right) \\ \Delta t_F = \min\left(\sqrt{\dfrac{h}{|\mathrm{D}\boldsymbol{u}_i/\mathrm{D}t|}}\right) \\ \Delta t_v = \dfrac{h^2}{v} \end{cases} \quad (5.38)$$

5.2.2.5 SPH 修正技术

1) 核函数修正和核函数导数修正

对于具有自由表面的流体运动，自由表面附近粒子的支持域被截断(如图 5.2 所示)。此时，光滑函数 W_{ij} 及其导数的计算会出现较大的误差。另外，当粒子分布不规律时，即便是处于流体内部的粒子，往往无法保证粒子正交分布时所能达到的二阶精度。这些误差是传统 SPH 模式数值耗散的主要来源之一。通过对核函数及其导数进行修正，可以在一定程度上提升 SPH 计算精度。

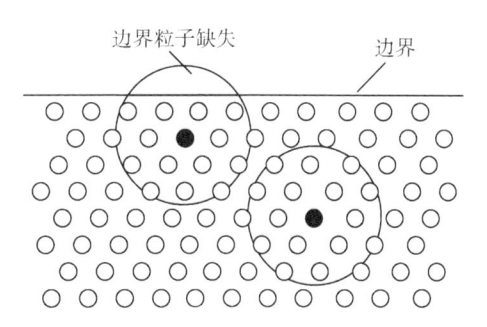

图 5.2 自由表面附近边界粒子缺失示意图

(1) 核函数修正

核函数修正,或核函数重整化(Kernel Renormalization),最早由 Bonet 和 Lok 在 1999 年提出,其形式与 Shepard 过滤器、CSPM(Corrective Smoothed Particle Method)非常相似,修正后的函数 f 可按下式计算:

$$\tilde{f}_i = \kappa^{-1} \sum_{j=1}^{N} \frac{m_j}{\rho_j} f_j W_{ij} \tag{5.39}$$

式中,修正系数 $\kappa = \sum_{j=1}^{N} \frac{m_j}{\rho_j} W_{ij}$,表示图 5.2 中粒子支持域所占空间的大小。

(2) 核函数导数修正

核函数一阶导数按下式修正:

$$\widetilde{\nabla}_i W_{ij} = M_i^{-1} \nabla_i W_{ij} \tag{5.40}$$

$$M_i = -\sum_{j=1}^{N} \frac{m_j}{\rho_j} \nabla_i W_{ij} \otimes (\boldsymbol{r}_i - \boldsymbol{r}_j) \tag{5.41}$$

对于二维情况,M_i 为 2×2 的矩阵:

$$\begin{cases} M_i(1,1) = -\sum_{j=1}^{N} \frac{m_j}{\rho_j} \frac{(x_i - x_j)^2}{|\boldsymbol{r}_{ij}|} \frac{\partial W_{ij}}{\partial r_{ij}} \\ M_i(1,2) = M_i(2,1) = -\sum_{j=1}^{N} \frac{m_j}{\rho_j} \frac{(x_i - x_j)(z_i - z_j)}{|\boldsymbol{r}_{ij}|} \frac{\partial W_{ij}}{\partial r_{ij}} \\ M_i(2,2) = -\sum_{j=1}^{N} \frac{m_j}{\rho_j} \frac{(z_i - z_j)^2}{|\boldsymbol{r}_{ij}|} \frac{\partial W_{ij}}{\partial r_{ij}} \end{cases} \tag{5.42}$$

2) 压强修正

在前面提到,压强振荡现象是 WCSPH 模式中最令人诟病的问题之一,目前已有很多方法对其进行修正:谢泼德过滤器(Shepard Filter)、最小移动平均方法(Moving Least Squares,MLS)、δ-SPH 等。Shepard 过滤器和 MLS 方法本质上可以认为是粒子密度场的过滤器,分别具有零阶和一阶精度。通过每 30 步应用这些过滤器,可以光滑压强场的振荡,提高计算的稳定性。与密度场过滤器不同,δ-SPH 公式通过在密度变化率中添加人工密度耗散项来衰减密度场的振荡,其工作原理与人工黏性项通过耗散动能来减小数值振荡一致。

(1) Shepard 过滤器

每 30 步,粒子的密度根据下式进行修正:

$$\rho_i^{new} = \sum_{j=1}^{N} m_j W_{ij} \Big/ \sum_{j=1}^{N} \frac{m_j}{\rho_j} W_{ij} \tag{5.43}$$

(2) MLS 方法

每 30 步,粒子的密度根据下式进行修正:

$$\rho_i^{new} = \sum_{j=1}^{N} m_j W_{ij}^{MLS} \tag{5.44}$$

式中,二维情况下的 W_{ij}^{MLS} 有:

$$W_{ij}^{MLS} = [\beta_0(\bm{r}_i) + \beta_{1x}(\bm{r}_i)\cdot(x_i - x_j) + \beta_{1z}(\bm{r}_i)\cdot(z_i - z_j)]W_{ij} \tag{5.45}$$

其中,修正向量 $\beta(r_i) = [\beta_0 \quad \beta_{1x} \quad \beta_{1z}]^{-1} = \bm{A}^{-1}[1 \quad 0 \quad 0]$, $\bm{A} = \sum_{j=1}^{N} W_j(\bm{r}_i)\bar{A}V_b$, 矩阵 $\bm{A}$ 由下式计算:

$$\bm{A} = \begin{bmatrix} 1 & (x_i - x_j) & (z_i - z_j) \\ (x_i - x_j) & (x_i - x_j)^2 & (z_i - z_j)(x_i - x_j) \\ (z_i - z_j) & (x_i - x_j)(z_i - z_j) & (z_i - z_j)^2 \end{bmatrix} \tag{5.46}$$

(3) δ-SPH

δ-SPH 的思想最早由 Molteni 和 Colagrossi 在 2009 年提出,经过 Colagrossi 等、Antuono 等的改进,最终由 Marrone 等正式命名为 δ-SPH。在式(5.22)中添加人工密度耗散项,修正后的密度变化率公式有:

$$\frac{\mathrm{d}\rho_i}{\mathrm{d}t} = \sum_{j=1}^{N} m_j \bm{u}_{ij} \nabla_i W_{ij} + \delta h c_0 \sum_{j=1}^{N} \frac{m_j}{\rho_j} \psi_{ij} \nabla_i W_{ij} \tag{5.47}$$

$$\psi_{ij} = 2(\rho_j - \rho_i)\frac{\bm{r}_{ij}}{|\bm{r}_{ij}|^2} - [\langle \nabla \rho \rangle_i^L + \langle \nabla \rho \rangle_j^L] \tag{5.48}$$

$$\langle \nabla \rho \rangle_i^L = \sum_{j=1}^{N} (\rho_j - \rho_i)\bm{L}_i \nabla_i W_{ij} \mathrm{d}V_j \tag{5.49}$$

$$\bm{L}_i = \Big[\sum_{j=1}^{N} (r_j - r_i) \otimes \nabla_i W_{ij} \mathrm{d}V_j\Big]^{-1} \tag{5.50}$$

式中:δ 控制密度的耗散强度,一般取 0.1。通过一系列静水压强测试表明,与使用 Shepard 过滤器相比,使用人工密度扩散项可以大幅缩短(约 70%)压强场振荡的时间,且得到的压强场更加光滑。从 Marrone 等进行的一系列数值测试上看,δ-SPH 方法要明显优于上述两种密度过滤器,甚至可使 WCSPH 给出的结果好于 ISPH。

除了压强振荡,SPH 中还存在着应力不稳定现象,一个直观表现为:当粒子间距小于某一阈值时,粒子间作用力随距离的减小而减小,进而出现粒子簇聚或呈线状排列。Johnson 等、杨秀峰和刘谋斌通过构造具有非负二阶导数的光滑函数来解决这个问题,Monaghan 则在粒子间添加 Lennard-Jones 型的人工排斥力,以保证各流体粒子不会靠得太近。动量方程式(5.21)修正为:

$$\frac{\mathrm{D}\bm{u}_i}{\mathrm{D}t} = -\sum_{j=1}^{N} m_j\Big(\frac{P_j}{\rho_j^2} + \frac{P_i}{\rho_i^2} + Rf_{ij}^n\Big)\nabla_i W_{ij} + \bm{g} + \bm{\Gamma} \tag{5.51}$$

式中：n 取 4；排斥力增长系数 $f_{ij} = W(r_{ij}, h)/W(\Delta x, h)$；$\Delta x$ 为粒子初始间距。人工基准排斥力 R 按下式计算：

$$R = 0.01\left(\frac{P_i}{\rho_i^2} + \frac{P_j}{\rho_j^2}\right) \tag{5.52}$$

综合式(5.51)和式(5.52)可以发现，当粒子间距大于粒子初始间距时，排斥力增长系数从 1 迅速衰减为 0，加上人工基准排斥力为粒子间作用力的 1%，增加的修正项对粒子加速度的影响可以忽略。当粒子间距小于粒子初始间距时，随着粒子间距的进一步减小，排斥力增长系数从 1 迅速增大，排斥力增长系数的最大值可达 42（当采用三次样条光滑函数），此时，粒子间作用力相当于增大了约 42%。需要指出的是，采用具有非负二阶导数的光滑函数的 SPH 模式并不需要使用这种修正方法。

3）粒子位移修正

为了防止流体粒子间的非物理性掺混，Monaghan 提出一种 XSPH 技术，将粒子位移的迭代公式修正为：

$$\frac{\mathrm{d}\boldsymbol{r}_i}{\mathrm{d}t} = \boldsymbol{u}_i + \varepsilon \sum_{j=1}^{N} \frac{m_j}{\bar{\rho}_{ij}}(\boldsymbol{u}_j - \boldsymbol{u}_i) W_{ij} \tag{5.53}$$

式中：$\bar{\rho}_{ij} = (\rho_i + \rho_j)/2$；$\varepsilon$ 取 0~1。式(5.53)仅被用于位移的修正，而粒子的速度则保持不变。经过 XSPH 修正后，流体粒子的速度可以更接近于邻域粒子的平均速度，使得粒子分布更加规整。

Vacondio 等采用类似的修正方法来处理具有可变光滑半径流体粒子的各向异性分布：

$$\frac{\mathrm{d}\boldsymbol{r}_i}{\mathrm{d}t} = \boldsymbol{u}_i + \frac{\beta}{m_T} \sum_{j=1}^{N} m_j \frac{\boldsymbol{r}_{ij}}{|\boldsymbol{r}_{ij}|^3} r_0^2 u_{\max} \tag{5.54}$$

式中：$m_T = \sum_{j=1}^{N} m_j$；$r_0 = \frac{1}{N}\sum_{j=1}^{N}|\boldsymbol{r}_{ij}|$；$u_{\max}$ 为系统中最大流速；无量纲系数 β 一般取 0.05~0.1。

事实上，随着 SPH 技术的发展，特别是针对 WCSPH 压强修正方法的改良，流体粒子的运动越来越稳定，其位移并不一定需要进行修正。只有当模拟特定流体运动（如圆柱绕流）时，本书才采用式(5.54)修正粒子位移。

5.2.2.6　最近相邻粒子搜索算法

与基于网格的数值模式不同，SPH 方法中计算节点（粒子）不存在固定的相对空间关系，随着计算的进行，节点不断运动，体现了无网格法的自适应性，同时这也要求每一时刻均需重新确定系统中所有粒子的相对空间关系。考虑到光滑函数的紧支性，只有中心粒子自身支持域范围内的粒子才能对其产生影响，这些粒子被称为"最近相邻粒子"，而寻找这些粒子的方法则被称为"最近相邻粒子搜索算法"。最近相邻粒子搜索算法虽然与控制方程的物理规律无关，但仍无法动摇其 SPH 算法基石的地位。大量文献均显示，最近相邻粒子搜索算法所消耗的时间占程序计算总耗时的 50% 以上,其计算效率直接决定了整个模式的计算速度。目前常见的最近相邻粒子搜索算法有:全配对搜索算法、链表搜索算法、树形搜索算法等。

1) 全配对搜索算法

全配对搜索算法是最简单方便的最近相邻粒子搜索算法:对于粒子 $i=1\cdots N$(N 为系统粒子总数),遍历粒子 $j=1\cdots N$,计算粒子 i 和粒子 j 的距离 r_{ij},若 r_{ij} 小于粒子光滑半径 κh,则认为粒子 j 是粒子 i 的最近相邻粒子。很显然,这种算法的时间复杂度阶数为 $O(N^2)$,只能应用于粒子数很少的情况。对于动辄上万、甚至上亿个计算节点的大规模运算,全配对搜索算法完全无法胜任。

2) 链表搜索算法

链表搜索算法是目前 SPH 水动力模型中使用最广的最近相邻粒子搜索算法,特别适合于系统空间范围基本确定、粒子光滑长度不变或变化程度较小的情况。这种算法需要在研究对象可能存在的空间中布置背景网格,如图 5.3 所示,网格的宽度取粒子的光滑半径 κh。搜索粒子前,将所有粒子"簿记式"分配至所在的网格,并以链表的形式进行存贮。对于粒子 $i=1\cdots N$,只需遍历粒子 i 所在网格的相邻网格中的所有粒子 j,即可确定粒子 i 的最近相邻粒子。由于一维、二维和三维情况中的相邻网格数目分别为 3、9 和 27,仅占系统网格总数的很小一部分,所以链表搜索算法的效率要比全配对搜索算法高很多,当每个网格中的平均粒子数足够小时,其时间复杂度阶数为 $O(N)$。

当粒子光滑长度存在小幅变化的情况,背景网格的宽度可以取系统中所有粒子最大的光滑半径,此时搜索算法的效率随着网格宽度的增大而下降。

3) 树形搜索算法

树形搜索算法特别适宜于求解具有可变光滑长度的问题。顾名思义,这种算法通过有序树来记录粒子间的相对空间关系:把最大问题域递归分割为若干个卦限,直到每个卦限内只包含一个粒子,如图 5.4 所示。对于粒子 $i=1\cdots N$,以粒子 i 为中心,用边长为 $2\kappa h_i$ 的立方体将其包围。检测粒子 i 的搜索立方体是否与并列层次内的其他节点所占空间相重合。若有重合,则继续往下一层搜索;若没有重合,则停止搜索,直到所搜索到的当前节点处只有一个粒子为止;检测该粒子是否

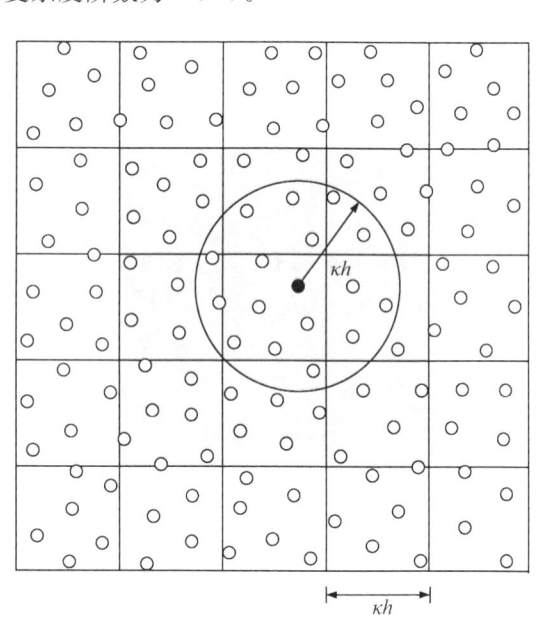

图 5.3 链表搜索算法示意图

在粒子 i 支持域内。树形搜索算法的时间复杂度阶数为 $O(N\log N)$,结合自适应分层树形搜索算法的 SPH 模式能够高效处理具有可变光滑长度的问题。

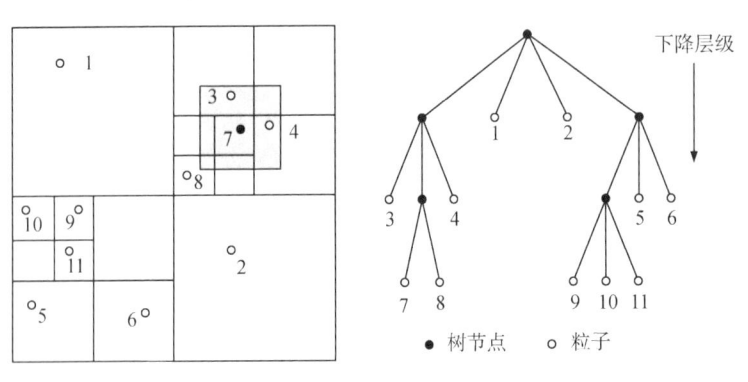

图 5.4 树形搜索算法示意图

5.3 小尺度 SPH 涌潮数学模型

从水动力学本质来看,涌潮(潮头部分)是一种水位、流速变化不连续的自由表面间断流,也被描述为"移动的水跃"。事实上,根据间断流上下游两侧水位和流速的不同情况,我们可以将其分为多种不同的类型。如图 5.5 所示,假设间断两侧的水深和流速分别为 h_1,u_1,h_2,u_2,且 $h_1 > h_2$:

1) 溃坝波($u_1 \geqslant u_2 \geqslant 0$)。特别当 $h_2 = 0$ 时,该间断流属于干底溃坝,是用于检测数值模型处理非线性和强间断问题能力的常用算例。

2) 涌潮($u_1 > 0$,$u_2 < 0$)。根据弗劳德数 $Fr = (u_1 - u_2)/\sqrt{gh_2}$ 的大小,可以将涌潮分为波状涌潮、漩滚涌潮及两者的过渡阶段。

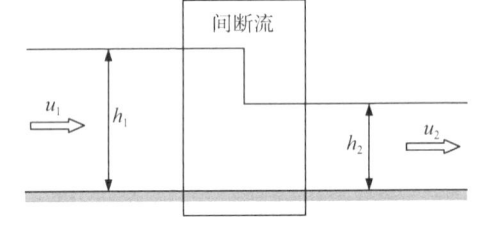

图 5.5 间断流示意图

3) 水跃($u_2 < u_1 < 0$)。传统意义上的水跃往往固定不动、或者缓慢移动,而涌潮潮头的运动速度则要快得多,这是两者在流态上最明显的区别。

4) 水流冲击直立墙($u_1 = 0$,$u_2 < 0$)。水流冲击直立墙是介于涌潮和水跃之间的一种间断流流态(见图 5.6)。此时图 5.5 中左侧实际为一直立墙,右侧水流冲击直立墙后

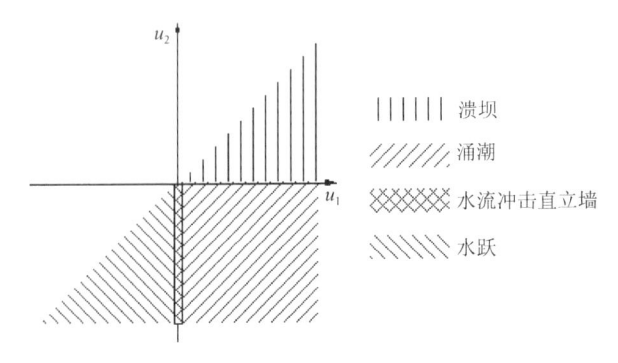

图 5.6 间断流分类

水体壅高,其水位间断位置则不断向右发展。由于这种工况通过简化计算可以得到解析解,在间断流研究中常作为验证用的基准算例,故本书在此单独列出。

在涌潮数值模拟中,需要通过赋予特定的上下游水流条件以形成待研究的涌潮运动。根据现场实测情况,对于某固定观测点,涌潮临近到达前的水流一般朝下游运动,处于落潮状态;涌潮到达之后,水流流向在极短时间内转换方向,流速也有明显的增大,进入涨潮周期;涌潮潮头的向前运动是下游涨潮水体源源不断向上游的推进和潮头前后上下游水位差势能释放的综合作用结果。遗憾的是,前人所建立的涌潮模型均未能准确地反映真实涌潮潮头上下游边界的水深和流速变化特征。其中最常见的生潮手段就是上文提到的"水流冲击直立墙"。从本质上来说,这种涌潮产生的动力来源是壅高水体与入射水流之间的势能差,然而壅高水体流速几乎为零,这与实际情况存在一定的差别。另一种生潮系统是用推波板将水体向上游推动,利用下、上游水体的速度差形成涌潮,而在实际涌潮中上下游流速是相反的。在水跃中亦可观察到有类似涌潮潮头外形的现象,只是水流在水跃两侧的流速方向是一致的。水跃的动力来源是上游的高速水流(往往属于超临界流),这与真实涌潮的机制完全不同。事实上,通过很多不同的方法均能构造出具有类似水滚形态的间断流,但考虑到动力机制和上下游边界的差异,上面提到的几种生潮系统均无法很好地复演涌潮的实际情况,而基于此得到的分析结果自然很难准确地反映真实涌潮的水动力特性。

本书在 SPH 水动力数值模型基础上,采用了一种基于 SPH 开边界技术的生潮系统:仍以图 5.5 间断流示意图为例,初始时刻时,系统上下游边界上的水深为 h_2、流速为 u_2(指向下游方向),模拟落潮末期状态;随着涌潮潮头的到达,下游边界处的水深迅速增大至 h_1,流速则转变方向变为 u_1,而上游边界处的水深和流速保持原状。由于水流两侧水深和流速的差异,水动力条件间断处自发形成对应状态涌潮,并在河道中向上游传播,直到涌潮潮头运动至系统的上游边界。这种生潮过程与实际河道中涌潮的起潮和发展过程完全一致,因而只要给定准确可靠的上下游边界,就有理由相信模型复演的涌潮运动过程是真实可信的。浙江省河口海岸重点实验室的涌潮水槽亦采用类似的思路,通过分别调节水槽上游和下游水泵的流量,实现生潮过程。相比之下,本文的涌潮数值模型可以将边界流量拆解为水深和流速,分别进行精确控制,与物理模型试验设备相比,在可靠性、时效性和灵活性上具有一定的优势。

5.4 涌潮的模拟与验证

在同一河段,受潮流周期内水动力条件差异的影响,会出现不同强度的涌潮。本章利用 2010 年 10 月盐官河段大、中、小潮涌潮现场测量资料确定了三组模拟工况的上下游边界条件,其中潮前水深 h_2 分别为 1.80 m、1.90 m 和 2.00 m,潮前落潮流速 u_2 大小分别为 1.40 m/s、0.77 m/s 和 0.69 m/s,涌潮高度(即 h_1-h_2)分别为 2.74 m、1.75 m 和 0.80 m,分别对应了强漩滚涌潮、弱漩滚涌潮和波状涌潮。模拟的平底河道全长 100 m,计算分辨率为 0.1 m。

海岸工程计算水力学

记录不同时刻 t 涌潮潮头所在的空间位置 x，可以得到 t—x 的离散关系，$\mathrm{d}x/\mathrm{d}t$ 即为涌潮的传播速度。模拟结果显示，t—x 呈现非常显著的线性关系，相关系数分别为 0.996 0、0.999 5 和 0.999 7，表明本章模型生潮系统稳定性良好，涌潮传播速度始终保持恒定。与现场实测数据相比，SPH 模拟得到的涌潮传播速度误差分别为 9.3%、0.9% 和 1.1%。特别是弱漩滚涌潮和波状涌潮，吻合结果非常好，而考虑到强漩滚涌潮中水体卷破给潮头位置定位造成了一定困难，10% 以内的误差也在可以接受范围之内。

图 5.7~图 5.9 给出了不同强度涌潮运动传播的全过程，不同颜色表示水质点速度大小。图 5.7 直观地展示了波状涌潮的形态特征：涨潮水流和落潮水流相互顶冲区域的流速为 0，而波动部分均位于涨潮水流一侧，波动幅度往下游方向依次递减。波动序列的外形和流速分布在涨潮过程中保持不变，整体向上游稳定、匀速推进。

表 5.1 涌潮的模拟工况及验证结果

涌潮水动力指标		大潮(2010.10.09)	中潮(2010.10.13)	小潮(2010.10.14)
潮前水深(m)		1.80	1.90	2.00
潮前落潮流速(m/s)		1.40	0.77	0.69
涌潮高度(m)		2.74	1.75	0.80
涌潮传播速度(m/s)	实测	7.00	6.56	5.27
	SPH	7.65	6.50	5.33
Fr	实测	2.00	1.70	1.35
	SPH	2.15	1.68	1.36
涌潮类型		强漩滚涌潮	弱漩滚涌潮	波状涌潮

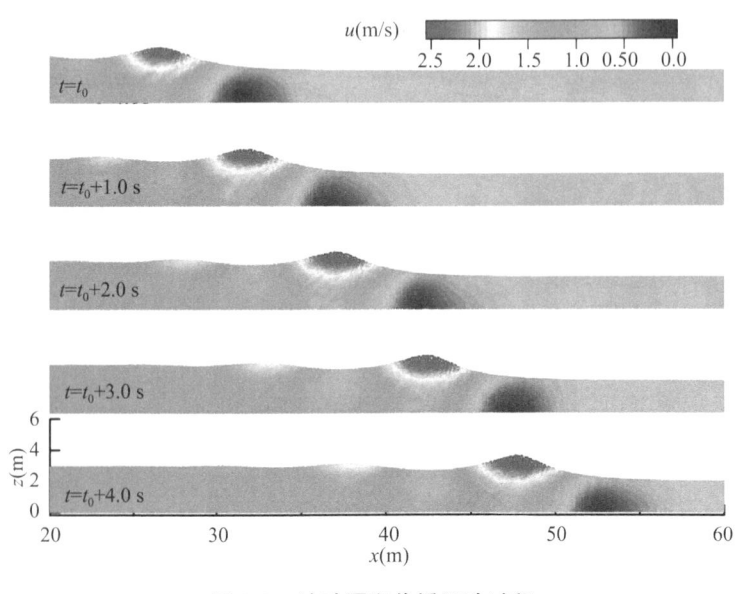

图 5.7 波动涌潮传播运动过程

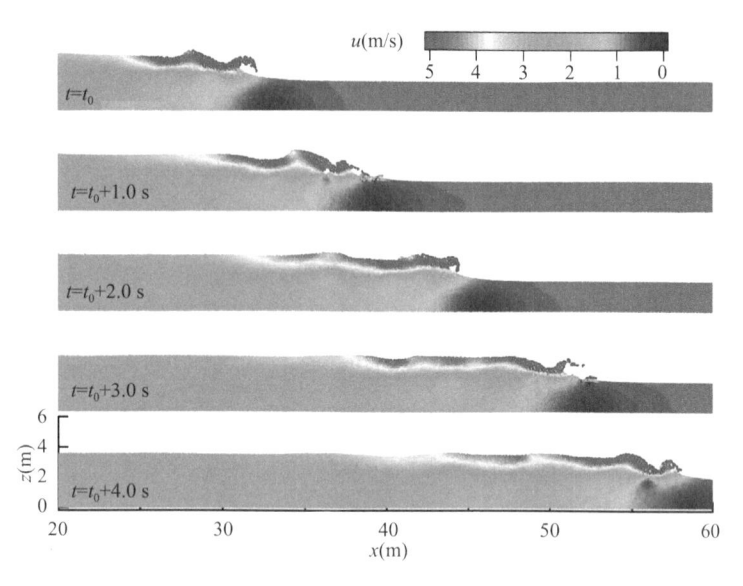

图 5.8　弱漩滚涌潮传播运动过程

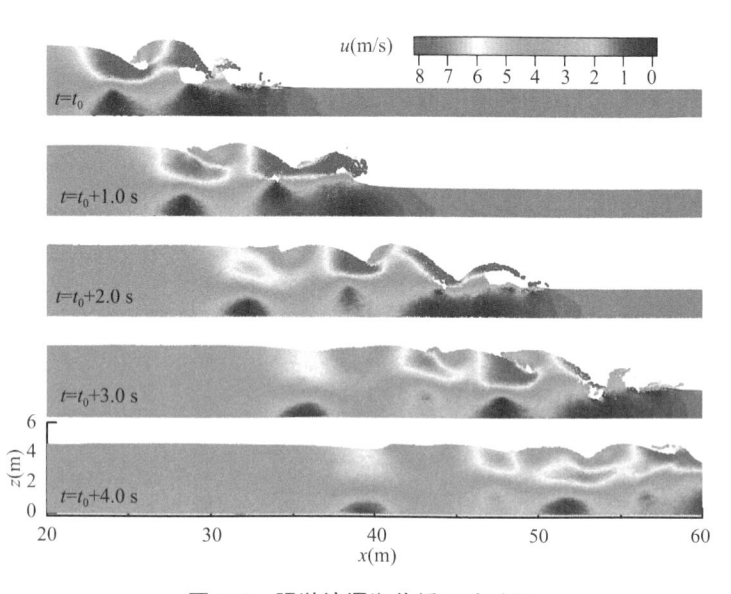

图 5.9　强漩滚涌潮传播运动过程

当涨潮水流的水位和流速逐渐增大，波状涌潮主波动的波陡也随之增大，直到水体无法维持自身完整而在面向上游侧"崩破"，涌潮的最大高度由此降低。坍塌后的破碎水体以相对较高的速度跳跃前进，未对底层水体产生明显影响，最终发展为一狭长的薄层过渡区域，如图 5.8 所示。

随着涌潮高度和涨潮流速的继续增大，涨落潮交汇处水体的破碎形态转为以"卷破"为主。卷破的水舌与落潮水流相撞，激起蘑菇状的反射水舌（如图 5.9 中 $t=t_0$ 时刻），该反射水舌在回落过程中分化为前后两叉，其中指向上游的水舌卷破后继续与落潮水流相互作用，而指向下游的水舌与后续水体融合，参与潮头内部更为复杂的紊流运动。在整个过程，强漩滚涌潮潮头自由表面高度破碎，过渡区域较长、影响水层较深，水体运动表现出强非线性，直接影响着河道泥沙的冲淤变化和涉水建筑物的安全。

5.5 涌潮潮头内部水动力学结构

为进一步研究涌潮潮头内部水动力学结构，将计算分辨率提升至 0.05 m，复演了强漩滚涌潮的工况。图 5.10(a)展示了 $t=16.5$ s 时刻潮头附近水体中的流速分布，其中越接近水流间断处，沿垂向方向的水平流速分布越不均匀，同时还可以观察到比较明显的垂向流动。利用 SPH 方法的拉格朗日特性，我们可以得到同一时刻潮头附近水质点掺混状态，如图 5.10(b)所示，进一步揭示了潮头内部水体垂向对流的动力机制：强漩滚涌潮卷破之后与落潮水流对冲并获取动能，反射水舌腾起后回落，将势能分配给前后两叉水舌，指向下游的水舌与涨潮水体融合并潜入内部，形成双漩涡结构。该结构由两个旋转方向不同的涡组成，根据水舌入水时的动能和角度，呈现不同的演变特征。有的水舌动能较小，入水方向与涨潮方向之间的角度小于或等于 90°，发育得到的双漩涡结构(如图 5.10(b)中的①、②和③)一般停留在中上层水体，随着涨潮的进行逐渐扩大，涡动能量逐渐耗散；有的水舌动能较大，入水夹角大于 90°，正好嵌入涨潮水流和落潮水流之间的过渡层，迅速潜入水体深处，其双漩涡结构(如图 5.10(b)中的④)显得小而紧凑，紊流动能密度较高。这些双漩涡结构将表层水体迅速输送至中、下层水体，并对河床产生扰动甚至显著的冲击作用，随后在漩涡回流的作用下，底层水体携带着起扬的泥沙重新回到中上层，实现了在以水平流动占主导的潮流运动中水体的垂向对流，这也是强漩滚涌潮对河床冲淤影响的主要动力来源之一。

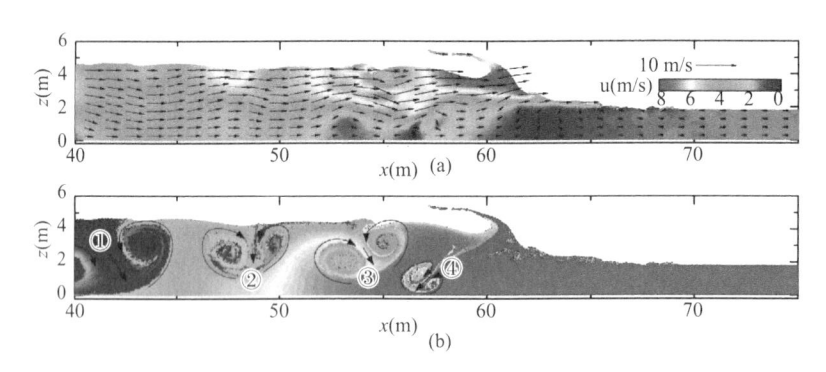

图 5.10 强漩滚涌潮潮头内部水动力学结构($t=16.5$ s)

为进一步定量研究涌潮，特别是涌潮潮头，对泥沙冲淤影响的动力机制，本书模拟了 8 种不同强度的涌潮($Fr=1.20\sim2.15$)，研究了底床切应力和断面平均涡量两个水动力参数沿涌潮传播方向的空间分布特征以及与涌潮形态之间的演变规律。其中，底床切应力与泥沙的起动直接相关，而断面平均涡量则反映了水体的对流强度，可以作为泥沙起动之后随水体对流扩散的输运强度指标。图 5.11 分别给出了波状涌潮($Fr=1.36$)、弱漩滚涌潮($Fr=1.68$)和强漩滚涌潮($Fr=2.15$)潮头附近底床切应力的分布情况。总体上来说，底床切应力在涌潮潮头到达之后逐渐增大，然后随着潮头的远离逐渐减小。波状涌潮(图 5.11-a)的最大底床切应力发生在最大波峰经过的时候，而在此之前，在落潮水流和涨潮水流发生顶冲、流速为零的区域，底床切应力出现了第二个峰值，这是其他形态涌潮所不具有的特征，可能会给波状涌潮作用下的泥沙起动带来不一样的机制。而在强漩滚涌潮(图 5.11-c)中，底床切应力并没有随着潮头的远离而迅速减小。受到水体中漩涡和双漩涡结构等的影响，底床切应力在潮头后部相当长的距离里保持了可观的强度，对泥沙起动的作用远远超过了波状涌潮。

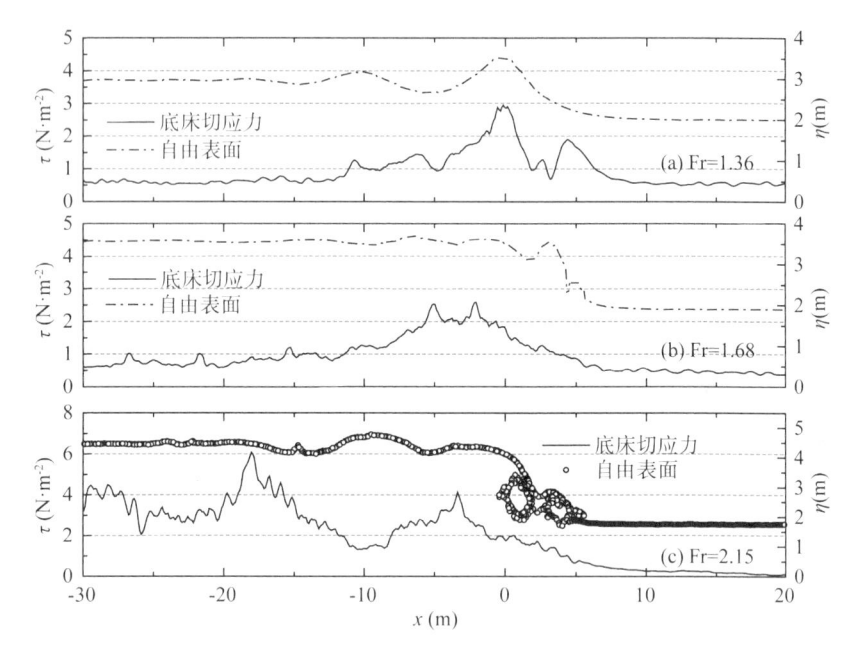

图 5.11 不同形态涌潮的底床切应力沿程分布

图 5.12 则进一步给出了不同弗劳德数下的涌潮潮头的最大和平均底床切应力。其中平均底床切应力随 Fr 的增大呈指数增长。而波状涌潮的波动幅度达到极值后出现崩

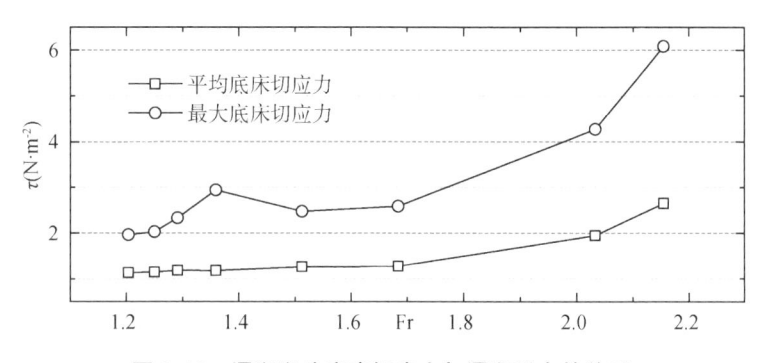

图 5.12 涌潮潮头底床切应力与涌潮形态的关系

破,导致最大底床切应力会出现一个小的回落,然后随着涌潮强度的继续增强,最大切应力又迅速增大。

类似的,图 5.13 为不同形态涌潮的断面平均涡量沿程分布,图 5.14 为涌潮涡量随涌潮强度的变化过程。其中涡量峰值均出现在涌潮最大波峰或涌潮潮头卷破附近,特别是在涌潮由波状涌潮向漩滚涌潮过渡的过程中,最大涡量会有一个明显的跃升。而潮头平均涡量的增长则与 Fr 的增大呈线性相关。考虑到底床泥沙在起动后的输移扩散主要在潮头之后的水体中进行,本章还对比了潮头经过前后断面平均涡量的变化情况,如图 5.14 中的黑色虚线所示:随着涌潮强度的增大,水体的涡量变化幅度基本呈指数上升,表明水体对泥沙的输移扩散作用也由此急速增大。另外,与底部切应力类似,漩滚涌潮在潮头经过之后的断面平均涡量能够较长时间保持在较大的量值上,进一步促进了水沙的相互作用。

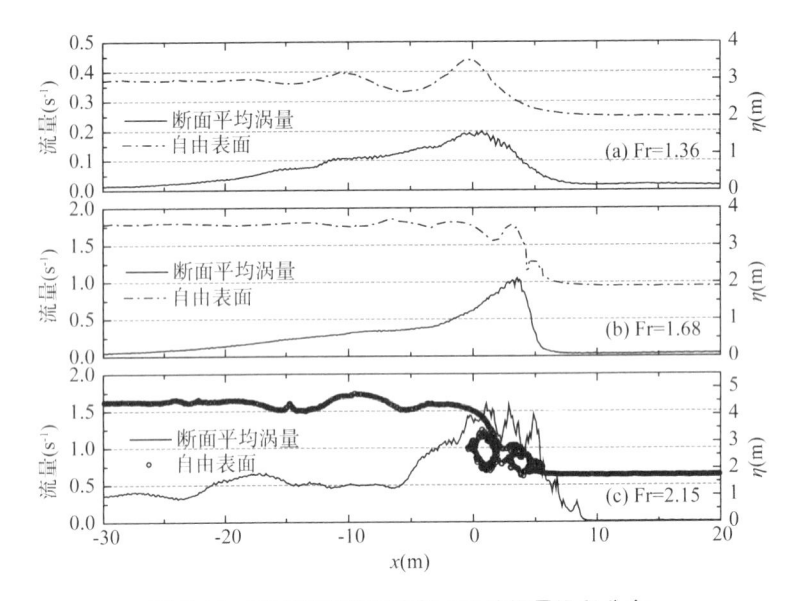

图 5.13 不同形态涌潮的断面平均涡量沿程分布

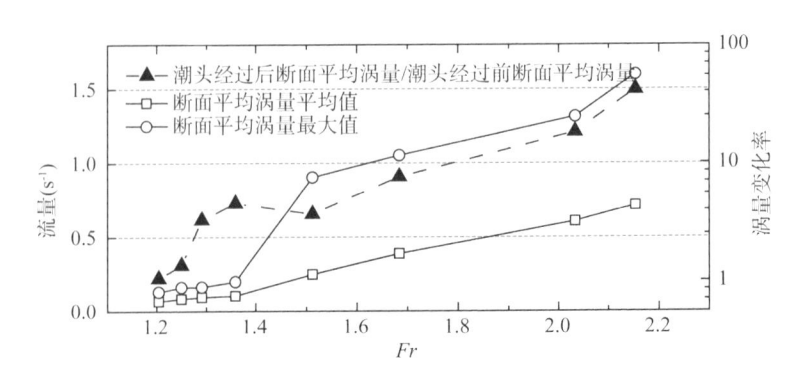

图 5.14 涌潮涡量与涌潮形态的关系

综上，通过分析底床切应力和断面平均涡量两个指标，基本可以认为随着涌潮强度的增长，潮头附近以及后续涨潮水体与底沙的相互作用强度呈指数增长。另外，波状涌潮在向漩滚涌潮转换的过程中，水沙作用强度会由于波峰的崩破而略微降低，后随潮头漩滚的加强而迅速增大。

第 6 章 波浪与防波堤相互作用

6.1 概述

波浪是河口海岸水动力环境中最主要的动力源之一,也是泥沙起动输运、污染物传输扩散的重要驱动力。波浪与海岸工程结构物的相互作用属于强非线性的流固耦合问题,长期以来基本以物理模型试验为主要研究手段。近年来,随着计算机技术和数值模拟理论的发展,数学模型已经逐渐成为另一种重要的研究方法,而 SPH 方法又以其独特的无网格、拉格朗日特性成为其中备受青睐的数值方法。本章将基于经典 SPH 水动力学模型,构造 SPH 数值波浪水槽,并结合多孔介质模型,模拟和研究波浪与防波堤的相互作用。

6.2 SPH 数值波浪水槽

在模拟波浪与海岸工程结构物相互作用时,一般是用水动力数值模型构造数值波浪水槽,通过数值技术模拟或等效实现实验室中的造波和消波过程。图 6.1 给出了两种常见的数值波浪水槽布置型式,其中图 6.1(a)中的布置通常用于波浪与接岸结构物(防波堤等)的相互作用,水槽左侧为造波装置。当模拟透空式结构物(潜堤、透空堤、浮体等)时,则还需在水槽右侧设置消波装置,防止入射波浪被水槽边壁反射回计算域,如图 6.1(b)所示。

模拟实验室中的物理造波装置进行造波是数值波浪水槽的主要造波方式,常见的有推板式造波、摇板式造波、水锤式造波等,其中推板造波主要用于生成近岸波浪,摇板造波则多用于生成深水波。还有一些学者在控制方程中添加数值源项来生成试验所需要的波浪。

实验室中一般利用波浪在长斜坡上的自然爬坡来耗散入射波的能量。为了减小斜坡段的计算耗时,数值波浪水槽通常直接采用数值方法来消波,如阻尼层(也称海绵层),通

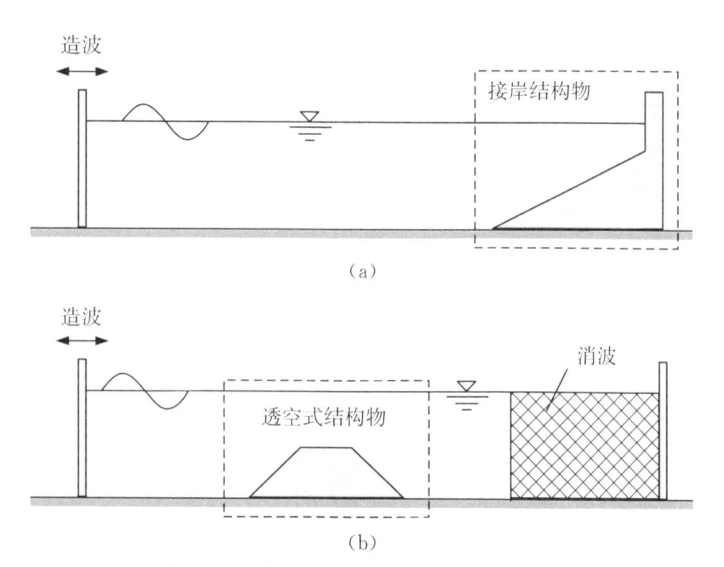

图 6.1 常见的数值波浪水槽布置型式

过设置较大的黏性系数或阻力源项,使得水体运动在较短距离内趋于静止。

入射波与水槽中结构物相互作用后,会生成反射波向造波端传播,遇到推波板形成二次反射,波浪在水槽内多次迭加、能量不断累积,将导致实际波高明显大于目标波高,对实验结果的可靠性产生严重的影响。一些数值波浪水槽通过模拟实验室中的"主动消波"技术来消除二次反射,即在推波板前设置波高仪对板前水位进行实时监测,将实测水位与目标波面高程进行对比后获得一个修正信号,线性迭加至原始造波控制信号后,推波板在生成目标波浪的同时能够生成一个与反射波振幅相同、相位相反的修正波浪,两者相互抵消,从而达到防止二次反射的目的。Shibata 等则利用傅里叶变换分析开边界上的水位变化,得到入射波的振幅和相位,通过增减开边界上的粒子并对其按波浪水质点速度进行速度修正,实现对入射波的吸收。这种方法相比阻尼消波可以减小一定的计算量,但目前仅适用于规则波消波,是否能进一步推广至不规则波甚至普遍意义的非恒定流,有待进一步研究。

本节以推波板造波和阻尼消波为例,对传统 SPH 数值波浪水槽的造波和消波方法进行介绍,然后基于 SPH 开边界技术提出一种新型的造波和消波方法。

6.2.1 传统 SPH 数值波浪水槽的造波和消波方法

6.2.1.1 推波板造波

1) 孤立波造波

Boussinesq 基于无粘不可压假设提出了描述孤立波波形的解析方法,其波面 $\eta(t)$ 的一阶 Boussinesq 解为:

$$\eta(t) = H\text{sech}^2(X) \tag{6.1}$$

式中,H 为孤立波波高,$X = \sqrt{\dfrac{3H}{4d^3}}(x - Ct)$,$d$ 为水深,C 为波速,按式(6.2)计算:

$$C = \sqrt{g(H+d)} \tag{6.2}$$

肖波根据上述解析式,推导得到了实验室水槽中造波机造孤立波的控制信号,其中推波板位移 ξ 和冲程 S 分别为:

$$\xi = \sqrt{\frac{4H}{3d}}d\tanh\left[\sqrt{\frac{3H}{4d^3}}(Ct-\xi)\right] \tag{6.3}$$

$$S = \sqrt{\frac{16H}{3d}}d \tag{6.4}$$

孤立波的理论波长和周期是无穷大,当 $t \to \infty$ 时,推波板的速度收敛于零。实际造波中推波板的运动一般只持续有限时间,令

$$\tanh\left[\sqrt{\frac{3H}{4d^3}}\left(C\frac{T}{2} - \frac{S}{2}\right)\right] = 0.999 \tag{6.5}$$

由此可以解得推波板实际运动时长 T:

$$T = \frac{2d}{C}\sqrt{\frac{4d}{3H}}\left(3.8 + \frac{H}{d}\right) \tag{6.6}$$

推波板从 $t=0$ 时刻从静止状态开始运动,设计算时间步长为 Δt, t 时刻推波板坐标为 $\xi(t)$,则 $t+\Delta t$ 时刻推波板坐标为:

$$\xi(t+\Delta t) = \sqrt{\frac{4H}{3d}}d\tanh\left[\sqrt{\frac{3H}{4d^3}}(C(t+\Delta t)-\xi(t))\right] \tag{6.7}$$

图 6.2 给出了孤立波在平底水槽中传播的验证测试,其中水槽水深 0.4 m,由初始位

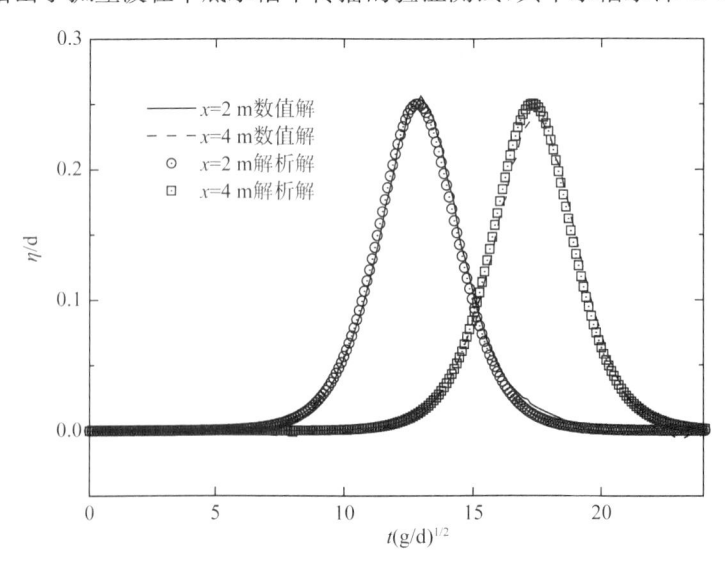

图 6.2 推波板造孤立波验证测试

置在原点处的推波板生成 0.1 m 高的孤立波,监测 $x=2$ m 和 $x=4$ m 断面上的水面高程变化,并与孤立波解析解进行对比。从图中可以看出不同断面处的数值解与解析解均非常吻合,孤立波经过之后,水面迅速恢复平静,表明本书的 SPH 数值波浪水槽能够生成符合要求的孤立波。

2) 规则波造波

根据线性造波理论,对于平衡位置在原点,冲程为 S,圆频率为 ω 的活塞式造波机,其推波板作简谐运动的速度 $U(t)$ 为:

$$U(t) = \frac{S\omega}{2}\cos(\omega t) \tag{6.8}$$

在水深为 d 的水槽中,距推波板 x 处的波面 η 为:

$$\eta = \frac{S}{2}\left[\frac{4\sinh^2 kd}{2kd + \sinh 2kd}\cos(kx - \omega t) + \sum_{n=1}^{\infty}\frac{4\sin^2\mu_n d}{2\mu_n d + \sin 2\mu_n d}\mathrm{e}^{-\mu_n x}\sin(\omega t)\right] \tag{6.9}$$

式中,波数 k 满足方程:

$$kg\tanh kd - \omega^2 = 0 \tag{6.10}$$

而 μ_n 为下面方程的第 n 个根:

$$\mu_n g\tan\mu_n d + \omega^2 = 0 \tag{6.11}$$

式(6.9)中括号内第二项为推波板生成的驻波,离开推波板一定距离后很快衰减,第一项则为推波板生成的波数为 k、圆频率为 ω 的行进波。令式(6.9)中 $x=0$,则推波板前的波面为:

$$\eta = \frac{W^\sharp}{\omega}U(t) + \frac{L}{\omega}U\left(t - \frac{T}{4}\right) \tag{6.12}$$

$$W^\sharp = \frac{4\sinh^2 kd}{2kd + \sinh 2kd} \tag{6.13}$$

$$L = \sum_{n=1}^{\infty}\frac{4\sin^2\mu_n d}{2\mu_n d + \sin 2\mu_n d} \tag{6.14}$$

式中:$W^\sharp$ 称为水力传递函数,L 表示与衰减驻波相关的非线性项。

若造波机生成目标波面 η_p 时推波板的运动速度为 U_0,并忽略非线性驻波,则有

$$U_0(t) = \frac{\omega}{W^\sharp}\eta_p \tag{6.15}$$

对于波高为 H、圆频率为 ω 的规则波,一般取目标波面为:

$$\eta_p = \frac{H}{2}\cos(\omega t) \tag{6.16}$$

推波板一个时间步长内的水平位移为：

$$\Delta x = U_0 \Delta t \tag{6.17}$$

为防止水槽中结构物的反射波在推波板前形成二次反射，可以根据推波板前的波面变化对推波板运动控制信号进行实时修正，使得推波板在正常造波的同时，迭加一个与反射波相位相同、振幅相反的修正扰动，从而达到消除二次反射的目的。高睿根据实验室水槽造波机主动消波原理，给出了数值波浪水槽中可吸收式推波板的运动速度表达式：

$$U_0(t) = \frac{\omega}{W^=}(2\eta_p - \eta_m) \tag{6.18}$$

式中，η_p 和 η_m 分别为目标波面和推波板前的波面。

本书对上述规则波主动消波算法进行了简单测试。测试所用的平底水槽长等于两倍波长，水槽左侧由推波板造规则波，右侧为直立墙。图 6.3(a) 和图 6.3(b) 分别给出了直立墙前的波面变化和推波板的位移变化。在未开启主动消波功能时，波浪能量在直立墙与推波板之间来回振荡，使得直立墙前的波浪明显大于预期值；开启主动消波之后，推波板在侦测到来自直立墙的反射后减小了运动幅度，使得直立墙前的波面振幅维持在两倍入射波高，符合驻波的运动特性。需要指出的是，启用主动消波后的推波板运动对板前的水位变化比较敏感，其振荡中心在运动过程中可能会逐渐发生偏移。这种偏移受多种因素影响，偏移的方向和幅度很难事先预知。

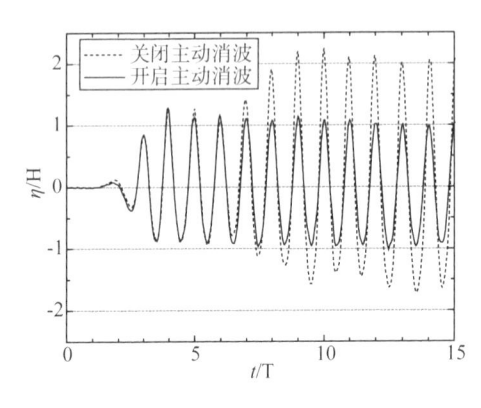

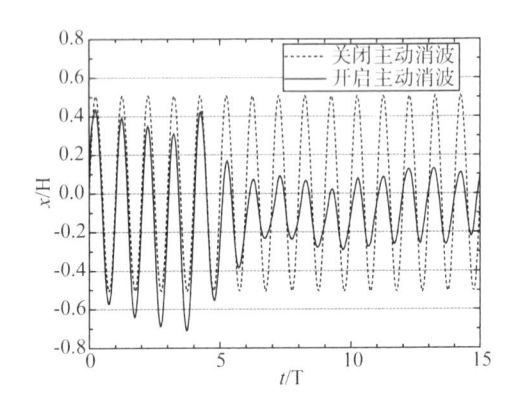

(a) 直立墙前的波面变化

(b) 推波板的位移变化

图 6.3 规则波主动消波测试

事实上，在实验室中也经常遇到类似的情况。由于推波板振荡中心的偏移距离与实验室水槽长度之比很小，由此引起的水槽平均水位变化可以忽略不计，所以振荡中心偏移过大时至多导致推波板超出造波机最大冲程，造成试验中断，但对中断前生成波浪精度没有影响。然而在数值波浪水槽中，为了尽量减小计算量、提高计算效率，水槽的长度被缩短至数倍波长，此时振荡中心最大偏移与水槽长度之比很容易达到 5%，甚至 10% 以上，这也就意味着水槽中的平均水深出现了 10% 左右的偏差，对波浪生成、越浪量测量以及建筑物受力模拟产生不利影响。

3) 不规则波造波

将不规则波视为足够多个规则波的线性迭加,则推波板的运动信号可由对应规则波的信号迭加得到:

$$U_0(t) = \sum_{i=1}^{N} \frac{\omega_i}{W_i^=} a_i \cos(\omega_i t + \varphi_i) \tag{6.19}$$

式中,ω_i、$W_i^=$、a_i、φ_i 分别为第 i 个组成波的圆频率、水力传递函数、振幅和随机相位。$W_i^=$ 按式(6.13)计算,振幅 a_i 可根据规则波能量与振幅的关系推得:

$$a_i = \sqrt{2S(f_i)\Delta f} \tag{6.20}$$

式中:$S(f_i)$ 为不规则波的能量密度函数;Δf 为波谱频率分割宽度,本书采用合田良实推荐的改进型 JONSWAP 谱,

$$S(f) = \beta_J H_{1/3}^2 T_p^{-1} f^{-5} \exp[-1.25(T_p f)^{-1}] \gamma^{\exp[-(T_p f - 1)^2/2\sigma^2]} \tag{6.21}$$

式中:$\beta_J = \dfrac{0.062\,4}{0.230 + 0.033\,6\gamma - 0.185(1.9+\gamma)^{-1}}[1.094 - 0.019\,15\ln\gamma]$;谱峰升高因子 $\gamma = 1 \sim 7$,取均值 3.3;谱峰频率 $T_p \approx \overline{T}/[1 - 0.532(\gamma + 2.5)^{-0.569}]$;$H_{1/3}$ 为有效波高;峰形参数 $\sigma = \begin{cases} \sigma_a = 0.07: f < f_p \\ \sigma_b = 0.09: f \geqslant f_p \end{cases}$。

与规则波造波一样,推波板一个时间步长的水平位移按式(6.17)计算。

模拟不规则波与结构物相互作用的算例时长往往要明显大于规则波的情况,推波板前的二次反射也更加强烈。在有限长的数值波浪水槽中,如不开启主动消波功能,水槽中的实际波高会偏大很多。类比规则波的主动消波原理,不规则波可吸收式造波的推波板运动速度表达式有:

$$\begin{aligned} U_0(t) &= \sum_{i=1}^{N} \frac{\omega_i}{W_i^=}(2\eta_{pi} - \eta_{mi}) \\ &= 2\sum_{i=1}^{N} \frac{\omega_i}{W_i^=}\eta_{pi} - \sum_{i=1}^{N} \frac{\omega_i}{W_i^=}\eta_{mi} \end{aligned} \tag{6.22}$$

式中等号右侧第一项中各组成波的目标波面高程 η_{pi} 可按不规则波造波原理得到:

$$\eta_{pi} = \sqrt{2S(f_i)\Delta f}\cos(\omega_i t + \varphi_i) \tag{6.23}$$

式(6.22)等号右侧第二项中各组成波的实测波面高程 η_{mi} 无法得到,所能测得的推波板前水面高程是各组分的代数和 $\sum_{i=1}^{N}\eta_{mi}$,另外 ω_i 和 $W_i^=$ 也无法单独测量得到。Hirakuchi 等提出常数代替法,用介于 $\min(\omega_i/W_i^=)$ 和 $\max(\omega_i/W_i^=)$ 之间的一个常数代替 $\omega_i/W_i^=$。本书采用谱峰频率对应的组成波参数 $\omega_{fp}/W_{fp}^=$ 来代替 $\omega_i/W_i^=$,则式(6.22)可以进一步写为:

$$U_0(t) = 2\sum_{i=1}^{N} \frac{\omega_i}{W_i^{\sharp}}\eta_{pi} - \frac{\omega_{f_p}}{W_{f_p}^{\sharp}}\eta_m \tag{6.24}$$

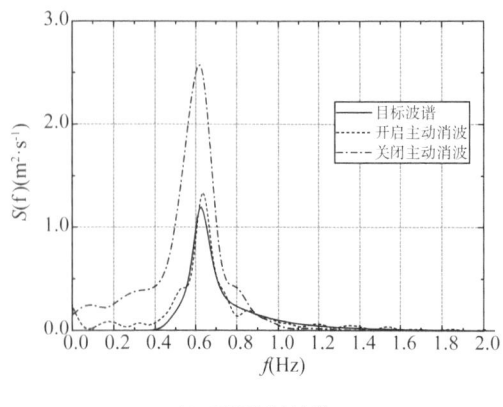

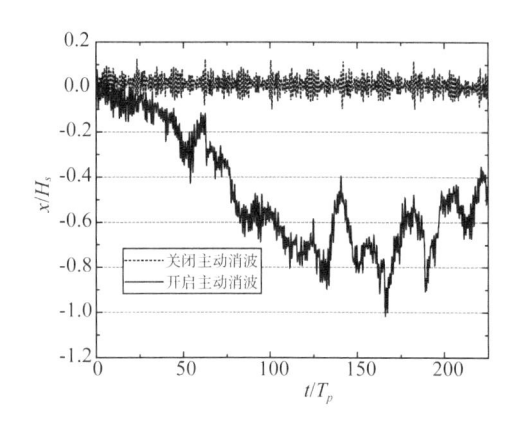

(a) 不规则波波谱

(b) 推波板的位移变化

图 6.4　不规则波主动消波测试

本书在 0.4 m 深的平底水槽中对上述不规则波主动消波算法进行了测试，目标不规则波谱峰周期 $T_p = 1.6$ s，有效波高 $H_s = 0.06$ m。图 6.4(a)对比了开启主动消波前后水槽中入射波浪的波谱谱形。在未启用主动消波时，实测谱中的波浪能量要明显大于目标谱；开启主动消波后，实测谱中的波浪能量与目标谱基本吻合。与上文中所提的类似，开启主动消波后的推波板振荡中心在造不规则波时会逐渐偏离初始位置，且偏离的方向和幅度受多种因素影响，没有明显的规律可循，如图 6.4(b)所示。

倪兴也等采用上述算法建立了可吸收式造波的 SPH 数值波浪水槽，并测试推波板对反射波的吸收率。测试采用了多种不同周期和水深的组合，基本涵盖了实验室水槽试验中常见的规则波和不规则波参数。测试结果表面，主动式消波对反射波的吸收率整体可达到 70% 以上，个别组次甚至超过了 90%，但对于短周期波浪，其吸收率不到 30%。这种长周期波浪吸收率大于短周期波浪吸收率的现象在其他研究消除二次反射的文献中均有所提到，其原因在于生成短周期波浪需要推波板进行高频率、小振幅的往复运动，此时往往来不及通过推波板的运动来修正实际波面，使得修正结果有所滞后。

6.2.1.2　阻尼消波

传统网格数值模式中一般采用增大数值黏性的方法实现阻尼消波，Molteni 等、高睿采用在 SPH 动量方程中添加速度源项的方法耗散粒子在阻尼层中的动能。本书提出一种强制修改阻尼消波层中粒子加速度来实现迅速耗散波浪能量的方法。假设由控制方程求得的粒子加速度大小为 a_a，修正后的加速度 a_i 按式(6.25)得到。阻尼层中的加权函数 C_a 为 1/4cos 型函数，可使粒子加速度的衰减过程有一个平滑的过渡，避免波浪在阻尼层交界面处发生反射，如图 6.5 所示，其中横坐标表示粒子距阻尼层交界面距离 x 与阻尼层长度 D 之比。

第 6 章 波浪与防波堤相互作用

$$a_i = \begin{cases} C_a a_{ci} & \boldsymbol{a}_x \cdot \boldsymbol{u}_i > 0 \\ a_{ci} & \boldsymbol{a}_x \cdot \boldsymbol{u}_i \leqslant 0 \end{cases} \quad (6.25)$$

图 6.6 对比了不同阻尼层的消波性能,其中的实线为采用增大粘滞系数方法的传统阻尼层中相对波高的衰减过程。传统阻尼层长度取为 4 倍波长,横坐标表示测点至阻尼层交界面距离 x 与波长 L 之比,纵坐标表示测点处的相对波高,测试波浪周期 $T=1.5$ s,水深 $d=0.5$ m,波长 $L=2.827$ m。从图中可以看出,传统阻尼层内的波高基本呈线性衰减,4 倍波长的消波长度勉强将入射波高消减至 0。若采用更大的粘滞系数,阻尼层内极易出现粒子异常,影响计算稳定性。图 6.6 中的其他三条曲线表示采用强制修正粒子加速度方法的阻尼层,其长度分别为 1 倍、2 倍和 4 倍波长。相比之下,本书的阻尼层能够在 1 个波长长度内将入射波完全吸收,有助于缩短计算域长度,提高数值模拟效率。

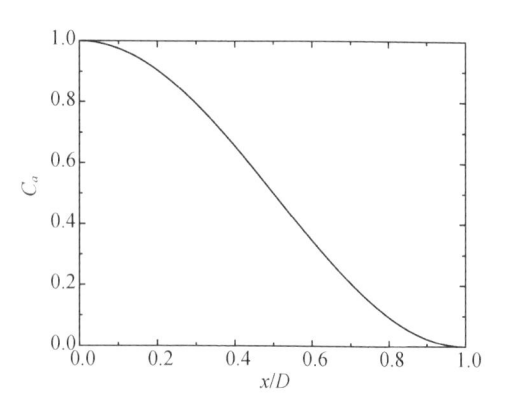

图 6.5 阻尼消波粒子加速度修正权函数

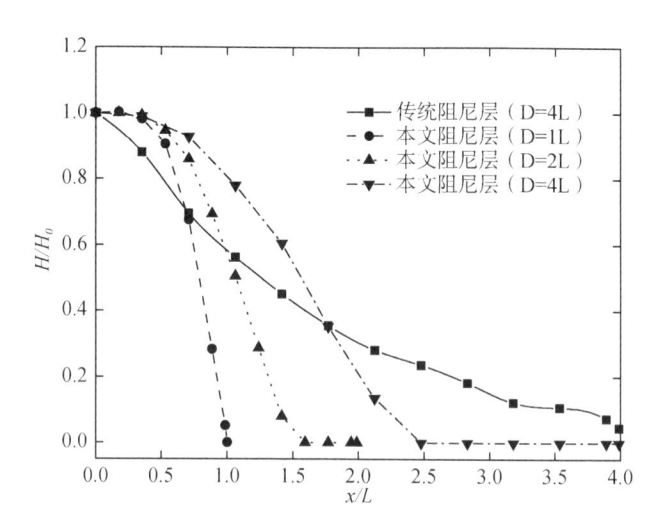

图 6.6 不同阻尼层消波性能对比

为进一步确定合适的阻尼层长度,本书分别选取了三种长度的阻尼层($D=3$ m,2 m,1 m)与无限长水槽(计算时用足够长的水槽来模拟)进行了对比,波高测点布置在消波层的左边界处,测试波浪要素与图 6.6 中的试验保持一致。图 6.7(a)和图 6.7(b)显示,在同样的波浪条件下,阻尼层相对长度大于 0.7 时,消浪效果是非常理想的,其波面变化过程与无限长水槽吻合良好;当 D/L 取到 0.35 时[图 6.7(c)],波浪穿越阻尼层后经水槽最右端直墙反射,形成驻波,使得波面变化过程与无限长水槽存在一定偏差。一般来说,阻尼层长度取 2/3~1 倍的波长即可有效吸收入射波浪。

(a)   (b)   (c)

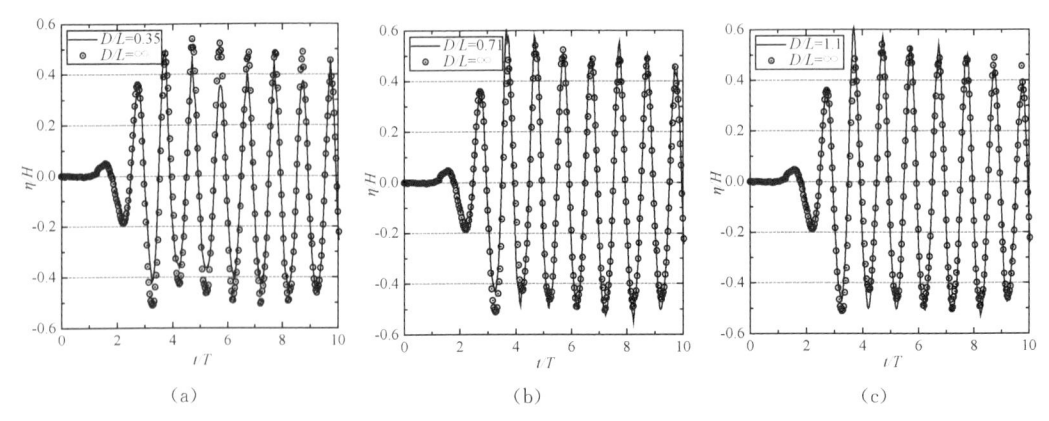

图 6.7   阻尼层相对长度对消浪性能的影响

6.2.2   基于开边界的新型造波和消波方法

本节基于 SPH 开边界技术提出一种新型的造波和消波方法,并与数值波浪水槽中传统的造波和消波方法进行对比。

图 6.8 给出了新型数值"波流"水槽的示意图。其中,水槽两段的开边界可以根据需要自定义为"源"或"汇"。针对 SPH 方法的拉格朗日特性,这种"源/汇"同时具有质量属性和速度属性,分别通过增删开边界粒子和更新开边界粒子速度实现。由此,不仅能根据外部信号在开边界处形成指定的水面波动(入射波浪),还能叠加输入指定的水流条件(入流),构造得到一个传统推波板造波和阻尼消波无法实现的数值波流水槽。

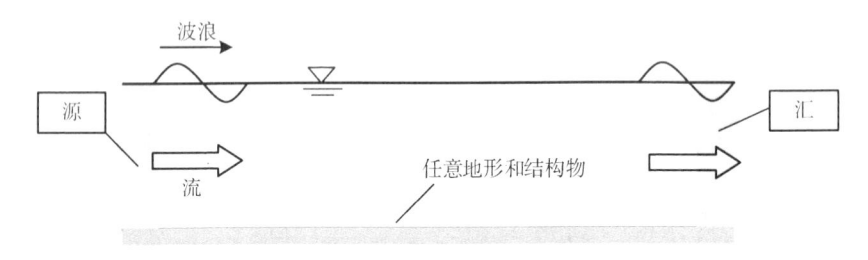

图 6.8   新型数值波流水槽示意图

6.2.2.1   开边界造波

1) 孤立波造波

对于孤立波造波,开边界上的自由水面波动 η 和粒子 (x, z) 的速度 (u, w) 按一阶解给定:

$$\eta = H \mathrm{sech}^2(X) \tag{6.26}$$

$$u = \sqrt{gd}\,\frac{H}{d}\mathrm{sech}^2(X) \tag{6.27}$$

$$w = \sqrt{3gh}\left(1+\frac{z}{d}\right)\left(\frac{H}{d}\right)^{\frac{3}{2}} \mathrm{sech}^2(X)\tanh(X) \tag{6.28}$$

式中：H 和 d 分别表示孤立波波高和水深；为了使孤立波从静止水槽左侧开边界逐渐传入，取 $X = \sqrt{\dfrac{3H}{4d^3}}(x - C(t-T))$，孤立波波速 C 按式(6.2)计算，开边界实际工作时长 T 由式(6.3)计算。

图 6.9 对比了传统推波板造孤立波和开边界造孤立波两种造波方法，其中垂向二维水槽水深 0.4 m，孤立波波高 0.1 m，计算分辨率 0.01 m，图 6.9(a)至图 6.9(f)分别表示 0.0 s、1.4 s、1.8 s、2.2 s、2.6 s 和 3.0 s 时刻的流场流速分布图，每幅图上部为推波板造波，下部为开边界造波。通过对比可以看出，开边界造波方法能够生成与推波板法流场相同、波面同步的水体运动：孤立波前方的水质点向波形传递方向斜上方运动、后方的水质点向斜下方运动，越接近孤立波波峰的水质点速度越大；在孤立波经过前后，水体完成一个向波形运动方向的整体物质输移。从本质上讲，推波板造波只能给水体提供速度源（汇），而无法提供质量源（汇）。这种方法的伪质量源（汇）实际上来自于推波板向前运动推挤水体（向后运动引导水体回退），开边界造波则能够实现真实的质量输入与输出，图 6.9 中水槽左侧虚线框中的水体部分即等价于同时刻推波板向右侧运动所排开的水体质量。$t = 3.0$ s 时，孤立波的波峰主体已经离开造波区域，推波板或开边界中的粒子速度均已为零，在开边界造波源附近可以观察到一个小范围逆时针旋转的水体涡旋。这是由于孤立波造波源提供了垂向的粒子速度，在孤立波离开之后，其尾迹与趋于静止的造波源之间会自发形成小尺度的扰动，对孤立波运动的影响可以忽略。

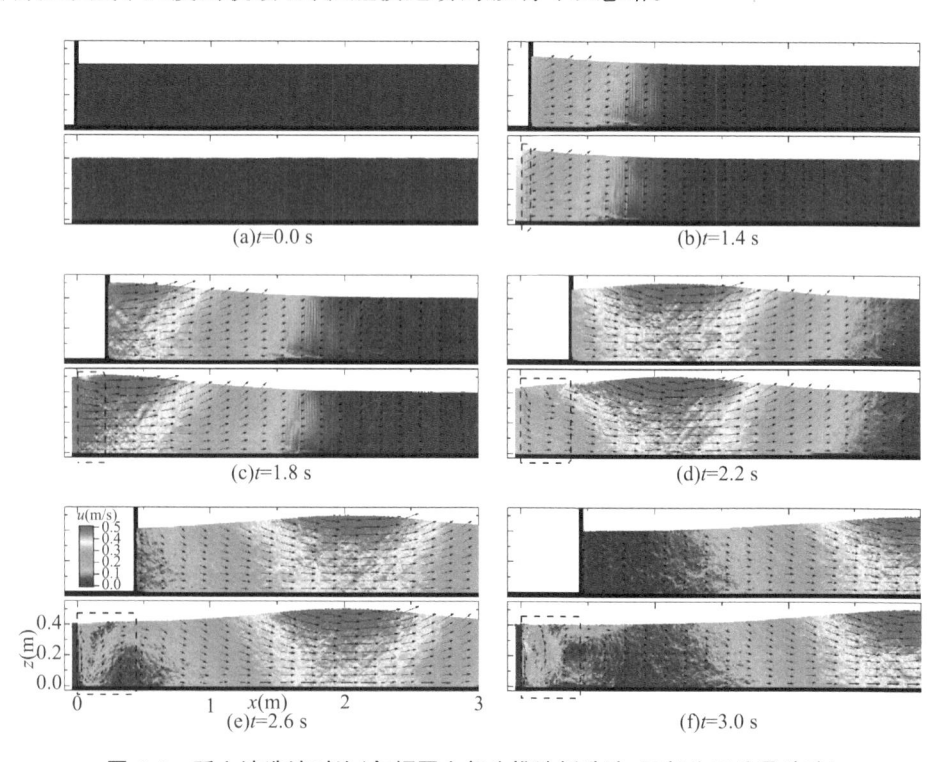

图 6.9 孤立波造波对比（每幅图上部为推波板造波，下部为开边界造波）

2) 规则波造波

规则波造波时，一种简单的思路是将规则波的解析解直接赋值给开边界上的自由水面波动 η 和粒子 (x,z) 的速度 (u,w)。对于相对波高较小的线性波，可采用微幅波解析解作为输入信号：

$$\eta = \frac{H}{2}\cos(kx - \omega t) \tag{6.29}$$

$$u = \frac{H\omega}{2}\frac{\cosh k(z+d)}{\sinh kd}\cos(kx - \omega t) \tag{6.30}$$

$$w = \frac{H\omega}{2}\frac{\sinh k(z+d)}{\sinh kd}\sin(kx - \omega t) \tag{6.31}$$

式中：d、H、k 和 ω 分别表示水深、规则波的波高、波数和圆频率。

当相对波高增大后，波浪的非线性逐渐增强，微幅波解析解无法继续准确描述波浪运动。分别采用微幅波解析解和二阶 Stokes 波解析解作为输入信号，考察输入信号阶数对生成波浪特性的影响。测试在足够长的平底水槽中进行，目标规则波的波高水深比达 $H/d=0.5$，具有较强的非线性。图 6.10(a)给出了离开边界造波源不远处监测点得到的波面变化历时曲线，从中可以看出采用二阶信号的规则波明显呈现出波峰尖陡、波谷平坦的非线性特性，而采用一阶信号的规则波波形基本与输入信号的变化趋势一致。当波浪传播至距造波源一倍波长处[图 6.10(b)]，采用不同阶数信号的两条规则波波面变化历时曲线几乎完全重叠在一起，表明由一阶 Stokes 信号驱动的规则波能在较短的距离内迅速自动调整波面外形，呈现出与当地水动力条件相适应的非线性特性。这是因为采用了

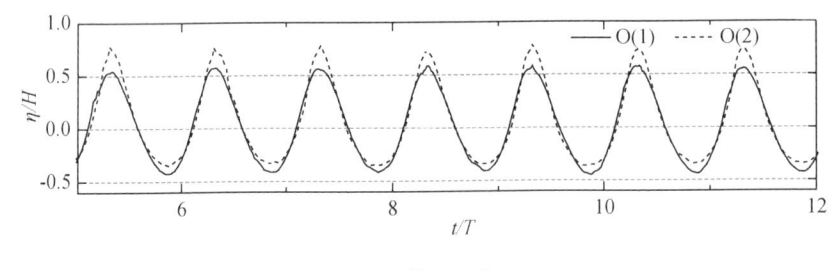

(a) $x/L=0.07$

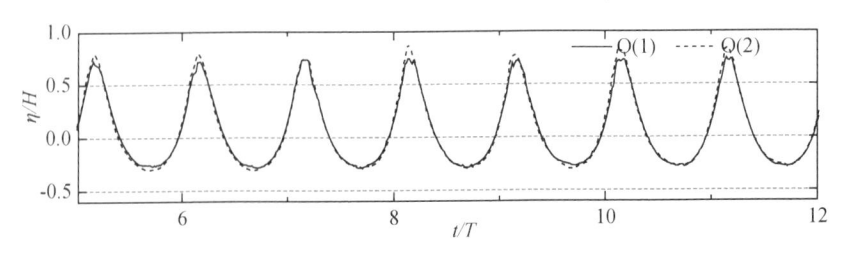

(b) $x/L=1.00$

图 6.10 规则波输入信号阶数测试

完全型式的 NS 方程作为控制方程,整个系统具有天然的完全非线性;在具有相同幅度(波高)和频率(波周期)的强迫力作用下,系统对强迫力信号阶数的敏感性较低,输入的波动在经过自适应调整后将迅速呈现出对应的高阶非线性(不局限于二阶)特性。另外,还考虑到一阶信号与二阶信号在计算量上的差别,可以认为微幅波解析解即能够满足正常造波需要。

对于采用了由 NS 方程推导得到的简化方程(缓坡方程、带非线性项的浅水方程等)的水动力学模式,系统对输入造波信号阶数的敏感性会相对较高,此时宜根据目标波浪参数选取合适的输入信号。

除了上述将规则波解析解直接作为造波信号的方法,还可以借鉴推波板线性造波原理,尝试使用下面一组造波信号:

$$\eta = \frac{H}{2}\cos(kx - \omega t) \tag{6.32}$$

$$u = \frac{\omega}{W^z}\eta \tag{6.33}$$

$$w = 0 \tag{6.34}$$

$$W^z = \frac{4\sinh^2 kd}{2kd + \sinh 2kd} \tag{6.35}$$

实际测试后发现,式(6.32)至式(6.35)与式(6.29)至式(6.31)能生成几乎完全相同的规则波。本书所用的开边界技术最早被应用于 SWESPH 等平面二维水动力模式,水质点垂向速度为零是其基本假设之一。所以直接采用规则波解析解给开边界内流体粒子赋予垂向速度,会在一定程度上影响造波源附近粒子分布的规整度,进而影响造波的稳定性和精确性。而推波板造波理论中推波板的运动方向为水平方向,不存在垂向速度分量,与 SPH 开边界技术的基本假设更为一致,故推荐使用式(6.32)至式(6.35)作为开边界造规则波的控制信号。

与推波板造波一样,开边界造波也应考虑水槽中结构物反射波的影响。作为一种纯数值造波源,开边界对波浪的反射率不像固壁推波板那么高,但二次反射现象依旧比较明显,如果处理不当,不仅会造成水槽内波能逐渐累加,而且会给开边界附近的粒子增减计算造成困难,严重时直接导致程序崩溃。

本书选用 FOBC 开边界来构造可吸收式的开边界,以将反射波透过造波源传出系统,其中开边界上的水深 d_B 和流速 (u, w) 有:

$$d_B = d^{\text{ext}} + \eta^{\text{ext}} \tag{6.36}$$

$$u = u^{\text{ext}} \pm \frac{c}{d_B}(\eta - \eta^{\text{ext}}) \tag{6.37}$$

$$w = 0 \tag{6.38}$$

式中：η 表示开边界附近的水面波动；d^{ext} 表示外部输入水流的水深信号，对于平均水深不变的水流以及纯波浪入射的情况，即为平均水深 d；η^{ext} 表示外部输入的水面波动信号，对于规则波造波，采用微幅波解析解[即式（6.32）]计算；u^{ext} 表示外部输入的流速信息，由水流流速 $u_{\text{flow}}^{\text{ext}}$ 和波动速度 $u_{\text{wave}}^{\text{ext}}$ 线性叠加得到：

$$u^{\text{ext}} = u_{\text{flow}}^{\text{ext}} + u_{\text{wave}}^{\text{ext}} \tag{6.39}$$

对于纯规则波入射的情况，水流流速 $u_{\text{flow}}^{\text{ext}}$ 取零，波动速度 $u_{\text{wave}}^{\text{ext}}$ 按式（6.33）计算。波动相速度 c 应按实际情况来确定，对于纯规则波入射，可根据已知参数计算波速；对于具体参数未知的波动，由于 FOBC 对相速度的取值不太敏感，所以可以用浅水波速 $\sqrt{gd_B}$ 来代替。而对于波流共存的情况，波动相速度还应考虑水流带来的多普勒效应。

FOBC 要求开边界中水平流速在垂向上均匀分布，如果将规则波解析解直接赋值给开边界内流体粒子，将很难在此基础上实现无反射造波功能，所以这也是本书放弃式（6.32）至式（6.35）而选择式（6.29）至式（6.31）作为规则波造波信号的原因之一。

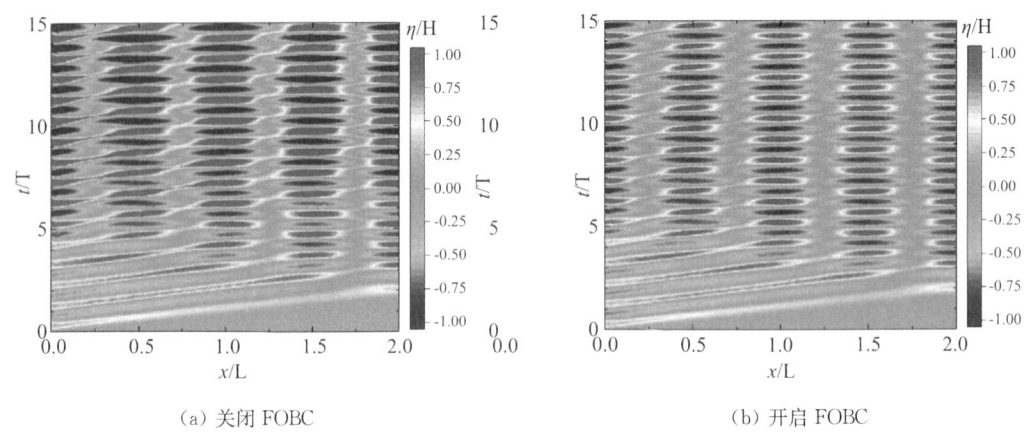

(a) 关闭 FOBC　　(b) 开启 FOBC

图 6.11　无反射开边界造规则波测试中波面变化

采用和 6.2.1.1 节中推波板主动消波测试中一样的入射波浪和水槽条件，对无反射开边界造规则波方法进行测试。图 6.11 对比了使用 FOBC 方法对水槽内波面变化的影响。很明显，仅采用常规开边界造规则波[图 6.11(a)]会将来自于右侧直墙的反射波约束在水槽内部，形成的驻波波高越来越大；在采用 FOBC 无反射开边界之后，造波源能在输入规则波信号的同时把反射波透射出系统，从而将水槽内的驻波波高维持在预期高度上。

图 6.12(a)给出了两种情况下直墙前驻波的波面变化，进一步验证了上文所描述的现象。图 6.12(b)则给出了开边界上的流速变化过程。与推波板的主动消波类似，当反射波抵达造波源后，FOBC 机制自动对开边界内粒子速度进行了调整，其综合作用效果等价于将反射波透射出系统之外。开边界的空间位置始终保持不变，不像推波板启用主动消波后推波板振荡中心会发生偏移，另外开边界附近水位由外部输入信号决定，所以采用开边界造波时无需担心平均水位发生异常变化。

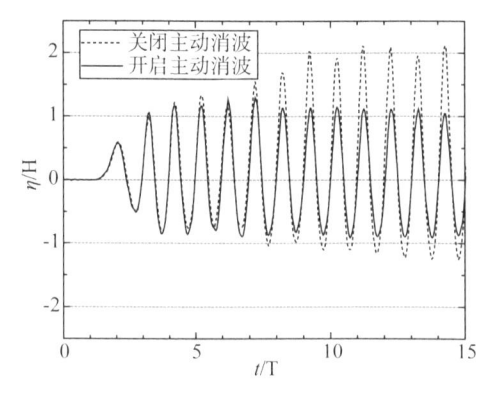

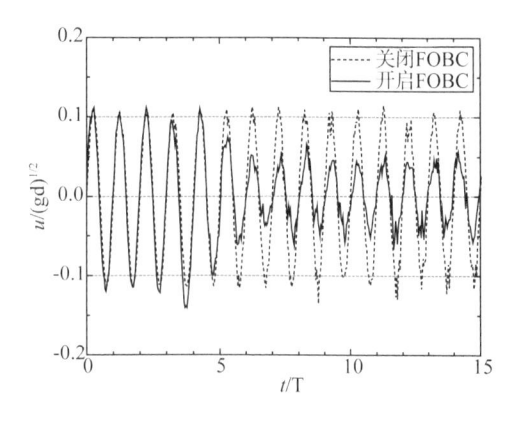

(a) 直立墙前的波面变化

(b) 开边界上的流速变化

图 6.12　无反射开边界造规则波测试

3) 不规则波造波

与推波板造不规则波类似,开边界造不规则波的控制信号可由分割波谱法得到:

$$\eta = \sum_{i=1}^{N} a_i \cos(\omega_i t + \varphi_i) \tag{6.40}$$

$$u = \sum_{i=1}^{N} \frac{\omega_i}{W_i^{\#}} a_i \cos(\omega_i t + \varphi_i) \tag{6.41}$$

$$w = 0 \tag{6.42}$$

式中:ω_i、$W_i^{\#}$、a_i、φ_i 分别为第 i 个组成波的圆频率、水力传递函数、振幅和随机相位,参数的具体计算方法与推波板造不规则波完全相同,本书在此不再赘述。由于不规则波水体中的水质点运动速度难以得到合适的解析解,进而无法通过直接赋值方法给定开边界控制信号,这也是本书采用推波板造波信号作为开边界输入信号的第三个原因。

对于无反射开边界造不规则波的情况,式(6.36)至式(6.38)同样可以适用,只需使用式(6.40)至式(6.42)中的波面与流速作为输入信号使用即可。不规则波反射波的相速度计算比较繁琐,需要对入射波和反射波进行实时分离,然后计算得到精确的反射波相速度值。考虑到 FOBC 对相速度的取值不太敏感,本书采用浅水波速 $\sqrt{gd_B}$ 来代替,亦能满足正常的造波和透射反射波的需要。

6.2.2.2　开边界消波

1) 常规开边界消波

无反射 SPH 开边界技术除了能用来实现无反射造波外,还可以用来构造消波边界。对于无外部信号输入的被动开边界,其流体粒子垂向速度取为零,法向速度 $u_{B,n}$ 根据 FOBC 有:

$$u_{B,n} = u^{\text{ext}} \pm \frac{c}{\sqrt{d_I}}(d_I - d^{\text{ext}}) \tag{6.43}$$

式中：纯波浪条件下的外部速度输入信号 u^{ext} 取为零；外部水深输入信号 d^{ext} 一般取平均水深；d_I 为开边界附近流体水深；扰动相速度 c 可根据实际情况选取，比如孤立波波速宜按式（6.2）计算，规则波波速根据已知参数按微幅波理论计算，不规则波波速则可用浅水波速替代，当波浪与水流同时存在时，扰动相速度还应在波动相速度基础上线性叠加水流的流速。

在 FOBC 中，开边界上的水深一般直接取为外部输入的水深信号。为提高开边界上水深与开边界内部水深的连续性，建议根据辐射方程计算出流开边界上的水深值：

$$d_B^{k+1} = d_B^k \mp \frac{c\Delta t}{\Delta x}(d_B^k - d_I^k) \tag{6.44}$$

式中：d_B^k 和 d_B^{k+1} 分别表示开边界在第 k 和 $k+1$ 时间步的水深；d_I^k 表示开边界附近流体内部插值点在第 k 步的水深；Δt 表示时间步长；Δx 表示开边界水深计算点 B 至流体内部插值点 I 的距离；扰动相速度 c 计算方法与式（6.43）一致。

图 6.13 显示了孤立波通过开边界向计算域外传播的全过程，相关计算参数与图 6.9

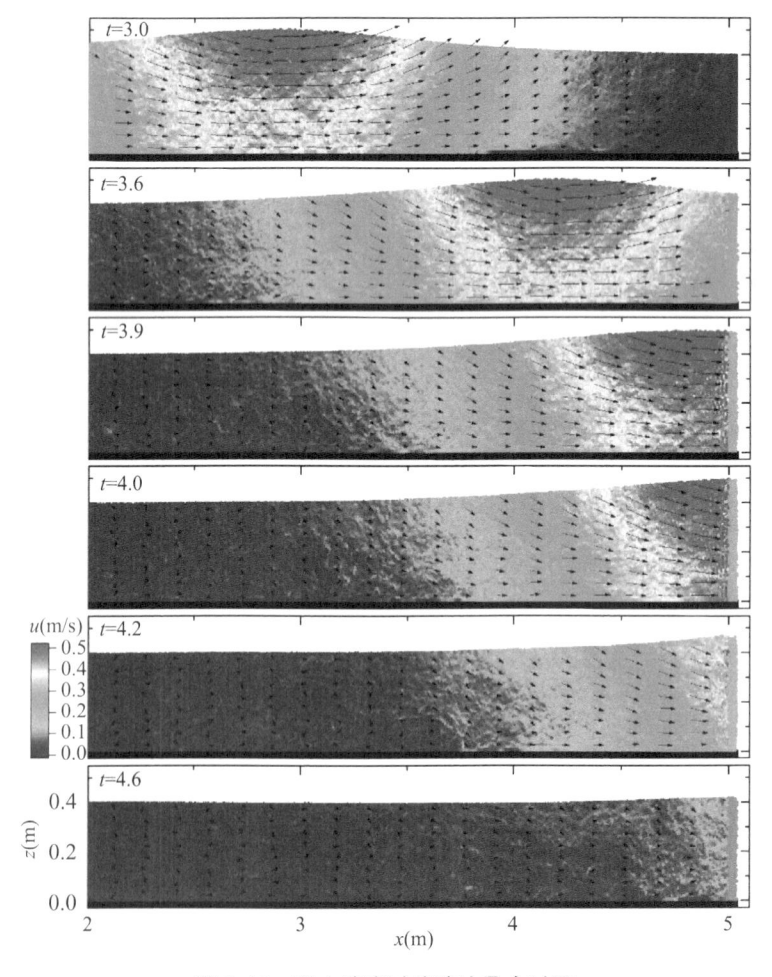

图 6.13 孤立波穿过消波边界全过程

孤立波造波测试相同,消波边界位于 $x=5.0$ m 处。从图中可以看出,孤立波在穿透消波边界的过程中,波面外轮廓顺畅地向右侧移动,水体动能也随着水质点的向外运动而逐渐降低,没有观察到反射现象。在出流边界上,由于水体运动速度在垂向上的分布特征很难事先预知,故本书采用了均匀分布假设。但试验证明,这种近似对实际消波效果的影响很小,可以忽略不计。

本书将使用消波器基准测试,考察无反射开边界在基于 NS 方程的 SPH 水动力模式中的消波性能。图 6.14 给出了采用阻尼消波和 Flather 开边界消波水槽中水体能量与质量随时间的变化过程。由于本节使用的数值模型基于 NS 方程,水体的运动形式和消波的速度与之前的测试有所不同,但基本趋势是一致的:水波到达开边界之后顺畅地透射出 Flather 开边界,$T\approx 20$ 时水体就已基本趋于平静;采用阻尼消波则至少需消耗 2.5 倍的时间来达到相同的效果。

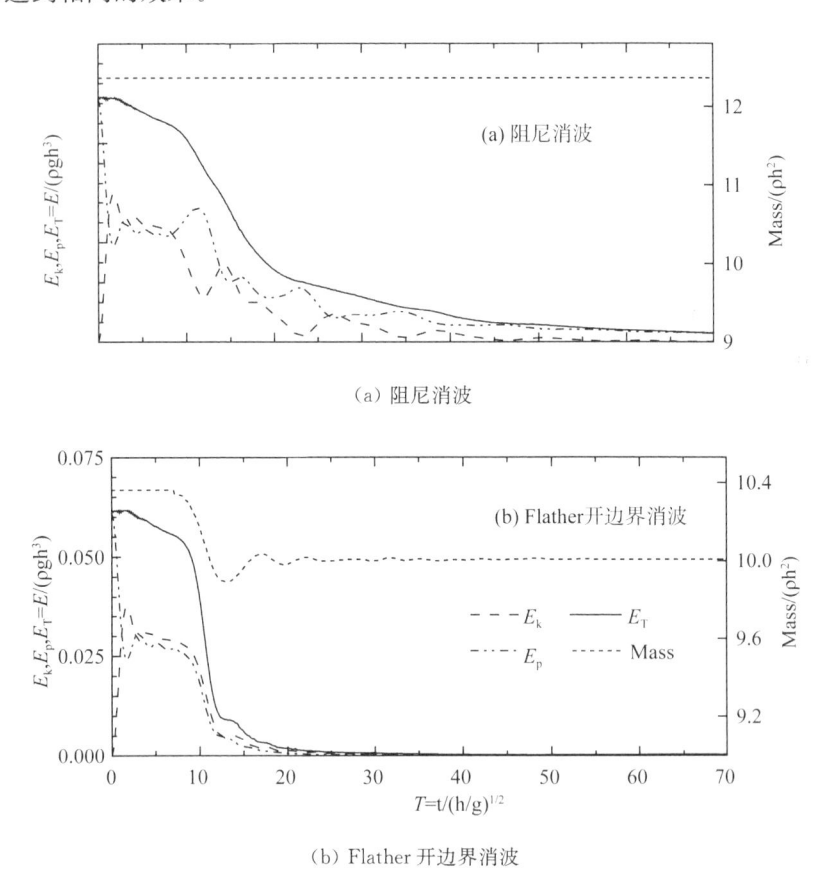

(a) 阻尼消波

(b) Flather 开边界消波

图 6.14 水槽中水体能量与质量随时间的变化过程

阻尼消波不对流体粒子进行增删处理,所以水槽主体段与阻尼层中的粒子质量之和在整个水体运动过程中保持恒定。而开边界消波的最终结果是将高于设定水位之上的所有流体粒子及其所包含的能量透射至计算域之外,故系统总质量在振荡中下降,并收敛于 10。

另外需要指出的,在水波传递至消波边界之前($T<10$),水体总能量就已出现了一定程度的衰减,其主要原因是 SPH 水动力数值模式的数值耗散。

2) 规则波开边界消波

规则波消波边界上的流速垂向分布可根据微幅波理论推导得到。水体中水质点 i 在 x 方向上的运动速度 u_i 及其所在断面的断面平均流速 $\bar{U}$ 分别有:

$$u_i = \frac{H\omega}{2} \frac{\cosh k(z_i + d_0)}{\sinh kd} \cos(kx_i - \omega t) \tag{6.45}$$

$$\begin{aligned}\bar{U} &= \frac{1}{\eta + d_0} \int_{-d}^{\eta} u \, dz \\ &= \frac{H\omega \cos(kx - \omega t)}{2k(\eta + d_0)} \cdot \frac{\sinh k(\eta + d_0)}{\sinh kd_0}\end{aligned} \tag{6.46}$$

式中:η 和 d_0 分别表示断面上自由液面的波动和平均水深。令水质点水平速度的垂向分布函数 $f(z_i)$ 为 u_i 与 $\bar{U}$ 之比:

$$f(z_i) = \frac{k(\eta + d_0)}{\sinh k(\eta + d_0)} \cdot \cosh k(z_i + d_0) \tag{6.47}$$

消波开边界上流体粒子 i 的水平速度则可由垂向分布函数 $f(z_i)$ 给定:

$$u_i = f(z_i) \cdot (u_{B,n} - u_{\text{flow}}) + u_{\text{flow}} \tag{6.48}$$

测试表明,消波开边界上粒子速度经式(6.48)修正后更符合实际水体中的流速分布,与常规开边界消波方法[$f(z_i)=1$]相比可降低约 1.5 倍的反射率。

6.3 多孔介质模型及其验证

6.3.1 SPH 多孔介质耦合模型介绍

SPH 水动力模型已被广泛地应用于模拟波浪与海岸工程建筑物的相互作用,但传统的做法是用不可渗透的固壁边界模拟建筑物,这与实际工程并不相符。以防波堤为例,水体在堤心石、垫层和护面块体中存在着渗流运动,这不仅关系着水体在建筑物内外的质量守恒,也直接控制着水体能量的耗散速率,进而影响波浪的爬高、破碎和越浪等强非线性运动强度。

虽然对具有复杂结构的可渗透介质进行直接数值模拟(DNS)已不存在太大的理论障碍,但就当前的计算机计算能力而言,想要达到工程应用级别的计算规模仍不是非常经济。一种折中处理思想是假定上述结构为可渗透的均匀多孔介质,将流体与离散块体的复杂作用简化为流体粒子受到的拖曳力。基于网格方法的计算流体动力学数值方法已对此进行了大量的研究,而 SPH 水动力模型与多孔介质模型的耦合则起步不久,其中以 Shao 等为代表的学者和以任冰等为代表的学者分别对 ISPH 模型和 WCSPH 模型与多孔介质模型的耦合进行了有益的探索。

由于本书的 SPH 模式从分类上属于 WCSPH，所以下面沿用 Ren 等提出的方法来实现 SPH 模式与多孔介质模型的耦合。首先，根据结构物所在的空间位置，多孔介质被离散为若干个多孔介质粒子，如图 6.15 中灰色粒子所示。该粒子主要包括两种物理属性，孔隙率 n_w 和中值粒径 d_{50}，控制着多孔介质对水体拖曳力的大小；通过赋予多孔介质粒子不同的参数，可以构造具有不同渗透属性的材质，流体粒子所在任意空间位置上的渗透参数则由其邻域内的多孔介质粒子插值得到。利用 SPH 插值的特性，可渗透结构内外交界面、不同材质结构交界面附近的渗透参数可以实现光滑的过渡。Akbari 和 Namin 认为可渗透结构内外边界层的厚度影响着水体与多孔介质表面摩阻作用，建议将多孔介质粒子的光滑半径取为中值粒径的 1/4，这样可以保证边界层厚度等于中值粒径 d_{50}。图 6.15 中的多孔介质为四脚锥体，具有较大的等效中值粒径，所以其边界层的厚度相对较大；对于普通块石组成的堆石结构，边界层的厚度则要小得多。

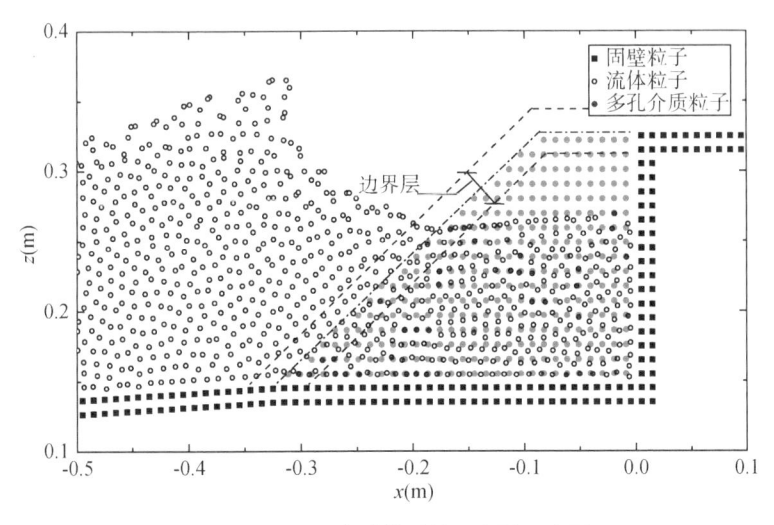

图 6.15　多孔介质模型粒子布置示意图

拉格朗日型式的 Navier-Stokes 方程的动量方程和连续性方程分别改写为：

$$\frac{D\boldsymbol{u}}{Dt} = -\frac{n_w}{\rho}\nabla P + n_w \boldsymbol{g} + \boldsymbol{\Gamma} - an_w\boldsymbol{u} - bn_w\boldsymbol{u}|\boldsymbol{u}| \tag{6.49}$$

$$\frac{\mathrm{d}\rho}{\mathrm{d}t} = -\rho \nabla \cdot \left(\frac{\boldsymbol{u}}{n_w}\right) \tag{6.50}$$

式中：水体自身黏性耗散项 $\boldsymbol{\Gamma}$ 按本书中层流黏性和湍流黏性的相关公式计算；ρ 在此处表示流体的表观密度（Apparent Density），$\rho = n_w \rho_f$；$\boldsymbol{u}$ 则表示流体的达西流速，$\boldsymbol{u} = n_w \boldsymbol{u}_f$。动量方程右侧的最后两项表示多孔介质对水质点运动的拖曳力，其中第四项（线性项）表示多孔介质颗粒表面摩擦主导的低雷诺数流动的影响，第五项（平方项）表示孔隙间紊流效应主导的高雷诺数流动的影响。拖曳力参数 a 和 b 由一些半经验半理论的公式确定，不同的学者针对不同的情况有着不同的推荐,孰优孰劣尚无定论。本书采用其中一种较常用的拖曳力计算方法,式(6.49)进一步写为:

$$\frac{Du}{Dt} = -\frac{n_w}{\rho}\nabla P + n_w g + \boldsymbol{\Gamma} - \frac{\upsilon n_w}{K_p}u - \frac{C_f n_w}{\sqrt{K_p}}u|u| \quad (6.51)$$

式中:K_p 和 C_f 分别表示渗透系数和非线性阻力系数。根据 Mcdougal,渗透系数 K_p 可按下式计算:

$$K_p = 1.643 \times 10^{-7} \left[\frac{d_{50}}{d_0}\right]^{1.57} \frac{n_w^3}{(1-n_w)^2} \quad (6.52)$$

式中:$d_0 = 0.01$ m。根据 Arbhabhirama 和 Dinoy,非线性阻力系数 C_f 按下式计算:

$$C_f = 100 \left[d_{50}\left(\frac{n_w}{K_p}\right)^{1/2}\right]^{-1.5} \quad (6.53)$$

除了动量方程和连续性方程,状态方程也应针对多孔介质内外不同的水体状态进行修正:

$$P = B\left[\left(\frac{\rho}{n_w \rho_0}\right)^\gamma - 1\right] \quad (6.54)$$

同时,流体粒子在进入多孔介质后,其光滑半径也会相应变大:

$$h = h_0 \left(\frac{\rho_0}{\rho}\right)^{1/Dm} \quad (6.55)$$

式中:h_0 和 ρ_0 分别表示流体粒子在多孔介质之外的光滑长度和密度。

6.3.2　SPH 多孔介质耦合模型验证

本节通过模拟孤立波与可渗透潜堤相互作用来验证 SPH 水动力模式与多孔介质耦合模型的可靠性。其中物理模型试验由 Wu 和 Hsiao 采用 PIV 设备对潜堤附近的水体进行无损测量,得到了孤立波与潜堤相互作用过程中整个流场的流速和自由水面的变化过程。考虑到计算量的限制,本节所使用的数值波浪水槽进行了相应的缩短,具体布置如图 6.16 所示。设矩形潜堤左下角坐标为原点,潜堤长 13 cm、高 6.5 cm,孔隙率 $n_w =$

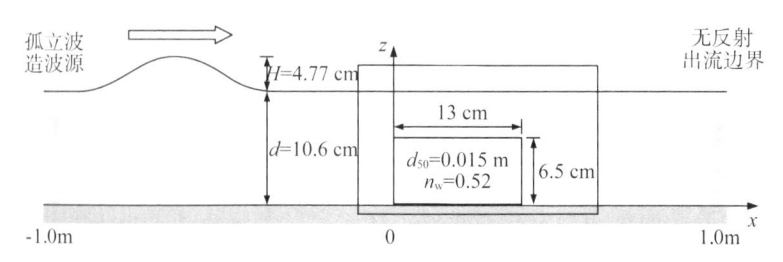

图 6.16　孤立波与可渗透潜堤相互作用测试示意图

0.52，中值粒径 $d_{50}=0.015$ m。孤立波由左侧造波源生成后向右侧传播，水深 10.6 cm，波高 4.77 cm，水槽右侧设置无反射开边界以将波浪透射出计算域。粒子初始间距取 0.002 5 m，模拟时长 2.5 s。

图 6.17 给出了 $t=1.45$ s 至 $t=2.25$ s 孤立波与潜堤相互作用过程中潜堤附近流场

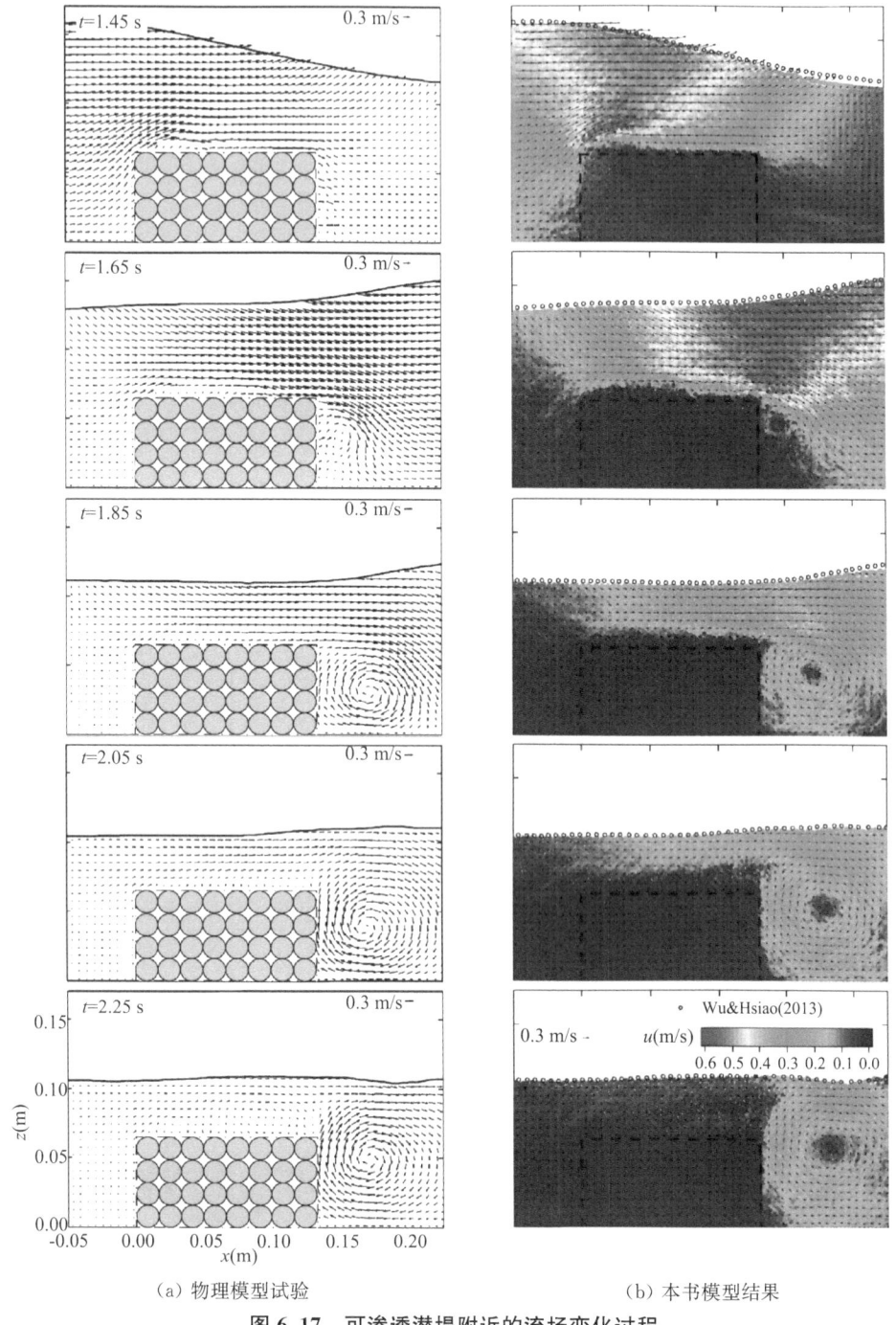

(a) 物理模型试验　　　　　　　　(b) 本书模型结果

图 6.17　可渗透潜堤附近的流场变化过程

的变化过程,其中图 6.17(a)为 Wu 和 Hsiao 物理模型试验的结果,图 6.17(b)则为本书数值模型的结果,图中的空心原点为物模试验中的水面高程。$t=1.45$ s,孤立波波峰传播至潜堤左侧,由于潜堤的阻碍作用,潜堤上方的水体流速增大,并在潜堤左上角附近形成一抛物型的漩涡。外部水质点进入潜堤后速度迅速衰减,潜堤内部的流场速度几乎为零,受外部水流变化影响较明显的部分为潜堤四角。$t=1.65$ s,孤立波波峰经过并开始离开潜堤,潜堤右侧出现一顺时针旋转的漩涡。$t=1.85$ s 至 $t=2.25$ s,随着孤立波的远去,潜堤左侧和上方的水体运动趋于平静,潜堤右侧漩涡的尺度则在水平向和垂向上逐渐扩大,旋转强度缓慢降低。从整体上看,本书模式准确地模拟孤立波与可渗透潜堤相互作用过程中自由水面的变化,潜堤附近流场的变化趋势与物理模型试验结果吻合较好。需要指出的是,本书潜堤右侧漩涡强度的模拟值要略小于物模结果,耗散速度则要稍快于物模结果,Gui 等使用 ISPH 模型模拟了本算例,也得到了类似的对比结果,这可能是由目前 SPH 模式中的数值耗散引起的。

图 6.18 至图 6.22 对比了潜堤附近七个断面上不同时刻水平流速和垂向流速的数值结果与物模结果。其中潜堤左侧和上方的流速验证较好,右侧漩涡、特别是靠近潜堤的监测断面($x=0.16$ m)上的流速分布与物模值仍有一定的差距。

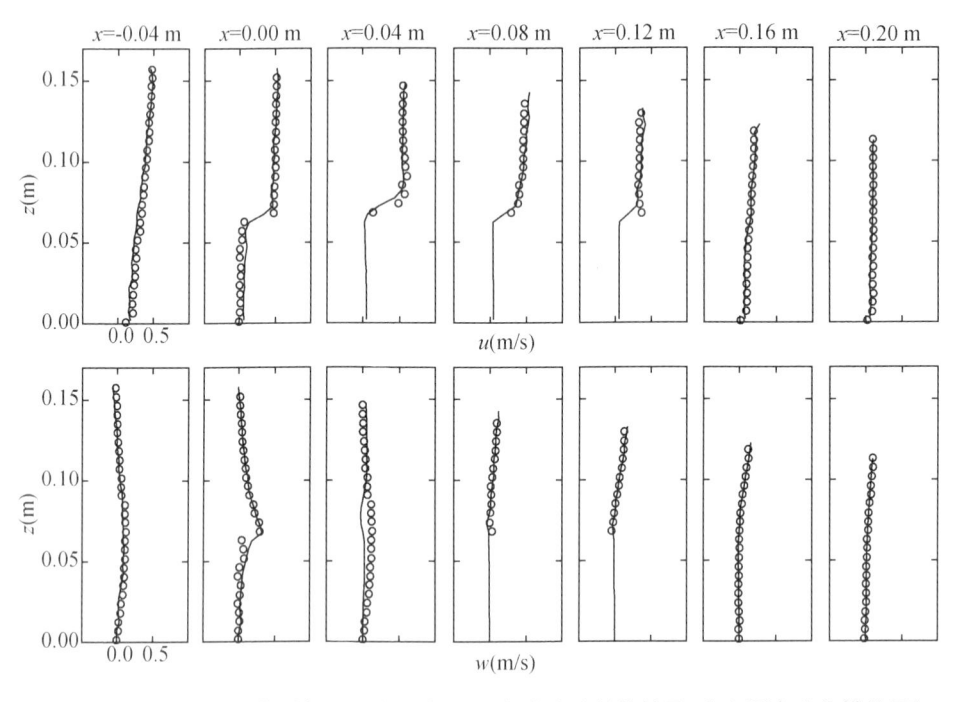

图 6.18 $t=1.45$ s 时监测断面上流速验证(黑色实线为数值结果,空心圆点为物模结果)

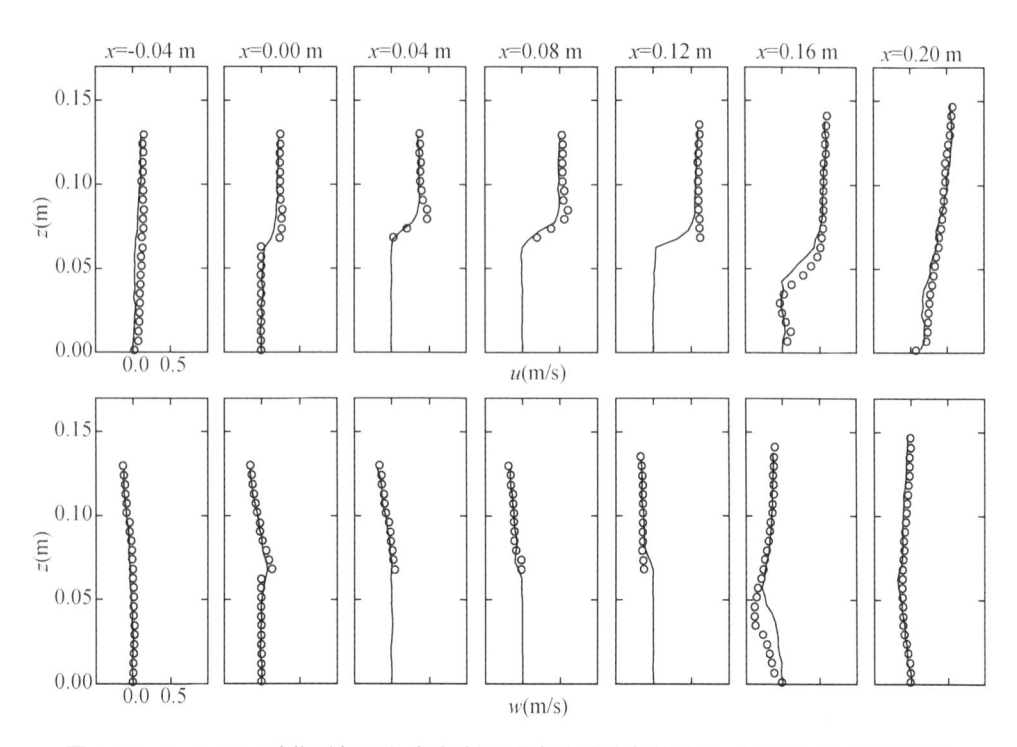

图 6.19　t＝1.65 s 时监测断面上流速验证(黑色实线为数值结果,空心圆点为物模结果)

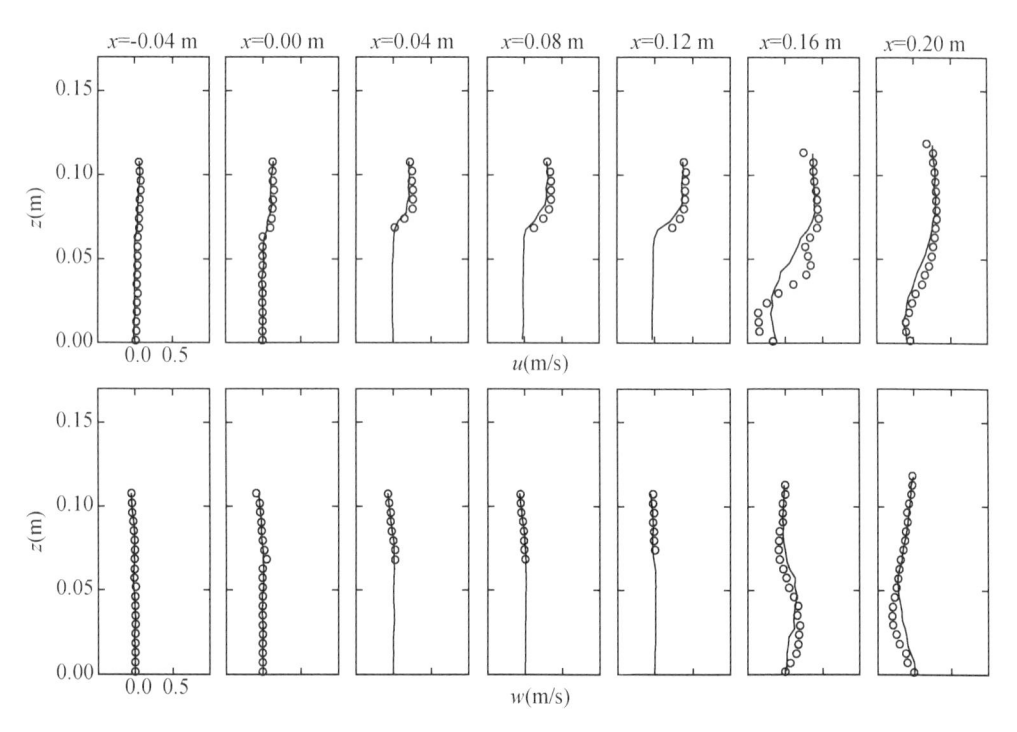

图 6.20　t＝1.85 s 时监测断面上流速验证(黑色实线为数值结果,空心圆点为物模结果)

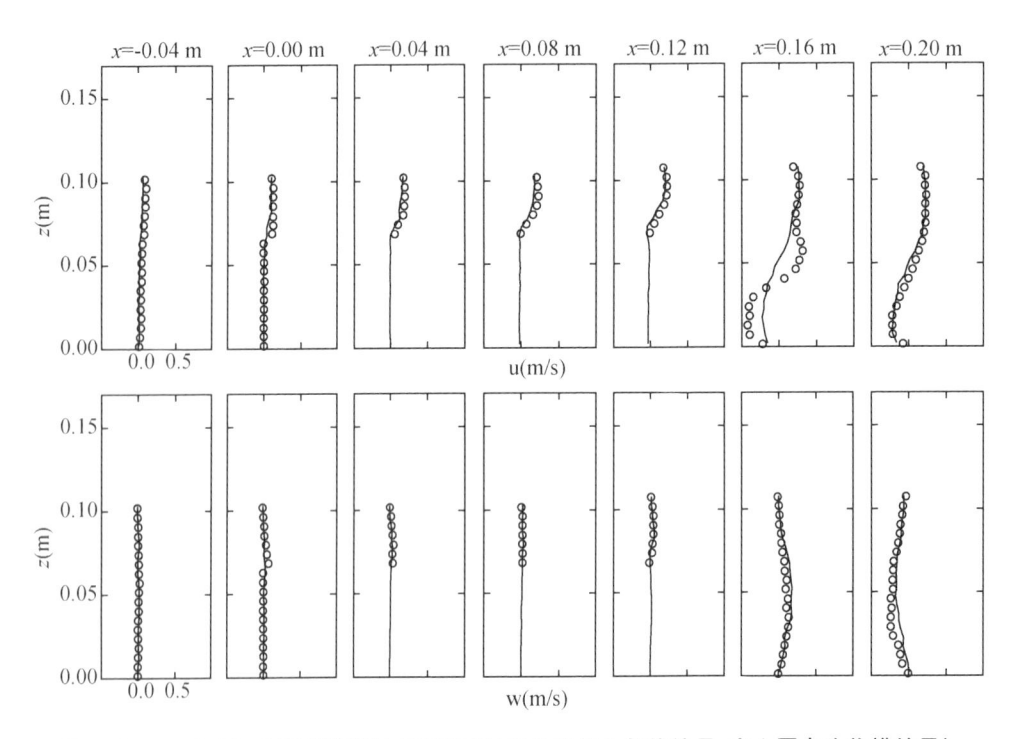

图 6.21 $t=2.05$ s 时监测断面上流速验证（黑色实线为数值结果，空心圆点为物模结果）

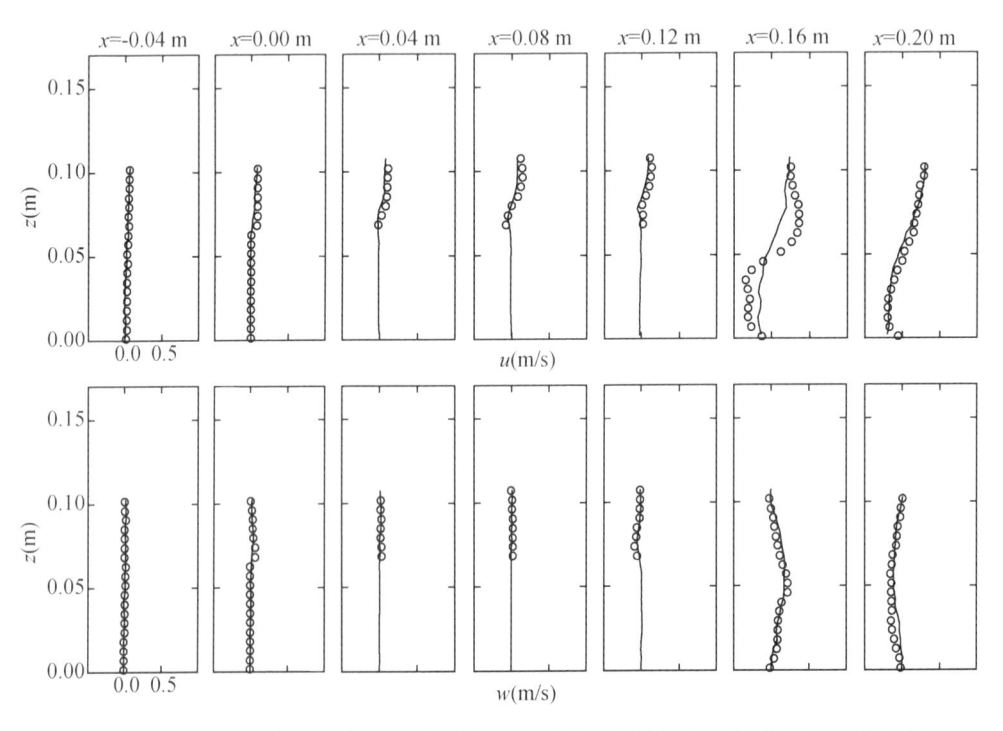

图 6.22 $t=2.25$ s 时监测断面上流速验证（黑色实线为数值结果，空心圆点为物模结果）

6.4 波浪在可渗透结构上的爬高

当近岸波浪传播至海岸工程结构物附近,波浪会受到急剧变化地形的影响而发生非线性变形,一方面波浪沿着结构物表面爬升,将水体动能转换为势能,另一方面波浪可能发生破碎、水气掺混,部分动能通过水体内部、水体与结构物之间的摩擦转换为热能。其中,水体能量通过热能耗散的比重对波浪的最终爬高起着非常重要的影响,进而直接影响了水体在防波堤顶部的越浪量和挡浪墙受到水舌的冲击作用力。

本节通过模拟孤立波与斜坡的相互作用,研究结构物的可渗透性对波浪爬高的影响。图 6.23 为孤立波爬高测试的布置示意图,其中水槽左侧平直段长 0.3 m,水深 $d_0=0.4$ m,孤立波波高 $H_0=0.04$ m,0.08 m,0.12 m,0.16 m,0.20 m 和 0.24 m;水槽右侧设置有一足够长的斜坡,坡脚设在原点处,坡度取为 1/2、1/3 和 1/4。图 6.23(a)中采用传统 SPH 模拟波浪与结构物相互作用时常用的不可渗透(可滑移)固边界,图 6.23(b)中则采用本书 7.3.1 节中的多孔介质模型来模拟可渗透式斜坡堤,算例中孔隙率 n_w 和中值粒径 d_{50} 的取值范围分别为 0.1~0.9 和 0.002 m~0.1 m,基本能代表实验室物模试验中所用到的可渗透材料。本测试的孤立波在爬高过程中均未发生破碎,所以可以忽略因波浪破碎引起的水体内部紊动的能量耗散作用。定义最大爬高 H_{max} 为波浪水舌爬升至斜坡上最高点时距静水水平面的垂直距离。

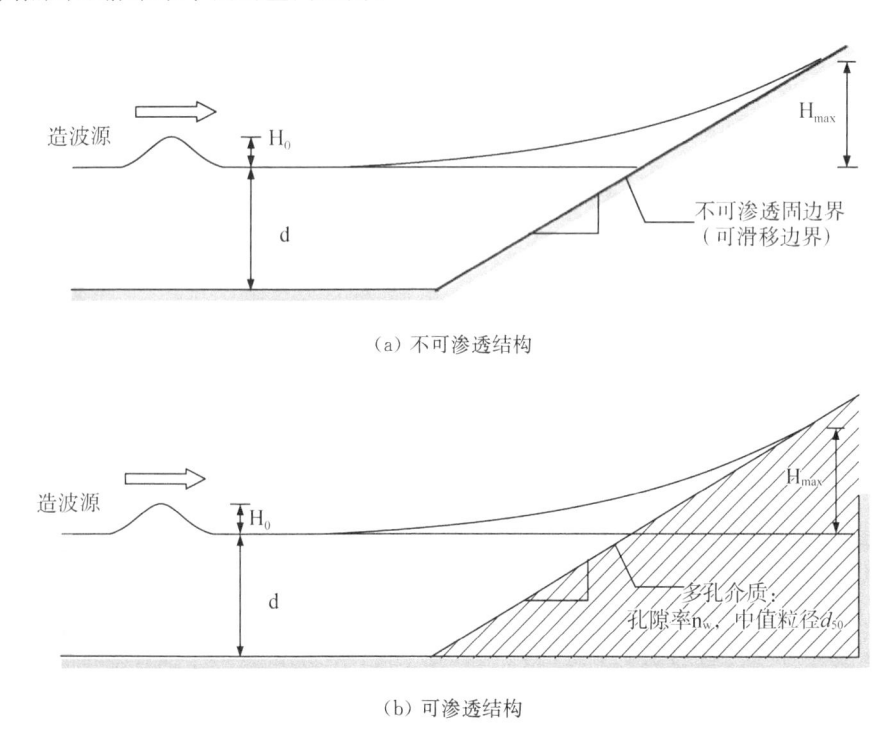

(a) 不可渗透结构

(b) 可渗透结构

图 6.23 孤立波爬高测试示意图

图 6.24 给出了孤立波在不同坡度和材质斜坡上的最大爬高。从总体上看,不论斜坡的坡度和材质,最大相对爬高与孤立波的相对入射波高基本呈现较好的线性正相关。当使用了可滑移的不可渗透边界,孤立波在沿斜坡爬升过程中的能量耗散很小,主要由水体内部黏性产生。考虑到坡度越小,爬坡水舌所覆盖的斜坡长度就越长,水舌厚度也就越小,相同能量下所能推动水舌前沿抵达的最大高度也越高。而当孤立波与可渗透结构相互作用之后,水舌覆盖斜坡长度的增加即意味着水体与多孔介质接触面积的增大,进而加快水体动能的耗散,使得小坡度情况下的最大爬高要小于大坡度。

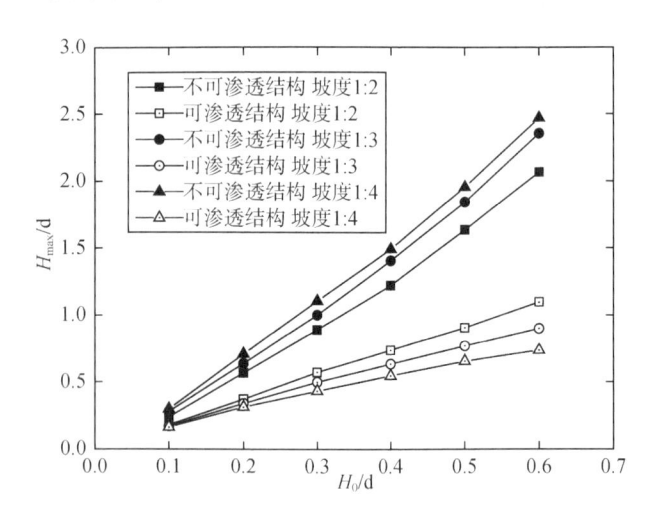

图 6.24 可渗透结构对波浪爬高的影响(可渗透结构 $n_w = 0.49$, $d_{50} = 0.012$ m)

我们选取其中一组典型的波浪和结构物参数($H_0/d = 0.16$,坡度$= 1/2$,$n_w = 0.49$,$d_{50} = 0.012$ m),在图 6.25 中对比展示了孤立波在不可渗透斜坡[图 6.25(a)]和可渗透斜坡[图 6.25(b)]上的爬高全过程。图中的黑色实心方块表示组成不可渗透边界的固壁粒子,灰色实心方块表示组成可渗透斜坡的多孔介质粒子,黑色箭头表示流场速度矢量,流体粒子的不同颜色则表示速度涡量,按式(6.56)计算。速度涡量可以用来表征水质点紊动的强度,进而反映水体能量耗散的强度。

$$\omega_y = \frac{1}{2}\left(\frac{\partial w}{\partial x} - \frac{\partial u}{\partial z}\right) \tag{6.56}$$

其中,$H_0/d = 0.16$,坡度$= 1/2$,$n_w = 0.49$ m,$d_{50} = 0.012$ m。

当 $t = 2.20$ s 时,孤立波的有效作用范围开始与斜坡坡脚接触,可渗透斜坡坡脚附近的水体速度涡量开始逐渐增大;当孤立波波峰运动至坡脚正上方($t = 2.60$ s)时,水体与斜坡相接触部分的能量耗散强度要显著大于外部水体;随着孤立波在斜坡上的进一步爬升,能量耗散的主体部分逐渐上移($t = 3.10$ s);水舌在沿斜坡爬升的同时,部分水体缓缓渗透进入多孔介质内部,呈现为一楔形轮廓;可渗透斜坡内的楔形水体一方面承托着斜坡外水舌的爬升运动,另一方面在重力作用下也开始缓慢下降;当孤立波爬升至最高点附近时($t = 3.36$ s),水舌尖端的速度基本降为零,而斜坡下部的水体已出现了斜向下的运动,

(a) 不可渗透结构　　　　　　　　　　(b) 可渗透结构

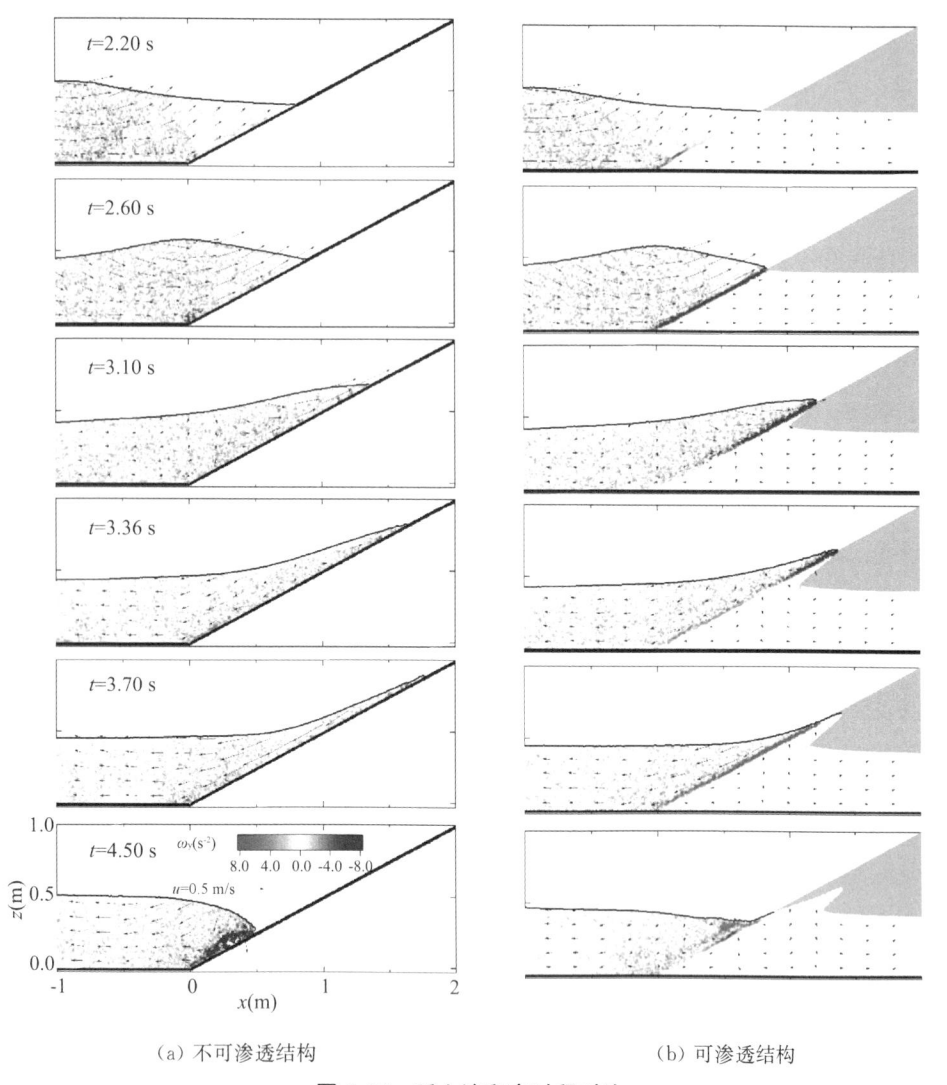

图 6.25　孤立波爬高过程对比

此处的速度涡量变换了方向,并逐渐增大;在孤立波水舌沿斜坡下滑的过程中($t=3.70$ s),水体的能量耗散现象达到了一个新的峰值;水舌在沿可渗透斜坡上下运动中始终伴随着明显强于普通水体运动的能量耗散过程,促使水体运动迅速趋于静止。

相比之下,孤立波在与不可渗透斜坡相互作用时能量耗散要慢得多。固壁附近的水体运动速度基本上都平行于固边界,其速度涡量大小也与水体的其余部分相差不大。只有在两种情况下出现了较显著的能量耗散过程:一是在坡脚附近,水质点运动速度方向由于地形急变而出现相应变化,进而造成一定的能量耗散;二是爬高水舌在回退收缩后引起水体崩塌、翻卷,并与斜坡发生碰撞,如图 6.25 中 $t=4.50$ s 所示。这种强烈的水体与结构物非线性相互作用还涉及到水气掺混等复杂的物理机制,其中的水体紊动要强于水舌与可渗透结构物表面爬升引起的水体紊动,能够迅速耗散入射波浪的能量。

接下来,我们对多孔介质模型中的两个主要参数孔隙率 n_w 和中值粒径 d_{50} 进行敏感性分析,分别考察了两者对波浪爬高的影响。图 6.26(a)给出了孤立波在坡度为 1/2、中值粒径为 0.012 m、具有不同孔隙率的可渗透斜坡结构上的最大爬高。图中实心标识表示不可渗透结构上得到的最大相对爬高值;当斜坡变为可渗透之后,最大相对爬高随着孔隙率增大迅速减小;当孔隙率约取 0.3~0.4 时,最大相对爬高达到最小值,之后随孔隙率增大缓慢增大。从水体运动的角度看,孔隙率越小,水体就越难渗透进入多孔介质,承托着水舌向上爬升;孔隙率越大,水体会迅速渗透进入多孔介质内部,导致水舌爬升缺少足够的质量支持。从能量耗散的角度看,孔隙率的增大会减缓水体能量的耗散,进而有助于水舌爬升。综合作用的结果是孔隙率与孤立波最大爬高之间呈现 U 形的变化趋势。

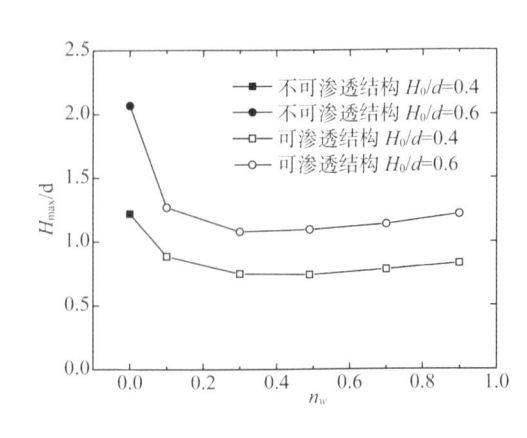

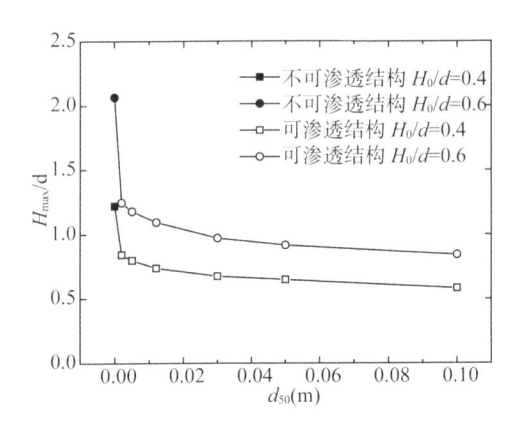

(a) n_w 敏感性分析(坡度 1/2,$d_{50}=0.012$ m)　　(b) d_{50} 敏感性分析(坡度 1/2,$n_w=0.49$)

图 6.26　多孔介质模型参数敏感性分析

图 6.26(b)给出了孤立波在坡度为 1/2、孔隙率为 0.49、具有不同中值粒径的可渗透斜坡结构上的最大爬高。实心标识与空心标识之间的差别再次表明波浪在可渗透结构上的爬高要远小于不可渗透结构,而随着多孔介质的中值粒径的增大,最大相对爬高逐渐下降,且下降速率明显放缓。中值粒径增大后,一方面减小了多孔介质内部水体的下降阻力,促进水体下渗,不利于波浪爬高,另一方面减小水体在可渗透结构表面的能量耗散,有利于波浪爬高。由图 6.26(b)的曲线变化趋势看,两种效应中前者起到了明显的主导作用,使得中值粒径越大,孤立波最大爬高越小。

波浪的最大爬高是水体向上爬升、水体在可渗透结构表面耗散能量以及水体下渗三种运动的综合作用结果。上述参数敏感性分析是在单个入射波浪与简单地形(斜坡堤)相互作用的基础上进行。当更复杂的入射波浪与实际工程结构物相互作用时,很难再对水体的运动规律进行这样的单变量分析。

6.5　波浪与人工块体护面的防波堤的相互作用

下面本书将使用 SPH 数值波浪水槽与多孔介质模型模拟规则波与实际工程中防波

堤的相互作用。图 6.27 为海南某工程中斜坡式防波堤的两套设计方案，其中单级斜坡堤坡度为 1∶1.5，主体部分为 10~100 kg 堤心石，堤脚抛填 300~500 kg 块石，堤前海床高程为 −9.00 m。方案一采用 7 t 重、不规则摆放的扭王字块体护面，500~800 kg 块石作为垫层，堤顶设置反 L 形的挡浪墙，挡浪墙顶标高为 7.00 m。方案二采用 0.5 m 厚的栅栏板护面，栅栏板下依次为灌砌块石层和碎石垫层，堤顶设置 L 形挡浪墙，挡浪墙顶标高为 7.00 m。具体测试工况如下表所示：

表 6.1 规则波与实际工程防波堤相互作用原型工况

工况	水位(m)	$H_{1\%}$(m)	T(s)
工况一	极端高水位 2.33	5.48	9.2
工况二	极端低水位 −0.28	4.65	8.7

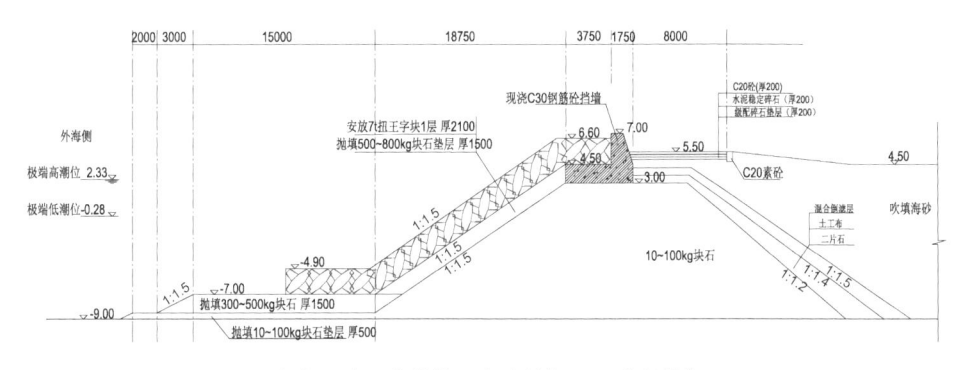

(a) 方案一，扭王块体护面(长度单位:mm，高程单位:m)

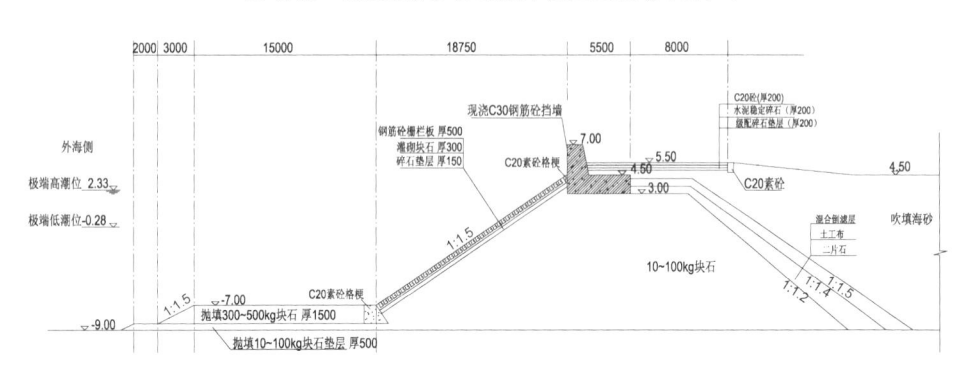

(b) 方案二，栅栏板护面

图 6.27 两种防波堤断面设计方案

6.5.1 模型布置

本书采用 1∶25 的比尺将实际工程原型转换为实验室尺度的模型试验，数值水槽布置示意图如图 6.28 所示，其中水槽左侧为无反射的开边界造规则波边界，可在生成规则波的同时将来自防波堤的反射波透射出计算域，防止在造波边界上发生二次反射，水槽右侧为无反射的开边界消波边界,可以有效地将入射波透射出计算域。水槽中段为1∶15的缓坡,生成的规则波在通过缓坡后可迅速自适应形成对应的非线性动力特性。防波堤的堤脚前缘布置在原点处,在进行正式数值测试前,需先调整输入波浪的相关参数,将空水槽率定点($x=0.0$ m)处的波高和周期率定为模型工况,如表6.2所示。

表 6.2 规则波与防波堤相互作用模型工况

工况	水深(m)	$H_{1\%}$(m)	T(s)
工况一	极端高水位 0.453 2	0.219	1.84
工况二	极端低水位 0.348 8	0.186	1.74

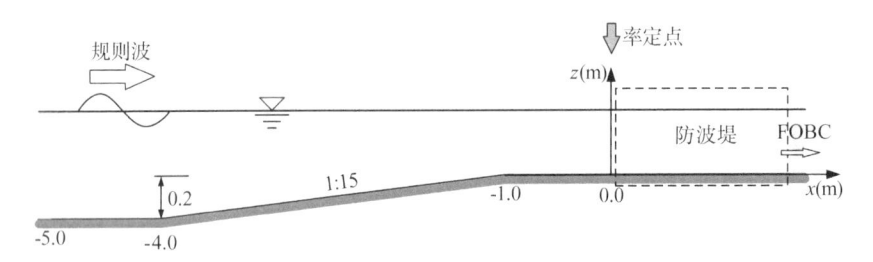

图 6.28 模型水槽布置示意图

图 6.29给出了两种方案的防波堤模型示意图,黑色粒子表示不透水的固壁边界(底

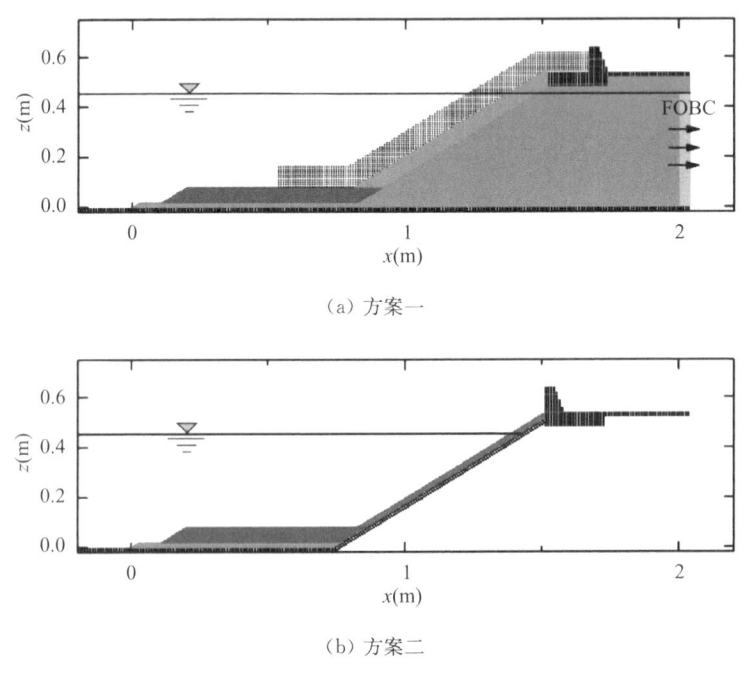

(a) 方案一

(b) 方案二

图 6.29 防波堤模型示意图

不同颜色粒子分别表示固壁粒子、10～100 kg 堤心石、500～800 kg 垫层块石、300～500 kg 堤脚块石、7 t 扭王字块体和栅栏板。

边界、挡浪墙等),其他不同的颜色表示不同材质的多孔介质,固壁和流体的计算分辨率取为 0.01 m,具体渗透参数设置如表 7.3 所示。对于普通块石,可以采用排水法测量其孔隙率,然后将不规则块石理想化为标准球形,根据球形体积公式和块石密度反推得到其等效中值粒径。本书参照了 Shao 等和任冰等的思路,将不规则摆放的扭王字块体的孔隙率近似取为 0.5,等效中值粒径则按单个扭王字块体的边长确定。需要指出的是,如果扭王字块体是规则摆放的,其孔隙率和等效中值粒径的取法与不规则摆放时有着较大的不同,具体的处理方式有待将来进一步研究。类似的,本书也用排水法近似估算了栅栏板的孔隙率,其等效中值粒径按栅栏板厚度确定。

对于方案一,扭王字块体、垫层和堤心石的渗透性均不可忽略,故在水槽右侧布置了 FOBC 开边界,将入射波浪传入防波堤内部的波动传出计算域。对于方案二,考虑到栅栏板下方灌砌块石层的隔水性能与混凝土结构的挡浪墙类似,本测试中直接使用固壁边界进行模拟,因此方案二水槽右侧无需布置开边界。

表 6.3 数值模型中各多孔介质材料的渗透参数取值

多孔介质材料	中值粒径 d_{50} (cm)	孔隙率 n_w
10～100 kg 堤心石(55 kg)	1.12	0.40
300～500 kg 堤心石(400 kg)	2.17	0.45
500～800 kg 堤心石(650 kg)	2.55	0.45
7 t 扭王字块体	4.20	0.50
栅栏板	2.00	0.50

6.5.2 规则波与方案一防波堤的相互作用

图 6.30 给出了极端高水位时单个周期内规则波与方案一防波堤相互作用的全过程,其中图 6.30(a)和图 6.30(b)分别表示水质点速度矢量图和速度涡量分布图。当 $t=11.50$ s 时,规则波波峰传播至堤脚上方,堤脚处抛填的块石对水体产生了一定的阻碍作用,此时上一个波浪周期在扭王字块体及垫层块石缝隙中留下的水体仍处于下泄过程。当波峰运动至扭王字块体上方后($t=11.70$ s),块体附近的流速迅速增大,对块体的稳定性产生不利影响,同时扭王字块体与水体之间形成了较厚的能量耗散层,对沿斜坡上爬的水舌产生了较大的阻碍作用($t=12.00$ s)。水舌最终爬升至堤顶后($t=12.35$ s),已无更多的能量翻越挡浪墙,此时堤前水体的势能达到最大值。在水体的下泄过程中($t=12.80$ s),一部分能量又被耗散在扭王字块体、堤脚块石上。工况一与方案一的组合中没有发生越浪现象,水舌对挡浪墙的冲击作用也几乎可以忽略。

(a) 速度矢量   (b) 速度涡量分布

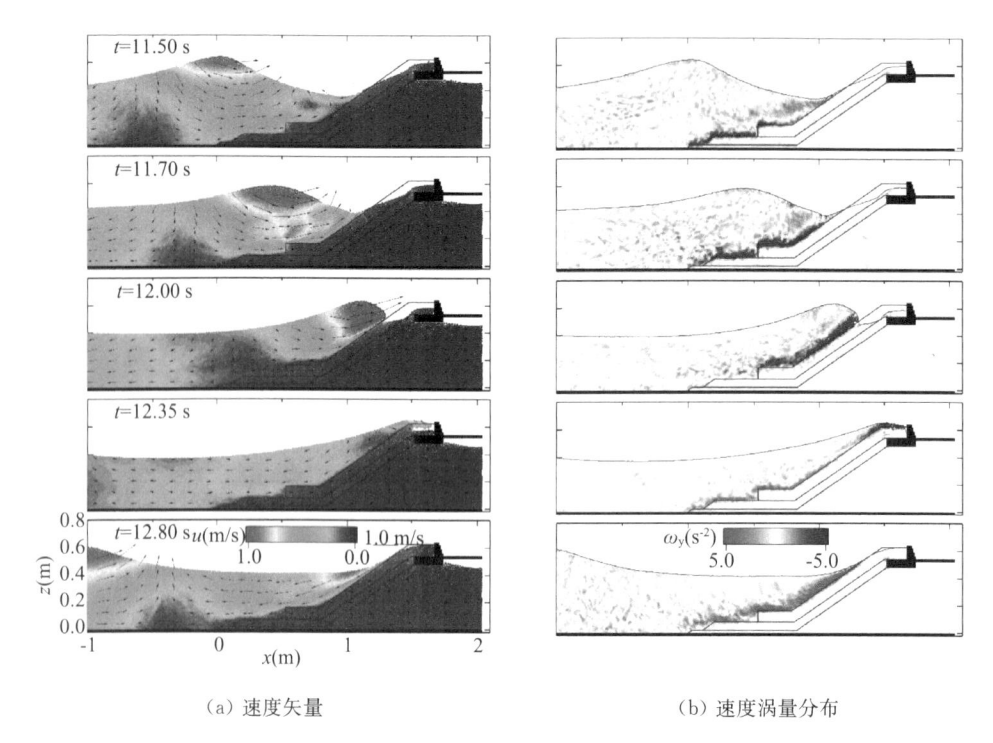

图 6.30 极端高水位时规则波与方案一防波堤的相互作用

接下来本书对上述测试在原型尺度上重新进行了模拟,通过对比模型与原型结果之间的差别,考察比例尺对数值模拟结果的影响。图 6.31 为防波堤堤前七个断面的水位变化对比,其中实线表示模型结果(比例尺 1∶25),虚线表示原型结果,横纵坐标分别为无量纲化后的时间和水位。从图中可以看出,在离开防波堤一段距离之后,模型结果与原型结果几乎没有差别,而越靠近防波堤,比例尺对数值模拟结果的影响越大,原型中水质点受到拖曳力要小于模型值。造成这种现象的原因在于本书采用的多孔介质模型公式中的经验系数是在实验室尺度(水深一般小于 1 m)下由物理模型试验结果拟合得到,不适合用于原型大比例尺情况下(比例尺 1∶1)的拖曳力计算。如果不考虑多孔介质模型,纯 SPH 水动力数值模拟在理论上不存在比例尺效应,数值结果与模型结果完全等价。

综合考虑后,本书后面的数值模拟全部在模型尺度(比例尺 1∶25)下进行。

图 6.32 给出了极端低水位时单个周期内规则波与方案一防波堤相互作用的全过程,该工况中堤前水体的运动模式与极端高水位时类似,波浪在堤脚附近变形、在爬坡过程中以激破形式破碎。由于堤前水深和波高均比极端高水位时的小,极端低水位时水舌未能爬升至防波堤最高点,也没能形成越浪。

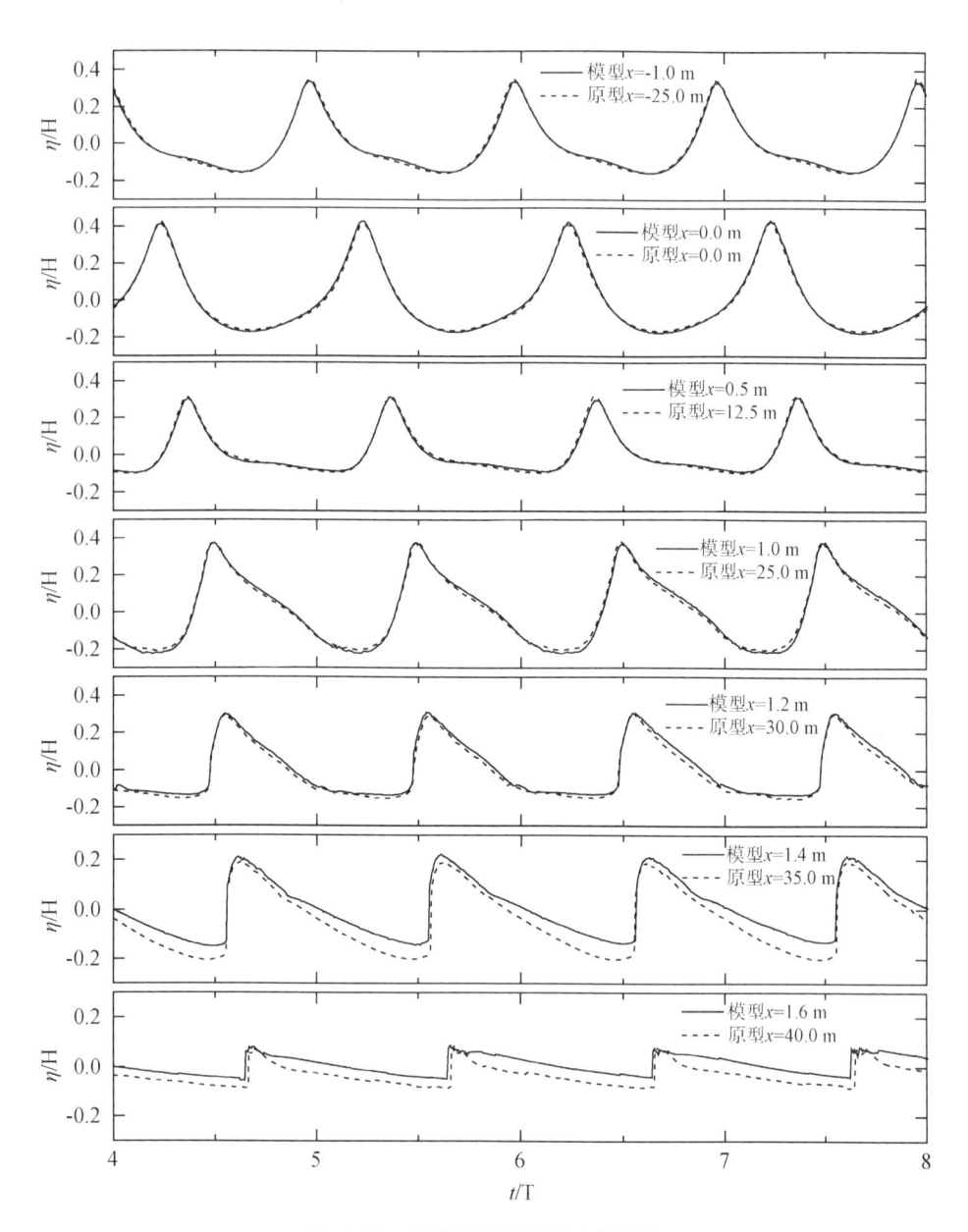

图 6.31 防波堤堤前断面水位变化

海岸工程计算水力学

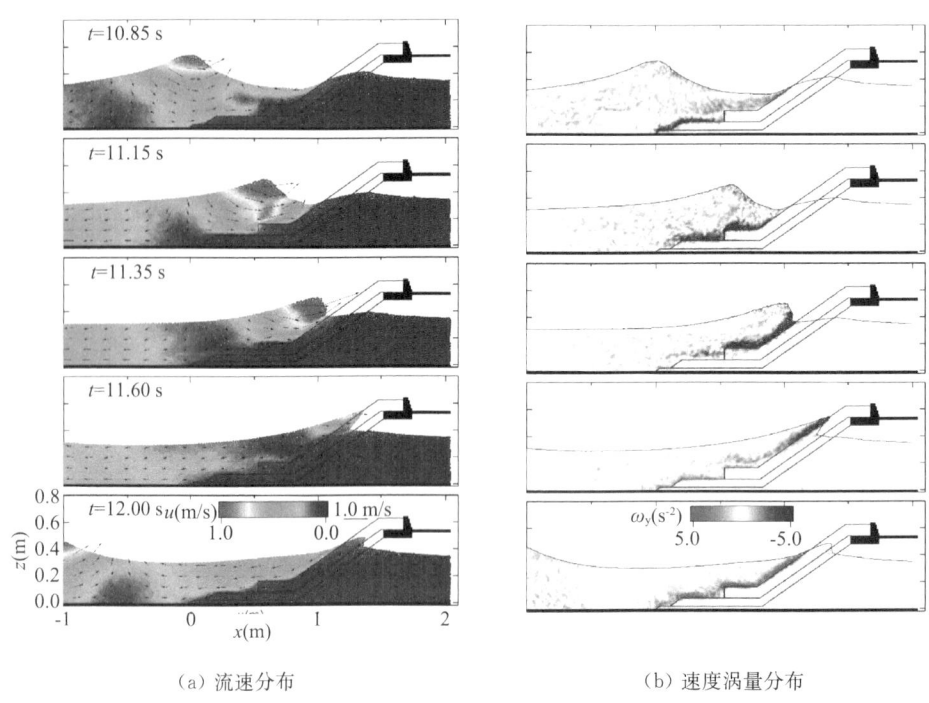

(a) 流速分布　　　　　　　　　　　(b) 速度涡量分布

图 6.32　极端低水位时规则波与方案一防波堤的相互作用

在实际工程中，极端低水位时堤脚附近的块石和人工块体要比极端高水位时更容易出现失稳现象。为了解相关机理，有必要进一步对比研究不同工况时结构物附近的流场特征（流速、速度涡量等）。本书在方案一防波堤结构近表面选取了 9 个测点（如图 6.33 所示），用以监测不同位置处水质点流速的变化规律，其中 P1~P3、P4~P6、P7~P9 分别位于堤脚块石附近、斜坡底部扭王字块体附近和斜坡段扭王字块体附近。通过 P2、P3、P5、P6、P8 和 P9 测点，分别得到垂直于防波堤外轮廓的 6 个监测断面 S1~S6，用于研究结构物表面能量耗散层厚度和强度的变化规律。

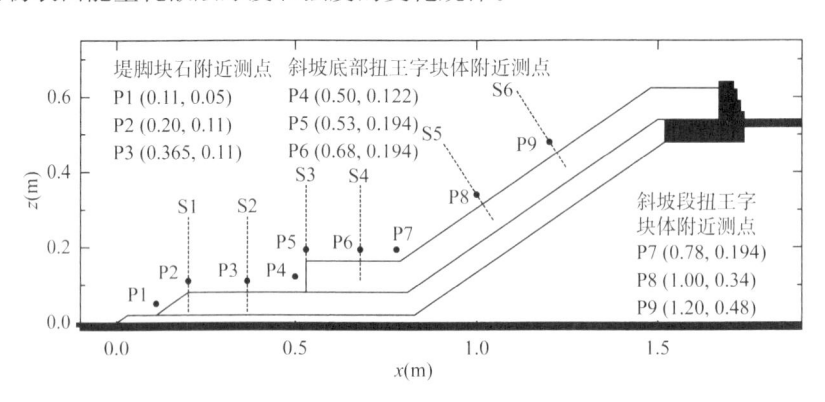

图 6.33　方案一断面流速监测点和速度涡量监测断面示意图

图 6.34 至图 6.36 分别给出了不同工况时堤脚块石附近（P1~P3）、斜坡底部扭王字块体附近（P4~P6）和斜坡段扭王字块体附近（P7~P9）单个波周期内的流速变化。从总

体上看,防波堤附近各测点处的水流以平行于结构物外轮廓的往复流为主,流速矢量呈现非对称的双扇形或"∞"形分布,其中水舌上爬过程中的流速要比水舌下泄过程中的流速大。在堤脚块石附近(图6.34),不同工况时的流速分布变化不是很大,极端低水位时 P1 处指向堤脚内部的流速甚至有一定的增大,一定程度上提高了块石的稳定性。在斜坡底部扭王字块体附近(图6.35),第一排扭王字块体(P5)虽然完全淹没于水下,但直接承受了水体的冲击,此处的最大水流速度甚至达到了斜坡中段(P8)水舌运动的速度。特别是在极端低水位时,指向防波堤外部的流速扩大了两倍以上,显著增大了单个人工块体被带离床面的几率。斜坡底部的其他扭王字块体(P9)也在低水位时承受着类似的向上吸力。在斜坡段扭王字块体附近(图6.36),在极端低水位时水舌上爬过程中的冲击速度并不比极端高水位时小,而在水体下泄过程中,由于极端高水位时的水体势能较大,所以此时下泄水流速度也较极端低水位时大。

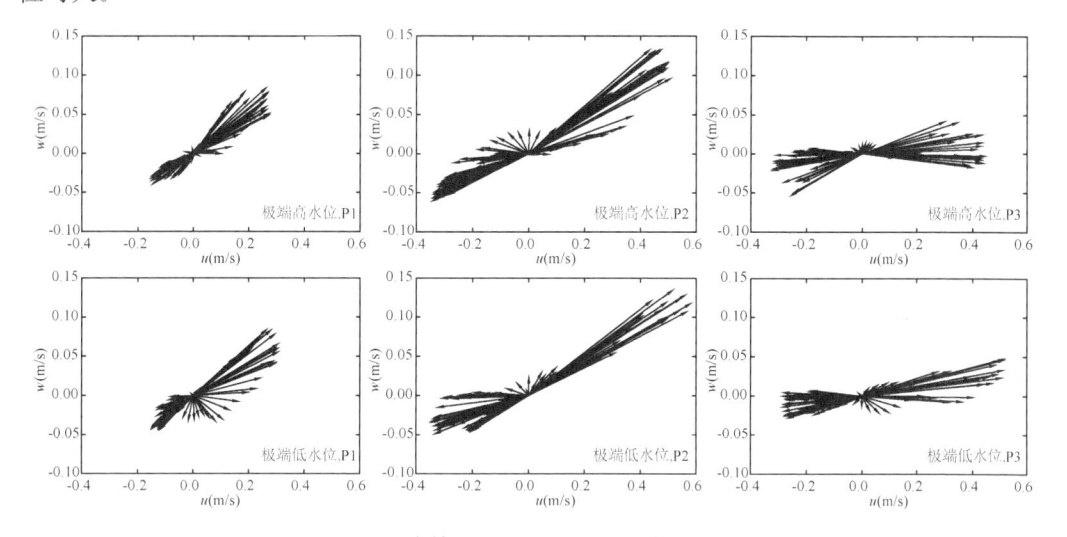

图 6.34 不同工况堤脚块石附近(P1~P3)单个波周期内的流速变化

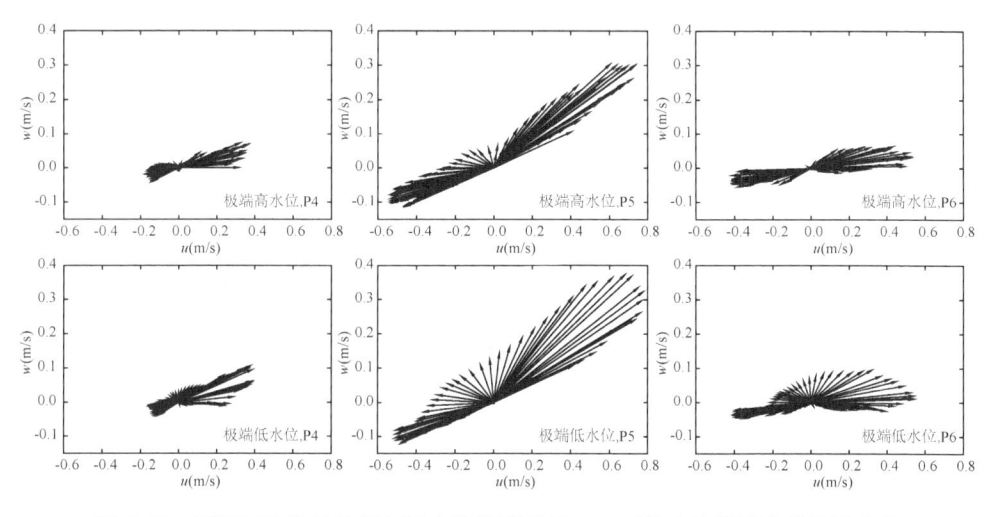

图 6.35 不同工况斜坡底部扭王字块体附近(P4~P6)单个波周期内的流速变化

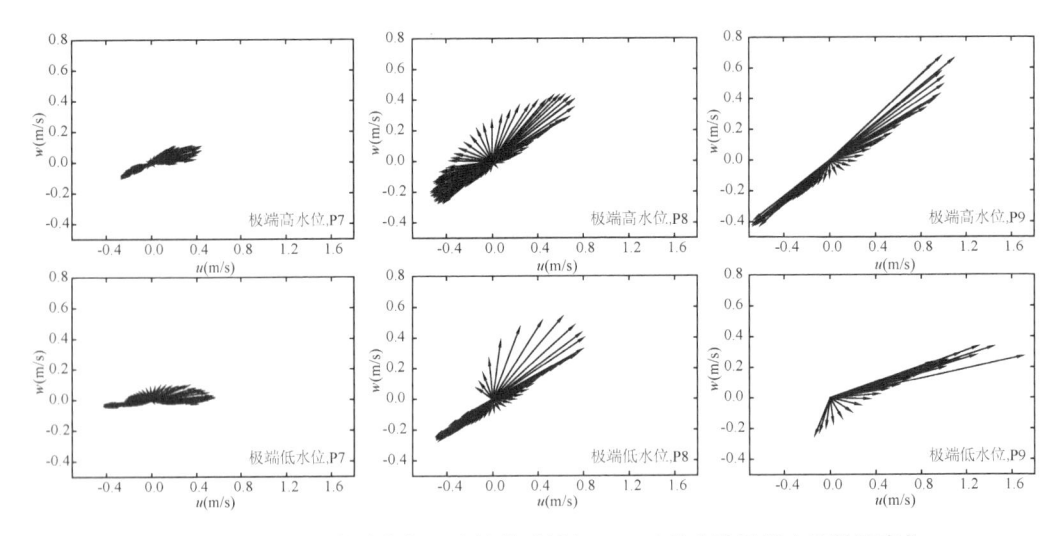

图 6.36 不同工况斜坡段扭王字块体附近(P7～P9)单个波周期内的流速变化

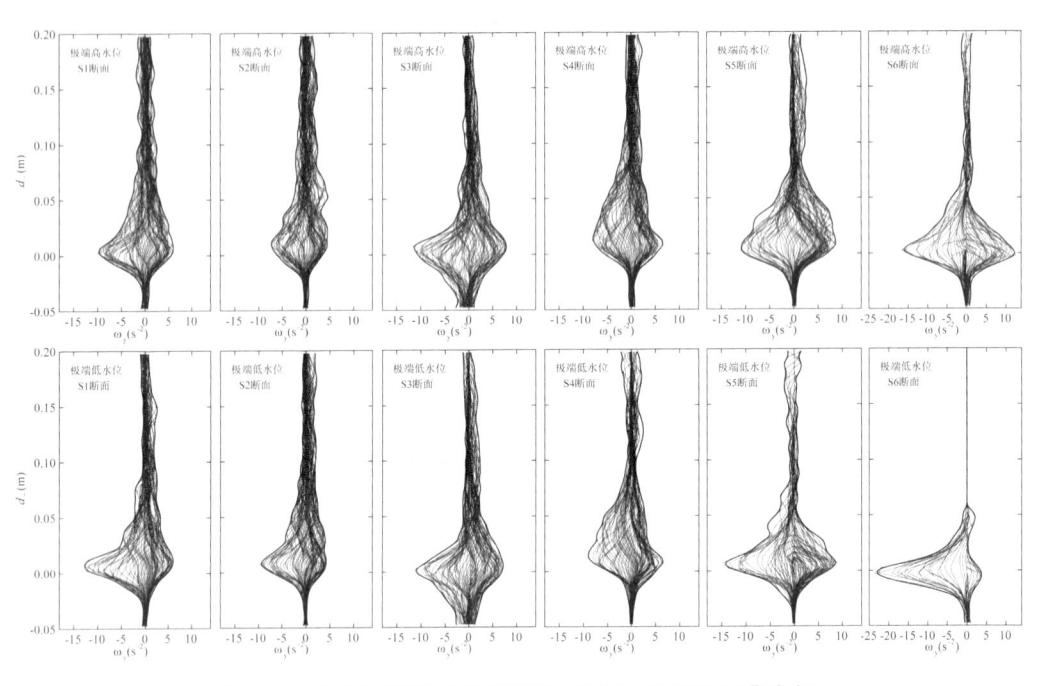

图 6.37 不同工况防波堤附近单个周期内的速度涡量变化

图 6.37 给出了不同工况防波堤附近单个周期内的速度涡量变化,其中 S1 和 S2 断面位于堤脚块石附近,S3 和 S4 断面位于斜坡底部扭王字块体附近,S5 和 S6 断面位于斜坡段扭王字块体附近。综合各断面来看,水舌上爬过程($\omega_y<0$)的能量耗散层厚度要比水体下泄过程($\omega_y>0$)小,而耗散强度相对更大;结构物凸角处(S1 与 S2 断面)能量耗散强度要比平直段(S3 与 S4 断面)大;斜坡底部扭王字块体附近的水体速度涡量并没有随着水位降低、波高减小发生明显的变化,而位于干湿交界面上的 S8 断面则受水位和水舌形态

的影响较明显,其在极端低水位时的正负速度涡量明显不对称,且负向极值要比极端高水位时大一半。

图 6.38 对比了不同工况防波堤附近速度涡量极值,从中可以看出水位高低对水舌下泄时的能量耗散强度影响可以忽略,而当水体处于上爬阶段时,极端低水位中的堤脚块石附近和斜坡段扭王字块体附近的能量耗散强度极值要比极端高水位时大 30% 左右。另外需要指出的是,虽然水位高低对斜坡底部扭王字块体附近的能量耗散强度影响较小,但由于极端低水位时块体受到升力增大,所以水位降低不利于底层扭王字块体的稳定。

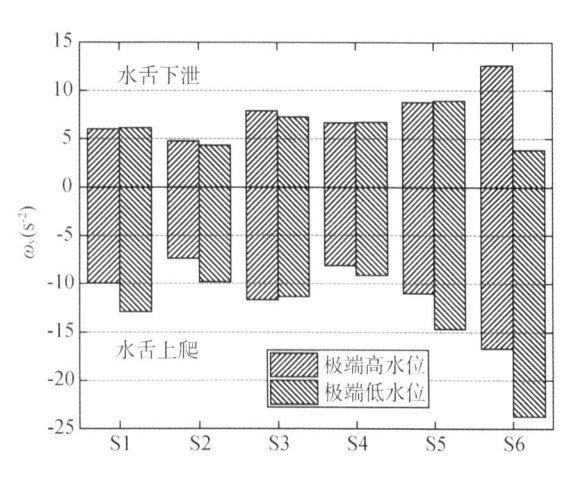

图 6.38 不同工况防波堤附近速度涡量极值对比

6.5.3 规则波与方案二防波堤的相互作用

与方案一防波堤断面不同的是,方案二采用栅栏板代替扭王字块体进行消浪,堤顶采用 L 形挡浪墙增强抗倾覆性能,挡浪墙墙顶标高依旧为 7.00 m。图 6.39 和图 6.40 分别给出了极端高水位和极端低水位两种工况下规则波与栅栏板护面的防波堤相互作用过

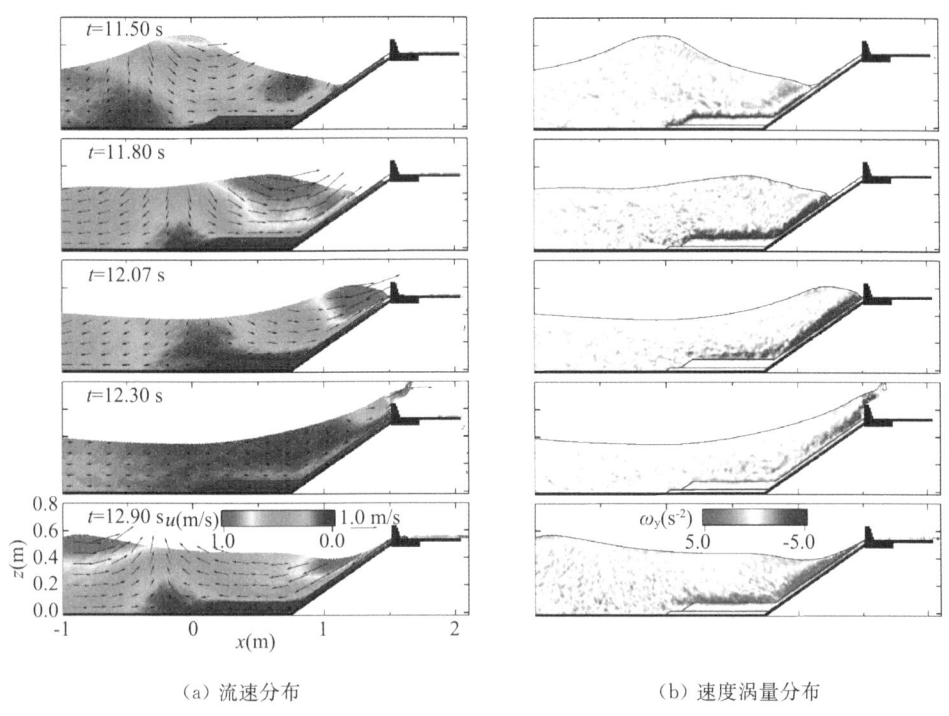

(a) 流速分布 (b) 速度涡量分布

图 6.39 极端高水位时规则波与方案二防波堤的相互作用

(a) 流速分布　　　　　　　　　　　　(b) 速度涡量分布

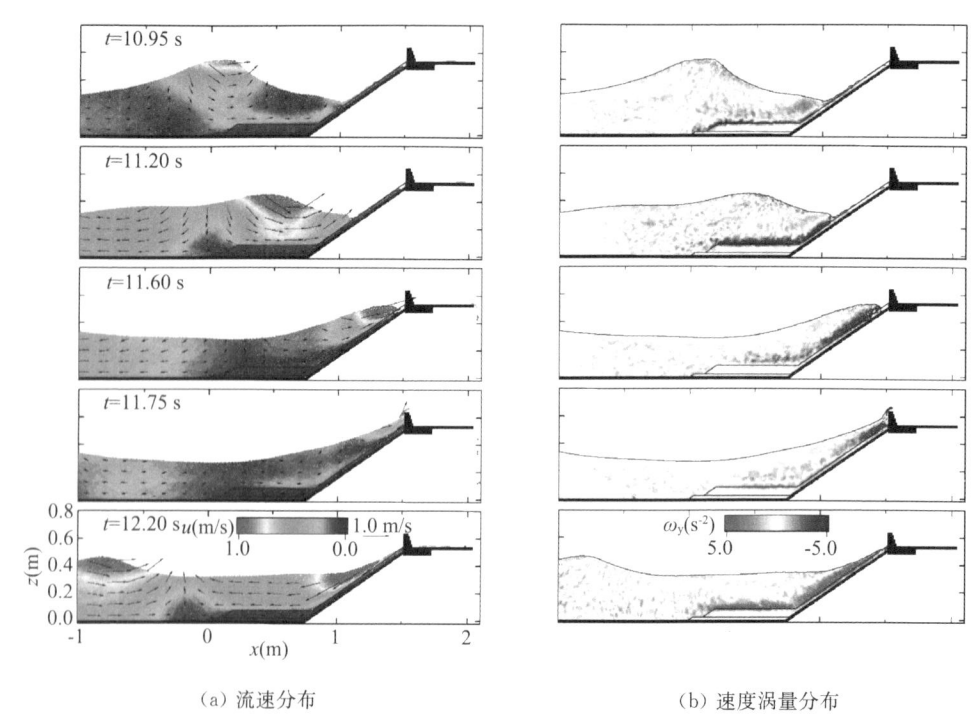

图 6.40　极端低水位时规则波与方案二防波堤的相互作用

程中堤前水体的流速分布和速度涡量分布。与方案一的模拟结果相比，栅栏板的消浪效果明显不如扭王字块体，较高的波浪反射率使得堤前水体呈现一种驻波的运动特征。在极端高水位时，上爬的水体尚未形成薄片状的冲击水流就与挡浪墙发生了作用，水体直接漫过墙顶形成较厚的越浪水舌，然后重重砸在堤后平台上。即使在极端低水位，高为 7.00 m 的墙顶上方依旧能观察到少量越浪。

图 6.41 对比了四种不同工况和方案组合时堤前水位变化。由于入射波与被防波堤反射的波浪叠加，在堤前发生共振并形成驻波。考虑到斜坡式防波堤的消浪作用，入射波不可能被完全反射，所以波节处仍存在一定幅度的波动。通过观察对比不同方案的波腹与波节处的波高，可以直观地感受到方案一的堤前反射要明显小于方案二。经过计算，方案一防波堤在极端高水位和极端低水位时的反射率分别为 29.2% 和 16.3%，而方案二防波堤的反射率则分别为 45.8% 和 44.2%。事实上，方案二在极端高水位时，波腹处的最大水深值可达 17.50 m（原型值），其波面要比该方案中的挡浪墙墙顶标高（7.00 m）高 1.50 m 之多，再加上波浪在斜坡上的爬高效应，无法避免地形成了大规模的越浪，进而对堤顶平台和防波堤后坡产生严重的破坏作用。

另外，根据驻波的运动特征，波腹处水质点的垂向运动速度较普通行进波有明显加强，此处海床将受到相对更大的升力，从而降低结构物的有效摩擦力和稳定性。所幸的是，方案二中的堤脚抛石未延伸至驻波波腹的主要作用区域，其所受作用力主要为左右振荡的水平力。

为减小堤顶越浪，本书对原方案二进行了针对性修改：延长斜坡长度并加高挡浪墙高

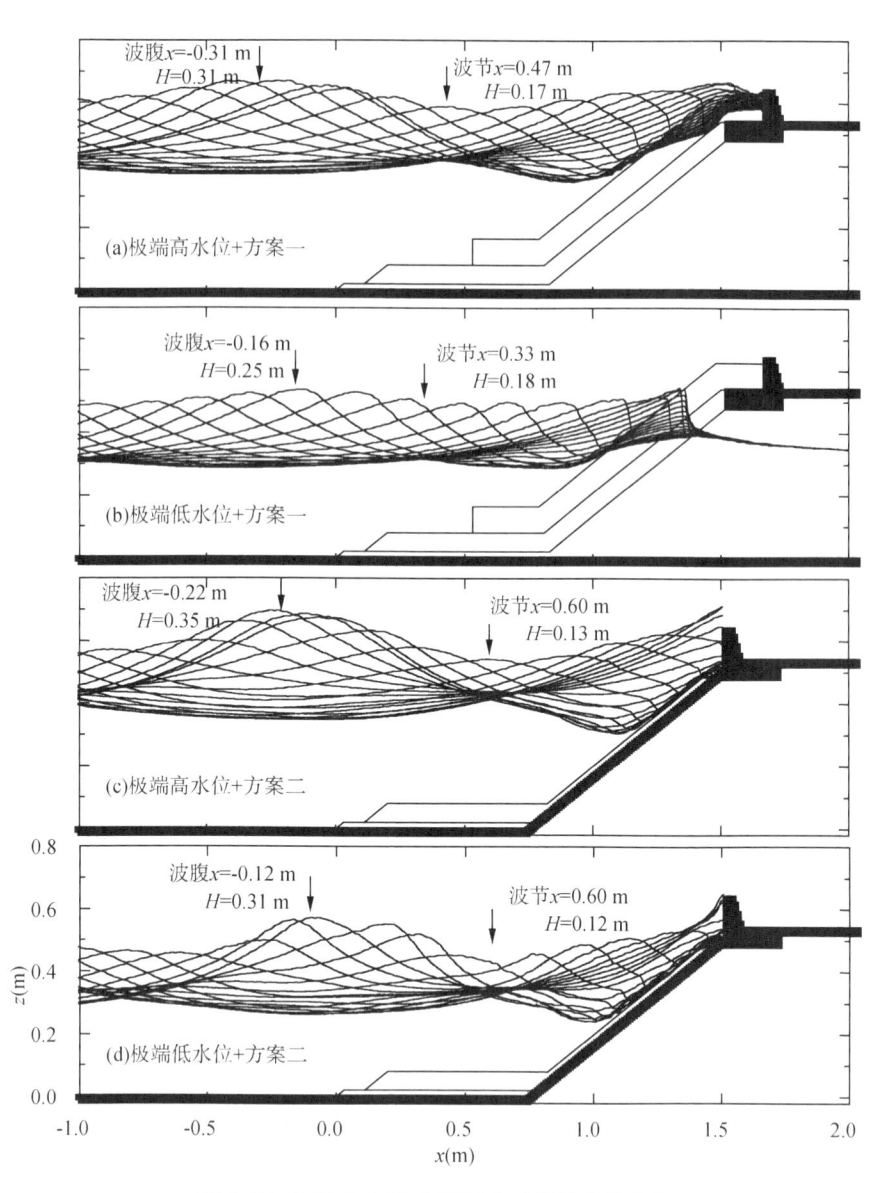

图 6.41　不同工况和方案组合时堤前水位变化

度,最终 L 形挡浪墙墙顶标高为 10.00 m。对修改后的方案二重新进行模拟计算,结果显示,在极端高水位工况下,平均单宽越浪量从原方案二的 1.22 m^2/s(原型值)降低至改进后的 0.31 m^2/s。如果再在新方案直墙式挡浪墙的迎浪侧增设反弧式挑檐,可引导上爬水舌返回外海侧,从而将越浪量降为零。

图 6.42 给出了不同结构形式挡浪墙上的越浪过程,其中挡浪墙墙顶高程均为 10.00 m,图 6.42(b)中的挡浪墙是在图 6.42(a)挡浪墙基础上增加一个反弧式挑檐得到的。由于栅栏板对波浪的消能作用有限,水舌在爬升至挡浪墙前时($t=12.20$ s)仍具有较大速度。水舌与直墙发生冲击后改变运动方向,沿挡浪墙垂直向上跃起($t=12.25$ s)。

海岸工程计算水力学

随着后续水体的持续上涌，水舌漫过挡浪墙形成越浪（图 6.42-a，$t=12.28$ s～12.47 s），而在反弧式挑檐的引导下，涌起的水体能够被最大程度上返回外海侧，从而有效降低越浪量（图 6.42-b，$t=12.28$ s～12.47 s）。

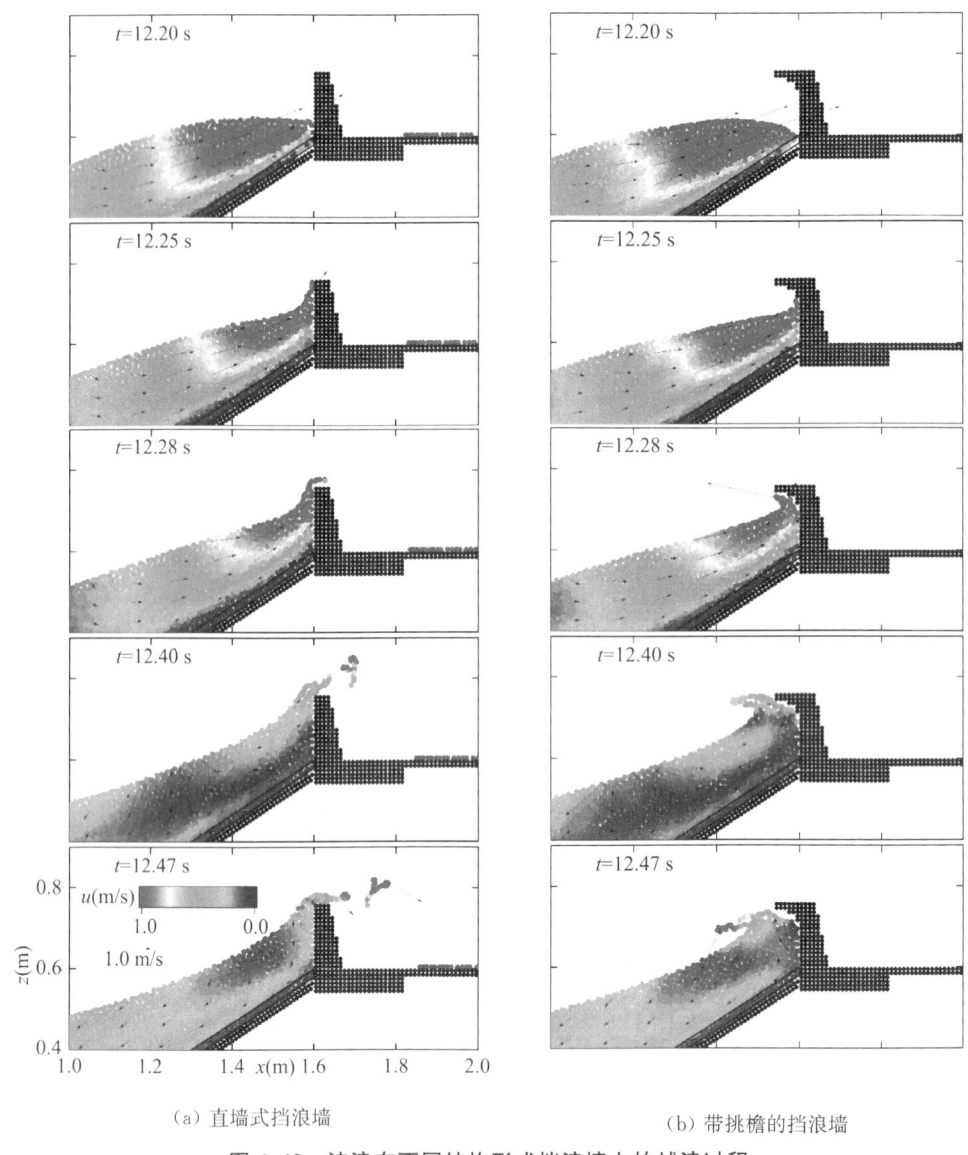

(a) 直墙式挡浪墙 (b) 带挑檐的挡浪墙

图 6.42 波浪在不同结构形式挡浪墙上的越浪过程

第 7 章 波浪与沙滩相互作用

7.1 概述

在风暴盛行季节,极端波浪传播至近岸地区,直接卷破在沙滩上,冲击滩面引起大量的泥沙悬浮并向离岸方向输送,将沙滩逐渐塑造成为风暴剖面。这一复杂水沙相互作用过程不仅包括强非线性的水体运动,还涉及悬沙、高浓度床沙和沙滩底床等不同特性的水沙混合物之间的相互转化。

SPH 方法作为一种纯拉格朗日形式的无网格数值方法,在捕捉不同相物质交界面方面有着先天的优势,无需采用任何追踪技术,即可自动识别任何扭曲、破碎的交界面,且得到的交界面锋利无锯齿。从某种程度上看,SPH 方法比传统网格方法更适合于模拟剧烈冲淤的情况。近十年来,已有一些学者在这方面开展了一些初步的工作:2007 年,Zou 在 SPH 水动力模型的基础上引入泥沙浓度的对流扩散方程,实现了悬沙输运的模拟,采用冲刷率方程和沉降率方程模拟泥沙的冲刷和落淤过程,进而描述底床变化。Krištof 等在泥沙浓度的对流扩散方程基础上提出了"Donor-Acceptor"机制以修正泥沙浓度的对流项计算,并将模型应用于模拟河槽冲蚀。Rao 等基于 SPH 水动力模型模拟了漫坝水流的运动,利用原型物模试验率定半经验半理论的侵蚀公式参数,通过扣除水沙交界面上固壁粒子的质量来模拟堤坝后坡泥沙被冲蚀的过程;不过他们的模型未考虑悬沙和泥沙落淤的机制。上述研究工作在处理床面变化的时候基本仍沿袭网格法的思路,即通过泥沙垂向通量方程计算底床边界的高程变化。

最近几年,学界对无网格法泥沙冲淤问题的研究重点集中在水沙二相流模型,即将水体和泥沙视为互不相溶的两种介质,分别采用传统的牛顿流体模型和流变模型进行描述。其中对于底床附近的泥沙沉积物,一般选择采用 Bingham 模型,或更复杂的改进模型,比如 Herschel-Bulkley 模型和 GVF(Generalized Visco-plastic Fluid)模型。另外,也有一些学者采用伪牛顿流体与泥沙屈服起动指标(Mohr-Coulomb 屈服准则、Shields 理论等)结合的方法描述泥沙的运动。Fourtakas 和 Rogers 除了使用 HBP(Herschel-Bulkley-Papanastasiou)模型模拟泥沙沉积物的运动外,还基于 Drucker-Prager 准则判断固结土体的屈服形变、基于水体泥沙浓度判断泥沙的起动和淤积状态,并考虑了水体渗流作用对屈服土体运动的影响。上述水沙二相流模型被应用于处理以推移质为主、水流流速和底床变形较大的泥沙冲淤问题,如溃坝水流对床面的冲蚀问题、水库闸下冲刷问题和船舶螺旋桨搅动水流对底床的冲淤影响等。这种处理方法充分利用了 SPH 方法自身的拉格朗日特性,可以同时得到清晰的水体自由表面边界和水沙分界面。但由于二相流模型中的泥沙粒子在起扬后以普通流体粒子处理,既无法准确反映水沙掺混的效果,也没能考虑泥沙沉降的物理机制,因此前人采用的水沙二相流模型在处理不可忽略悬沙输运作用的问题时会出现较大的误差,特别是在长历时模拟中,这些误差会在泥沙的反复"起扬-落淤-再起扬"过程中逐渐累积放大,最终导致底床形变模拟失真。

Ikari 等在水沙二相流模型基础上,引入泥沙的对流扩散方程,采用泥沙浓度来表征悬移质在水中的扩散和输移运动,模拟了射流对底床的冲击作用,取得了较好的效果。不过,也正因为他们将水与沙视为不同相分开处理,不得不面对连续的泥沙浓度和不连续的单个泥沙粒子之间的数值矛盾。他们选择了一种粒子质量积分的方法来实现悬移质泥沙和推移质的相互转换,这使得泥沙起扬和落淤(即悬移质和泥沙沉积物之间的物质交换)过程不再连续,同时还可能导致泥沙质量不再守恒。

国内关于 SPH 水沙模拟的研究与国外的最新进展相比存在着一定的差距,无论是理论深度还是实际应用,都存在着较大的进步空间。在实际的水沙系统中,悬移质泥沙运动范围广、浓度变化连续,宜采用泥沙浓度来描述泥沙的对流扩散运动;底床附近泥沙沉积物的泥沙浓度与上部水体存在明显的梯度变化,更适合从拉格朗日的视角用 SPH 泥沙粒子进行模拟。本章将在前人研究基础上,提出一种更为全面合理的水沙模拟技术,兼顾不同泥沙运动特点,并准确处理悬移质和沉积物之间的信息和物质交换,然后将其应用于模拟极端波浪作用下的沙滩冲淤变化过程。

7.2 SPH 水沙耦合模型

7.2.1 基本假设

与常规的溶液不同,水沙混合物中的泥沙在物理上并不真实溶解于水体,而是以一种微小单质颗粒形态大量散布于悬浊液之中,且在重力作用下,水沙逐渐分离形成水层与沙层。从宏观角度上看,水沙混合物中的泥沙可以用随时空变化的浓度变量来表征,通过泥沙浓度的对流扩散方程描述水沙动力过程,进而模拟较大空间尺度上的泥沙输运。从微观角度上看,水与沙为互不相溶的两种物质,即使相互掺混仍彼此保持独立,常采用二相流模型进行描述。这种 SPH 水沙二相流模型保留了 SPH 方法中水沙粒子的拉格朗日属性,能够轻易追踪不同物质的运动轨迹,在泥沙颗粒"从哪里来、到哪里去"和"起动-悬浮-淤积"等微观物理过程的研究上有着明显的优势。为了精确描述每一个泥沙颗粒或泥沙团与水粒子的相互作用,这类模型对计算分辨率具有较高的要求,进而限制了其应用的空间尺度大小。一旦泥沙颗粒的计算节点数太少，泥沙在水体中的对流扩散沉降等动力过程便会失真。因此，传统的 SPH 水沙二相流模型往往多用于模拟床面冲刷为主、悬沙输运可以忽略的问题。

在传统 SPH 水动力模型基础上，本书将粒子（计算节点）视为某种特殊溶液，并引入溶质的体积浓度变量 C，表示溶质占溶液的体积百分比。假设溶质和溶剂均不可压缩，且"溶质与溶剂的掺混过程不引起溶质与溶剂体积的变化"，如图 7.1 所示。对于水沙混合物而言，溶质为泥沙颗粒，溶剂为水，溶液则为水沙混合物。无论是悬沙还是底床沉积物，上述假设均基本成立，混合物的密度 ρ_{mix} 可以按下式计算：

$$\rho_{\mathrm{mix}} = \rho_C C + \rho_0 (1-C) \tag{7.1}$$

式中：ρ_C 和 ρ_0 分别表示溶质和溶剂的密度。通过赋予粒子不同的体积浓度，可以表示同种物质的浓度连续变化，或不同种的物质相。

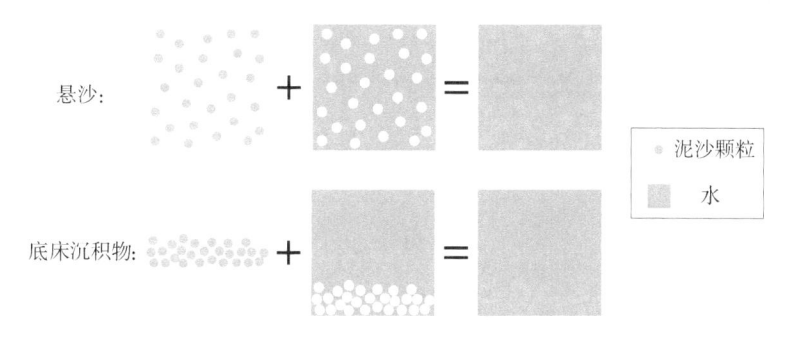

图 7.1 溶质溶液混合假说示意图

对应地，用于计算粒子压强的状态方程由式(5.24)调整为：

$$\begin{cases} P = B_{\mathrm{mix}} \left[\left(\dfrac{\rho}{\rho_{\mathrm{mix}}} \right)^{\gamma_{\mathrm{mix}}} - 1 \right] \\ B_{\mathrm{mix}} = c_{\mathrm{mix}}^2 \rho_{\mathrm{mix}} / \gamma_{\mathrm{mix}} \\ c_{\mathrm{mix}} = c_0 \left(\dfrac{\rho_0 \gamma_{\mathrm{mix}}}{\rho_{\mathrm{mix}} \gamma_0} \right)^2 \end{cases} \tag{7.2}$$

式中：c_{mix} 为混合物声速；ρ_{mix} 起一个参考密度的功能；对于流体，一般取 $\gamma_{\mathrm{mix}} = \gamma_0 = 7$。

7.2.2 泥沙浓度的对流扩散方程

如前面已经提及的，在 SPH 方法框架下，普通溶质在水体中的对流扩散运动由溶质附着的计算节点（即流体粒子，溶质的载体）的对流运动和溶质在计算节点之间因浓度差引起的扩散运动叠加得到。其中的对流运动完全由动量方程控制，而在拉格朗日的扩散方程不再体现。另外，若要模拟悬沙运动，还要考虑因溶质和溶液密度差引起的扩散运动（即重力因素导致的泥沙沉降运动，具体表现为溶质和溶剂的上下分离）。因此，拉格朗日形式的溶质对流扩散方程可以写为：

$$\frac{DC}{Dt} = -\omega_s \nabla C + \varepsilon_d \nabla^2 C + Q_s \tag{7.3}$$

式中：Q_s 为泥沙源项；ω_s 为泥沙沉速，Ikari 等建议采用以下沉速公式：

$$\begin{cases} \dfrac{|\omega_s|}{\sqrt{(\rho_s/\rho_l - 1)gd_{50}}} = \sqrt{\dfrac{2}{3} + \dfrac{36}{d_*}} - \sqrt{\dfrac{36}{d_*}} \\ d_* = (\rho_s/\rho_l - 1)gd_{50}^3/\upsilon^2 \end{cases} \tag{7.4}$$

式中：ρ_s 和 ρ_l 分别表示泥沙密度和水的密度；d_{50} 为泥沙的中值粒径；υ 为水的运动黏滞系数。事实上，泥沙沉速还受到其他一些因素的影响，比如泥沙黏性、水的含沙量浓度和紊动状态等。特别是当处理近底层高含沙浓度水体时，需要慎重选择合适的泥沙沉速计算方法。

泥沙浓度的对流扩散方程[式(7.3)]右侧第一项，$-\omega_s \nabla C$，表示泥沙沉降引起的计算节点的浓度变化。这种泥沙浓度变化并不是由计算节点间的浓度差产生的，而是外力（重力）作用的结果。这一项因而具有严格的自上而下的方向性，一些学者在处理泥沙沉降项时没有很好地理解这一点，由此得到的结果可信度自然大打折扣。Krištof 等提出了"Donor-Acceptor"机制来处理泥沙沉降项，较好地解决了该项的方向性问题。Ikari 等的水沙模型亦采用了这套方法。

在泥沙沉降过程中，中心粒子 i 既是"接受者"（Acceptor），也是"贡献者"（Donor）：作为"接受者"，粒子 i 接受来自其上方影响域内任意粒子 j 的泥沙沉降贡献，即泥沙传递方向为 $C_j \to C_i$；同时作为"贡献者"，粒子 i 也将自身的部分泥沙贡献给其下方影响域内任意粒子 j，即泥沙传递方向为 $C_i \to C_j$。通过分开处理中心粒子 i 的泥沙接受量和贡献量，巧妙地实现了泥沙自上而下沉淀的方向性计算，如图 7.2 所示。

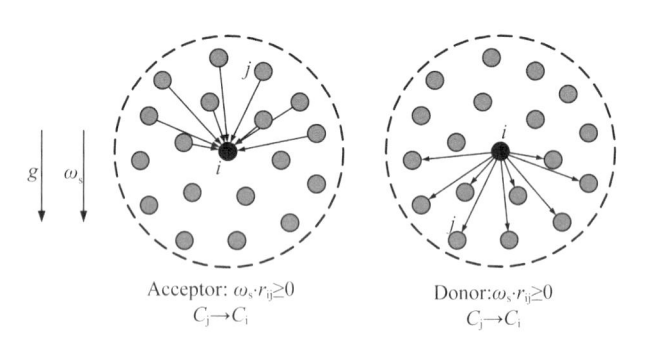

图 7.2 "Donor-Acceptor"机制示意图

遗憾的是，Krištof 等和 Ikari 等在计算泥沙浓度梯度时，没能考虑到在"接受"和"贡献"过程中各自均只有约一半邻域粒子 j 参与梯度计算，由此计算得到的 $-\omega_s \nabla C$ 仅为实际值的一半左右，进而低估了泥沙的沉降效应。本文采用修正后的核函数导数 $\widetilde{\nabla}_i W_{ij}$ 来取代原公式中的 $\nabla_i W_{ij}$，最终的"Donor-Acceptor"计算公式如下：

$$\omega_s \nabla C_i = \begin{cases} \sum_{j=1}^{N} \dfrac{m_j}{\rho_j} C_j \omega_s \widetilde{\nabla}_i W_{ij}, & \omega_s \cdot r_{ij} \geqslant 0 \\ \sum_{j=1}^{N} \dfrac{m_j}{\rho_j} C_i \omega_s \widetilde{\nabla}_i W_{ij}, & \omega_s \cdot r_{ij} < 0 \end{cases} \quad (7.5)$$

式中的核函数导数 $\widetilde{\nabla}_i W_{ij}$，本文由一阶修正得到：

$$\begin{cases} \widetilde{\nabla}_i W_{ij} = M_i^{-1} \nabla_i W_{ij} \\ M_i = -\sum_{j=1}^{N} \dfrac{m_j}{\rho_j} \nabla_i W_{ij} \otimes (r_i - r_j) \end{cases} \quad (7.6)$$

泥沙浓度的对流扩散方程[式(7.3)]右侧第二项，$\varepsilon_d \nabla^2 C$，表示泥沙受水体紊动产生的浓度扩散。对于运动不甚剧烈的水体，泥沙以沉降为主，而紊动扩散效应相对较弱；对于处于强非线性运动的水体及其水沙交界面，泥沙的紊动扩散效应可能比常规值增大1~2个数量级，有时甚至能抗衡重力引起的沉降作用。ε_d 为悬沙扩散系数，有 $\varepsilon_d = \nu_t / Sc$。其中 Sc 为紊流 Schmidt 数，一般取 $Sc=1.0$。本章采用大涡模拟计算紊流涡黏系数，有 $\nu_t = (C_S \Delta)^2 |S|$，Smagorinsky 常数 C_S 取 0.12，Δ 为粒子初始间距，亚粒子应变张量 S 由式(7.7)计算得到。

SPH 方法中的拉普拉斯算子一般不直接用核函数的二阶导数计算，而是采用差分近似法以提高计算精度和稳定性，则本章中泥沙浓度场 C 的二阶导数有：

$$\nabla^2 C_i = \sum_{j=1}^{N} \dfrac{2 m_j}{\rho_j} (C_i - C_j) \dfrac{r_{ij} \cdot \nabla_i W_{ij}}{|r_{ij}|^2 + \eta^2} \quad (7.7)$$

式中，η 一般取 0.01 h，以防止分母为零。

7.2.3 动量方程与连续性方程的修正

在引入溶质浓度之后，原 SPH 水动力模型实质从单相模型转变为多相模型。尽管 SPH 方法在理论上能够有效处理不同相物质的交界面，但是由于物质密度 ρ 在交界面是不连续的，这种相间的密度梯度会诱发虚假表面张力，宏观上表现为密度较小侧流体受到偏大的压强而产生内聚。特别当密度差较大时，传统 SPH 公式完全无法得到合理的结果。虽然粒子密度和质量在物质交界面两侧不连续，但考虑到粒子分布状态是自然过渡的，目前 SPH 多相流模型对单相流模型通常有两种修正思路：一是用粒子数密度代替粒子密度，二是用具有相同速度和体积的同相粒子代替影响域内的非同相粒子。

本章模型要处理的物质相(水沙混合物)相对更加复杂，有时是"泾渭分明"的传统二相流，有时也可能是具有密度渐变的物质交界面，大多数情况下影响域内的所有邻域粒子的密度均不甚相同。为此，本文将影响域内所有邻域粒子 j 均转化为与中心粒子 i 完全同相(等密度)的等效粒子，仅保留原邻域粒子的空间坐标和速度信息。修正后的动量方程和连续性方程分别为：

$$\frac{D\boldsymbol{u}_i}{Dt} = -\sum_{j=1}^{N} \bar{m}_j \left(\frac{P_i}{\rho_i^2} + \frac{\bar{P}_j}{\bar{\rho}_j^2} + R_{ij} \right) \nabla_i W_{ij} + \boldsymbol{g} + \boldsymbol{\varGamma} \tag{7.8}$$

$$\frac{d\rho_i}{dt} = \sum_{j=1}^{N} \bar{m}_j \boldsymbol{u}_{ij} \nabla_i W_{ij} + (\rho_C - \rho_0) \frac{DC}{Dt} \tag{7.9}$$

式中,修正后的邻域粒子质量 $\bar{m}_j$ 和密度 $\bar{\rho}_j$ 分别为：

$$\begin{cases} \bar{m}_j = m_j \rho_i^{\text{mix}} / \rho_j^{\text{mix}} \\ \bar{\rho}_j = \rho_j \rho_i^{\text{mix}} / \rho_j^{\text{mix}} \end{cases} \tag{7.10}$$

本文假设压强场在不同相物质之间是连续分布的,则修正后的邻域粒子压强可取 $\bar{P}_j = P_j$。式(7.8)中的 R_{ij} 为不同相物质间的人工排斥力,可提高交界面的稳定性,减少个别粒子的非物理穿透现象,由下式计算得到：

$$R_{ij} = 0.08 \left| \frac{\rho_i - \rho_j}{\rho_i + \rho_j} \right| \left| \frac{P_i + P_j}{\rho_i \rho_j} \right| \tag{7.11}$$

溶质浓度变化会导致粒子参考密度发生变化,式(7.9)右侧第二项,$(\rho_C - \rho_0)\frac{DC}{Dt}$,用于修正该变化对粒子密度变化率的影响。

将粒子 j 的质量和密度修正项式(7.10)代入动量方程式(7.8),忽略人工排斥力 R_{ij} 的影响,同时考虑到粒子体积不变假设,即 $m_i/\rho_i = m_j/\rho_j$,式(7.8)转化为：

$$\frac{D\boldsymbol{u}_i}{Dt} = -\sum_{j=1}^{N} \left(m_i \frac{P_i}{\rho_i^2} + \frac{m_j^2}{m_i} \frac{P_j}{\rho_j^2} \right) \nabla_i W_{ij} + \boldsymbol{g} + \boldsymbol{\varGamma} \tag{7.12}$$

等号两侧同乘以 m_i,有

$$m_i \frac{D\boldsymbol{u}_i}{Dt} = -\sum_{j=1}^{N} \left(m_i^2 \frac{P_i}{\rho_i^2} + m_j^2 \frac{P_j}{\rho_j^2} \right) \nabla_i W_{ij} + (\boldsymbol{g} + \boldsymbol{\varGamma}) m_i \tag{7.13}$$

式(7.13)表明本章修正后的动量方程在粒子质量可变的情况下,仍能满足动量守恒,保证了多相界面得到正确的处理。本章采用 Tartakovsky 和 Meakin 的虚假表面张力数值试验来测试模型修正后的表现,如图 7.3 所示。初始时刻,蓝绿两种互不相溶的物质以图 7.3(a)中状态静止分布于正方形固壁之中,$\rho_蓝/\rho_绿 = 5$,重力加速度取 $g=0$。从理论上讲,蓝绿交界面应始终保持方形不变。如果采用传统的 SPH 动量方程来直接计算多相流,则内部的绿色物质会在虚假表面张力的作用下逐渐收缩成圆形,最终得到一个完全错误的交界面外形,如图 7.3(b)所示。在采用了本章修正后的动量方程之后,蓝绿交界面始终维持在初始状态,内外粒子也一直呈正交分布没有发生移动,如图 7.3(c)所示。对于本章需要处理的水沙耦合问题来说,这种修正是非常必要的。

另外必须指出的是,同样的修正也需要应用于其他模型公式,如 δ-SPH 公式和大涡模拟的紊流黏性公式等,以保持多相流模型一致性,本章不再详列修正后的公式。

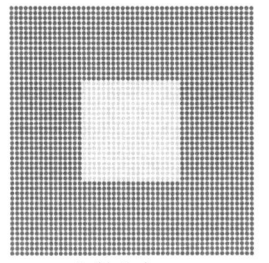

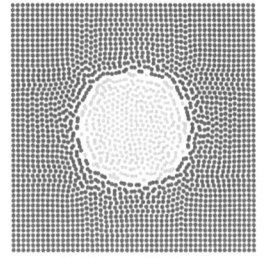

(a) 初始状态：t=0 s　　(b) 标准SPH模型：t=10 s　　(c) 改进后的多相SPH模型：t=10 s

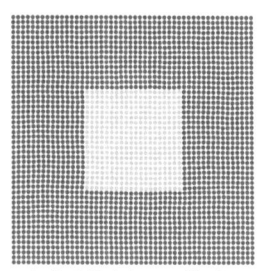

图 7.3　虚假表面张力测试

7.2.4　水沙相互作用物理过程

本章 7.2.1～7.2.3 节给出了基于溶质体积浓度的 SPH 多相流模型，能够模拟悬沙在水体中的对流、扩散和沉降等物理过程。在实际环境中，底床上部挟沙水体一般可以视为牛顿流体，与纯水遵循同一套运动规律，而底床沉积物及其附近的高浓度含沙水体则具有不同的运动特性，需要采用不同的控制方程加以描述。这几种不同状态的水沙混合物在物质构成种类上一致、且存在相互转化过程，在物理观感上有一定区别、但又没有绝对的分界线，最明显差别在泥沙浓度。如何让这些既相似又各异的物质纳入同一套模型框架下加以描述，是本章 SPH 水沙耦合模型需要重点解决的问题，也是本章将该模型称为"耦合"模型而非水沙"二相流"模型的原因。

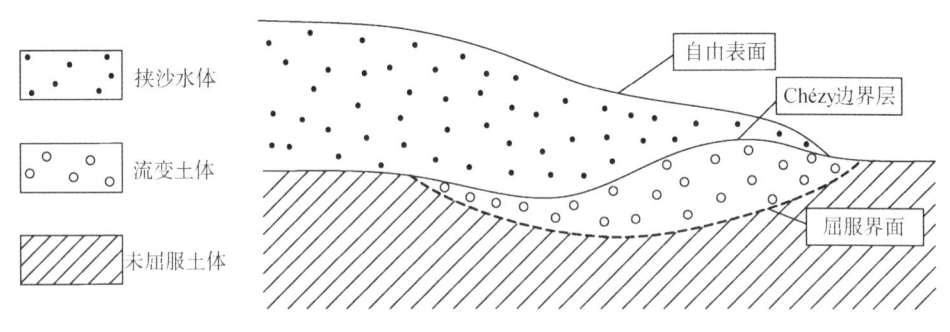

图 7.4　水沙相互作用物理过程示意图

与 Fourtakas 和 Rogers 描述的水沙相互作用过程类似，本章水沙耦合模型的物理机制框架如图 7.4 和图 7.5 所示：原先静止的底床沉积物在水体切应力作用下首先发生屈服，以非牛顿流体形式进行流变运动。上部挟沙水体以牛顿流体形式运动，并通过 Chézy 边界层与流变土体相互作用，一部分泥沙由紊动扩散作用进入上部挟沙水体，同时另一部分泥沙以沉降形式重新回到土体。

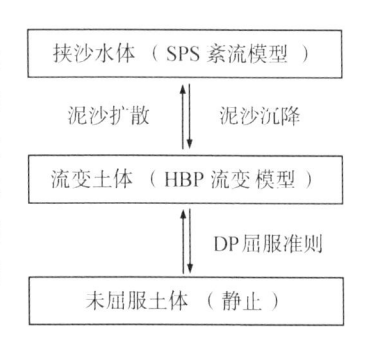

图 7.5　SPH 水沙耦合模型结构示意图

7.2.5 三种不同状态的水沙混合物

将 SPH 水沙耦合模型的动量方程统一写为张量形式:

$$\frac{Du_\alpha}{Dt} = \frac{1}{\rho}\frac{\partial \sigma_{\alpha\beta}}{\partial x_\beta} + g \tag{7.14}$$

式中:u 为粒子速度,ρ 为粒子密度,g 为重力加速度,$\boldsymbol{\sigma}$ 为全应力张量,有:

$$\sigma_{\alpha\beta} = -P\boldsymbol{\delta}_{\alpha\beta} + \boldsymbol{\tau}_{\alpha\beta} \tag{7.15}$$

式中:P 为各向同性压强;τ 为黏性应力张量;$\boldsymbol{\delta}$ 为克罗内克函数,$\boldsymbol{\delta}_{\alpha\beta} = \{1\ \alpha = \beta; 0\ \alpha \neq \beta\}$。对不同运动状态的物质采用不同的控制方程计算应力张量 $\boldsymbol{\sigma}$。

1) 牛顿流体

本章采用经典的牛顿流体模型进行描述含沙浓度较低的挟沙水体,式(7.15)可进一步写为:

$$\boldsymbol{\sigma}_{\alpha\beta} = -P\boldsymbol{\delta}_{\alpha\beta} + 2\mu_{eff}\dot{\boldsymbol{\varepsilon}}_{\alpha\beta} \tag{7.16}$$

式中:$\dot{\boldsymbol{\varepsilon}}_{\alpha\beta}$ 表示流体应变张量,对于不可压缩流体可按下式计算,

$$\dot{\boldsymbol{\varepsilon}}_{\alpha\beta} = \frac{1}{2}\left(\frac{\partial u_\alpha}{\partial x_\beta} + \frac{\partial u_\beta}{\partial x_\alpha}\right) - \frac{1}{3}\frac{\partial u_\gamma}{\partial x_\gamma}\boldsymbol{\delta}_{\alpha\beta} \tag{7.17}$$

式中:μ_{eff} 为表观动力黏性系数,由动力黏性系数 μ_{dynamic} 和紊动黏性系数 μ_{turb} 线性叠加得到,

$$\mu_{eff} = \mu_{\text{dynamic}} + \mu_{\text{turb}} \tag{7.18}$$

本章中 $\mu_{\text{fluid}} = \mu_{eff}$,$\mu_{\text{turb}}$ 由基于大涡模拟(Large Eddy Simulation,LES)的亚粒子紊流模型(Sub-particle Simulation,SPS)计算得到,详见本文 6.2.2.3 节。SPH 水沙耦合模型对牛顿流体的处理与传统 SPH 水动力模型在本质上是完全一致的。

2) 非牛顿流体

底床附近存在着高浓度含沙水体和屈服流变的沉积物,其运动特性与上部挟沙水体具有较大差异,本章假设其为非牛顿流体。在非牛顿流体中,应力 $\boldsymbol{\tau}$ 与应变 $\boldsymbol{\varepsilon}$ 不再是简单的线性关系,通常采用 Bingham 塑性模型及其衍生的流变模型进行描述。

对于最简单的 Bingham 塑性模型(Bingham Plastic Model,BP),流体在低应力情况下表现为弹性固体,只有当剪切应力大于屈服应力 μ_y 之后,流体的应力才与应变呈线性关系:

$$\boldsymbol{\tau} = \begin{cases} \left(\dfrac{\tau_y}{\sqrt{\text{II}_E}} + 2\mu_0\right)\dot{\boldsymbol{\varepsilon}}, & |\boldsymbol{\tau}| > \tau_y \\ 0, & |\boldsymbol{\tau}| \leqslant \tau_y \end{cases} \tag{7.19}$$

式中:II_E 为应变的第二不变量(Second Invariant),

$$\mathrm{II}_E = \frac{1}{2}\dot{\varepsilon}_{\alpha\beta}\dot{\varepsilon}_{\alpha\beta} \tag{7.20}$$

对于二维情况，式(7.20)可以进一步写为：

$$\mathrm{II}_E = \frac{1}{2}\left[\left(\frac{\partial u}{\partial x}\right)^2 + \left(\frac{\partial w}{\partial z}\right)^2 + \frac{1}{2}\left(\frac{\partial u}{\partial z} + \frac{\partial w}{\partial x}\right)^2\right] \tag{7.21}$$

在 BP 模型基础上，又衍生出一些应力随应变非线性增长的流变模型，如 Herschel-Bulkley 模型(HB)和 Herschel-Bulkley-Papanastasiou 模型(HBP)，应力计算式分别有：

$$\boldsymbol{\tau} = \begin{cases} \left[\dfrac{\tau_y}{\sqrt{\mathrm{II}_E}} + 2\mu_0\left(\sqrt{4\mathrm{II}_E}\right)^{n-1}\right]\dot{\boldsymbol{\varepsilon}}, & |\tau| > \tau_y \\ 0, & |\tau| \leqslant \tau_y \end{cases} \tag{7.22}$$

$$\boldsymbol{\tau} = \begin{cases} \left[\dfrac{\tau_y}{\sqrt{\mathrm{II}_E}}(1-\exp(-m\sqrt{\mathrm{II}_E})) + 2\mu_0\left(\sqrt{4\mathrm{II}_E}\right)^{n-1}\right]\dot{\boldsymbol{\varepsilon}}, & |\tau| > \tau_y \\ 0, & |\tau| \leqslant \tau_y \end{cases} \tag{7.23}$$

式中：m 和 n 为自定义的流态指数(Flow Behavior Index)。当 $m \to +\infty$ 时，HBP 模型收敛为 HB 模型；当 $m \to +\infty$ 且 $n=1$ 时，HBP 模型和 HB 模型收敛为最基础的 Bingham 模型。将各流变模型中的应力公式与式(7.16)联合对比，可以得到 BP、HB 和 HBP 模型中的等效黏性系数 μ_{eff} 分别为

$$\text{BP：} \quad \mu_{\text{eff}} = \frac{\tau_y}{\sqrt{4\mathrm{II}_E}} + \mu_0 \tag{7.24}$$

$$\text{HB：} \quad \mu_{\text{eff}} = \frac{\tau_y}{\sqrt{4\mathrm{II}_E}} + \mu_0\left(\sqrt{4\mathrm{II}_E}\right)^{n-1} \tag{7.25}$$

$$\text{HBP：} \quad \mu_{\text{eff}} = \frac{\tau_y}{\sqrt{4\mathrm{II}_E}}\left[1-\exp(-m\sqrt{\mathrm{II}_E})\right] + \mu_0\left(\sqrt{4\mathrm{II}_E}\right)^{n-1} \tag{7.26}$$

本章选择 HBP 模型计算屈服土体的等效动力黏性系数。

根据 Kanatani、Shakibaeinia 和 Jin，流变模型中的屈服应力 τ_y 按下式计算：

$$\tau_y = c\cos\varphi + P_{\text{eff}}\sin\varphi \tag{7.27}$$

式中：c 和 φ 分别为泥沙的凝聚力系数(Cohesion Coefficient)和内摩擦角(Internal Fiction angle)；P_{eff} 为土体有效压强，假设水沙混合物处于饱和状态，则有效压强可由全压强 P_{total} 减去孔隙水压强 P_{pw} 得到

$$P_{\text{eff}} = P_{\text{total}} - P_{\text{pw}} \tag{7.28}$$

水沙混合物的全压强 P_{total} 可以由混合物状态方程，即式(7.2)，显式计算得到，而孔

隙水压强则常由孔隙静水压强近似代替。一种比较简单的思路是假设水沙上下分层,通过计算给定坐标上方水面高程和水沙分界面高程,结合水体密度和饱和土体密度解析计算得到孔隙静水压强,如图 7.6(a)所示。

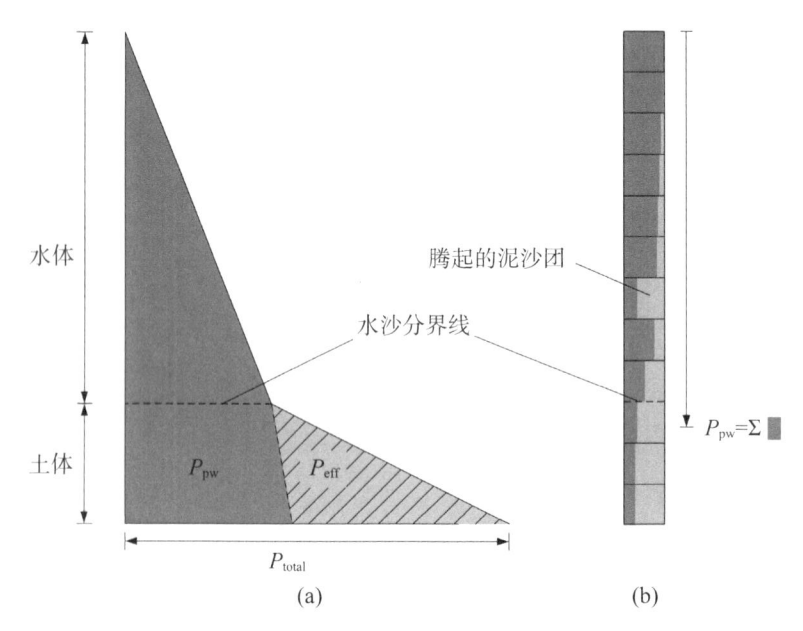

图 7.6 孔隙静水压强计算示意图

然而图 7.6(a)里泥沙的理想沉淀状态与实际环境存在着较大区别,特别是非线性运动状态下的挟沙水体,其泥沙浓度处处不等,有时还会出现浓度非单调变化的情况。另外,这种方法需要对每个计算节点获取两个交界面的高程,算法时间复杂度为 $O(n^{3/2})$,对程序的整体计算效率产生很大的负面影响。

本章在计算孔隙静水压强时,首先建立一个覆盖所有计算节点的背景网格,背景网格节点上的孔隙静水压强 P_{pw} 按式(7.29)自上向下逐层累加得到,然后由临近的网格节点插值得到给定坐标处的孔隙静水压强,如图 7.6(b)所示。这种算法不需要计算交界面,在时间复杂度上为 $O(n)$,与模型其余部分的算法保持一致,计算精度也能通过加密背景网格而提高。更重要的是,它能适应任意分布的泥沙浓度场,包括泥沙团腾起、挟沙水舌翻卷等泥沙浓度非单调变化的情况。

$$P_{pw} = \sum_{k=1}^{N} \rho_k (1-C_k) g \Delta z_k \tag{7.29}$$

式中:ρ_k 和 C_k 分别为背景网格节点上的粒子参考密度和泥沙浓度;Δz_k 为网格纵向分层厚度;N 为当前节点自上向下累加的网格层数。

3) 未屈服的饱和土体

受到较弱水流剪切强度或较深处的饱和土体,处于未屈服状态。本章模型将其加速度赋零,以保持静止。

7.2.6　水沙混合物状态的判断和过渡

上节介绍了三种处于不同运动状态的水沙混合物的描述方式:采用牛顿流体模型描述的挟沙水体,采用非牛顿流变模型描述的高含沙水体和屈服后的沉积物,以及未屈服状态的静止土体。本节将重点介绍不同状态的判别标准及其过渡状态的处理。

底床附近的土体在静止状态和流变状态之间的切换由 Drucker-Prager(DP)屈服准则判定:

$$-\alpha P_{\text{eff}} + \kappa < 2\mu_{\text{yield}} \sqrt{\text{II}_E} \tag{7.30}$$

式中,屈服参数 α 和 κ 分别由下式得到,其中的 c 和 φ 即为前文提到的泥沙凝聚力系数和内摩擦角。

$$\begin{cases} \alpha = -\dfrac{2\sqrt{3}\sin\varphi}{3-\sin\varphi} \\ \kappa = \dfrac{2\sqrt{3}c\cos\varphi}{3-\sin\varphi} \end{cases} \tag{7.31}$$

为实现挟沙水体与流变土体之间的过渡,本文将泥沙相对浓度 C/C_{max} 位于 (0.3, 0.6) 区间内的水沙混合物视为边界层,用 Chézy 黏性进行描述:

$$\mu_{\text{Chezy}} = \frac{\rho_{mix} C_f (\boldsymbol{u}_\alpha \boldsymbol{u}_\alpha)}{\sqrt{4\, \dot{\boldsymbol{\varepsilon}}_{\alpha\beta} \dot{\boldsymbol{\varepsilon}}_{\alpha\beta}}} \tag{7.32}$$

式中:Fraccarollo 和 Capart 建议系数 C_f 取 $0.007\sim 0.03$,Ulrich 等认为最终结果对该系数取值不敏感,建议取 $C_f = 0.01$;C_{max} 表示饱和的水沙粒子所能达到的最大泥沙体积浓度,该数值与泥沙的孔隙率 n 有关,$C_{\text{max}} = 1 - n$。

最后,参照 Ulrich 等对不同浓度水沙混合物的分类区间,本文给出不同状态下表观动力黏性系数 μ_{eff} 的计算公式,并用线性插值实现不同分类区间之间的光滑过渡:

$$\mu_{\text{eff}} = \begin{cases} \mu_{\text{fluid}}, & C/C_{\text{max}} \in [0, 0.01) \\ \mu_{\text{fluid}} + \dfrac{\mu_{\text{Chézy}} - \mu_{\text{fluid}}}{0.3 - 0.01}(C/C_{\text{max}} - 0.01), & C/C_{\text{max}} \in [0.01, 0.3) \\ \mu_{\text{Chézy}}, & C/C_{\text{max}} \in [0.3, 0.6) \\ \mu_{\text{Chézy}} + \dfrac{\mu_{\text{soil}} - \mu_{\text{Chézy}}}{0.99 - 0.6}(C/C_{\text{max}} - 0.6), & C/C_{\text{max}} \in [0.6, 0.99) \\ \mu_{\text{soil}} & C/C_{\text{max}} \in [0.99, 1] \end{cases} \tag{7.33}$$

式中,μ_{fluid}、$\mu_{\text{Chézy}}$ 和 μ_{soil} 分别由式(7.18)、式(7.32)和式(7.26)得到。利用式(7.33)、式(7.14)和式(7.16),可以计算系统内任意状态粒子的加速度。

根据实测数据,挟沙水体的悬沙质量浓度一般小于 $5\ \text{kg/m}^3$,极端情况下可能达 $10\sim 20\ \text{kg/m}^3$,按泥沙密度 $2\,650\ \text{kg/m}^3$ 换算,最大体积浓度为 $3.77\times 10^{-3}\sim 7.55\times 10^{-3}$。因

此本章在式(7.33)中将挟沙水体的浓度上限取为 0.01。对于底层土体,理论上水能够填满泥沙颗粒间的所有空隙,则饱和土体的相对泥沙浓度 C/C_{max} 可达到 1;实际模型中为满足数值计算需要,将 C/C_{max} 下限取为 0.99,且当 $C/C_{max} \geqslant 0.99$ 时,当前时间步的泥沙浓度时间导数 DC/Dt 将被强制赋零,表明对应计算节点达到饱和状态,拒绝"接受"来自其他节点的泥沙"贡献"。

综上,整套 SPH 水沙耦合模型以粒子(计算节点)的泥沙相对体积浓度为指标,判断粒子对应的物质属性以施加对应的控制方程,在单层多相计算节点的框架下实现了悬沙-沉积物的耦合模拟,避免了水相-悬沙相-土相之间繁琐的物质交换计算及其可能带来的对计算精度的影响。因而从这个角度上看,本章模型框架更符合实际水沙相互作用过程的物理机制,有利于更好地复演泥沙冲淤动力细节。

7.3 模型验证

本章 SPH 水沙耦合模型主要考虑水与泥沙两种物质的相互作用,需要处理挟沙水体、流变土体与静止饱和土体三种不同状态的水沙混合物之间的物质转换,其中涉及多种不同的物理动力过程,包括二相流界面的演化、悬沙的沉降与扩散、土体的流变等。本章将通过操纵 SPH 水沙耦合模型的特定控制方程,对模型进行功能分解,采用一系列学界公认的基准测试来逐一验证本文模型预期实现的各种物理动力过程。

7.3.1 瑞利-泰勒不稳定试验

瑞利-泰勒不稳定(Rayleigh-Taylor Instability)是指两种流体上下分层,上部密度较大的流体在重力作用下向下运动,同时密度较小者向上运动而形成的二相流现象,常被用于考察二相流模型对复杂交界面的处理能力。水沙冲淤现象从本质上来说就是水沙交界面的动力演化过程,只不过这两相之间存在着更为复杂的物质交换、且不一定都遵循牛顿流体运动规律。因此,能有效处理传统二相流现象是本章 SPH 水沙耦合模型实现水沙界面模拟的重要前提。

在瑞利-泰勒不稳定试验中,宽 H、高 $2H$ 的密封容器内有上下两种密度不同、互不相溶的牛顿流体,密度分别为 $\rho_2 = 1.8\,\text{kg/m}^3$ 和 $\rho_1 = 1.0\,\text{kg/m}^3$,初始时刻以 $z = 1.0 - 0.15\sin(2\pi x)$ 为分界线,作为流体运动的初始扰动。容器四壁采用不可滑移边界。本章测试中取 $H = 1.0\,\text{m}$,重力加速度 $g = -1.0\,\text{m/s}^2$,雷诺数 $\text{Re} = \dfrac{1}{v}\sqrt{(H/2)^3 g} = 420$,则对应的运动黏性系数 v 为 $2.38 \times 10^{-3}\,\text{m}^2/\text{s}$。

设溶剂参考密度 $\rho_0 = 1.0\,\text{kg/m}^3$,溶质参考密度 $\rho_C = 1.8\,\text{kg/m}^3$,图 7.7 中蓝色流体的体积浓度 $C_2 = 1$,红色流体的体积浓度 $C_1 = 0$;关闭溶质对流扩散方程,即 $DC/Dt = 0$;全局流体采用牛顿流体控制方程。这样便将水沙耦合模型简化为了基础的二相流模型。

图 7.7 给出了本章模型在 $T = t(g/H)^{1/2} = 1,3,5$ 三个时刻的结果及其与 Grenier

等结果的对比,计算分辨率为 150×300。在重力作用下,深色流体下沉,浅色流体上浮,初始扰动界面逐渐演变为蘑菇状突起[图 7.7(b)],随后两种流体相互穿插、卷曲,形成复杂的二相交界面。本测试尚无解析解或物理模型试验,不过本章的结果仍与前人的数模结果吻合较好。

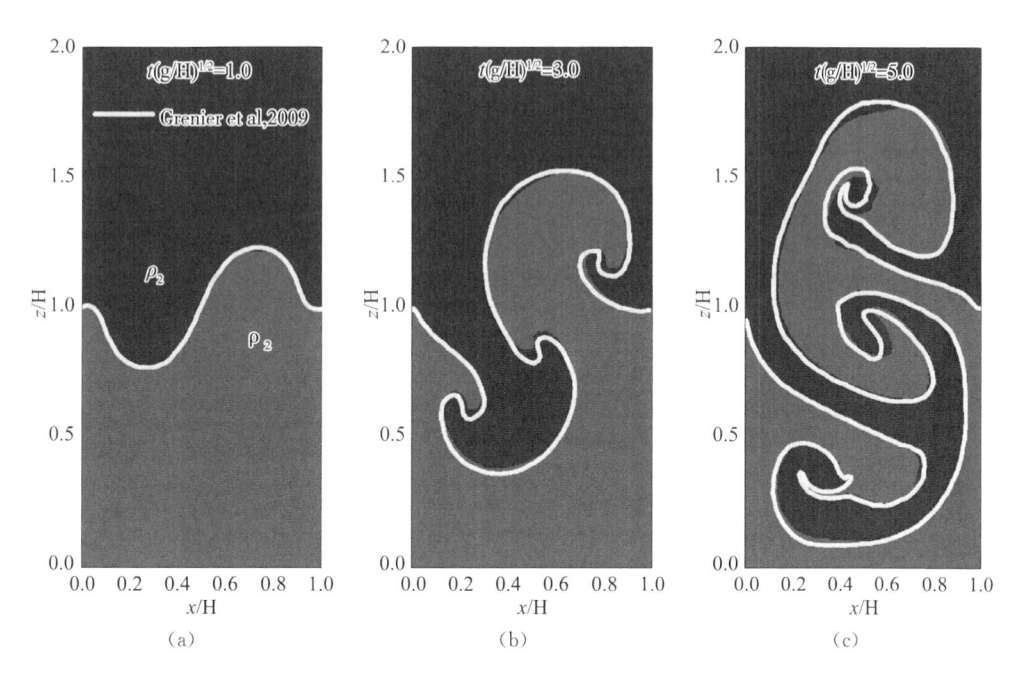

图 7.7 瑞利-泰勒不稳定试验验证

7.3.2 开闸式异重流试验

另一类二相流试验称为开闸式异重流试验(Lock-exchange Problem),在异重流(Gravity Current)研究领域应用甚广。该试验主要研究两种密度相近的流体在重力作用下的分层流动现象,与水库闸前异重流、海床浮泥等水沙相互作用现象非常相似。本节选用 Lowe 等进行的物理模型试验进行验证,试验在高 $H = 0.20 \text{ m}$、长 $L = 1.82 \text{ m}$ 的密闭水箱中进行,水箱中部被一挡板对称隔开,左右两侧分别注满了密度不同的牛顿流体,如图 7.8 所示。试验开始后,迅速抽去挡板,密度较大侧流体在重力作用下从密度较小者下方往前流动,形成异重流前锋。试验发现轻重两股前锋的运动速度并不相等,属于非 Boussinesq 现象。

与上节一样,本节依旧采用了基础的二相流模型来模拟开闸式异重流,左右两侧流体分别为 NaI 水溶液 ($\rho_2 = 1\,466\text{ kg/m}^3$) 和纯水 ($\rho_1 = 1\,000 \text{ kg/m}^3$)。数值试验中,假设挡板在瞬间被抽除,记录轻重前锋距水箱中心的距离 Δx 随时间的变化,并与物理模型试验结果以及前人的数值结果进行对比,如图 7.9 所示。横纵坐标分别为无量纲化后的时间 $t^* = t(g/H)^{1/2}$ 和距离 $x^* = \Delta x/H$。本章模型得到的轻质前锋运动速度与物理模型结果吻合很好,误差仅为 1.9%,而重质前锋速度则偏慢了约 11.0%。

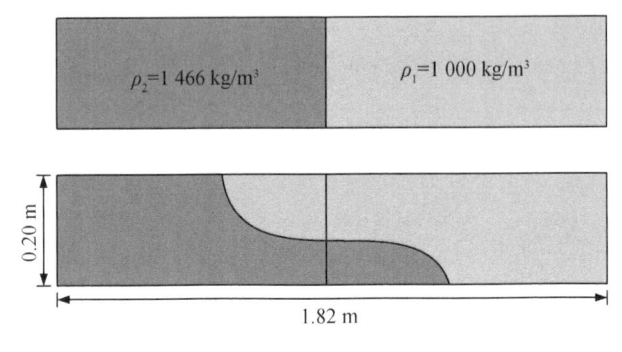

图 7.8　开闸式异重流试验布置示意图

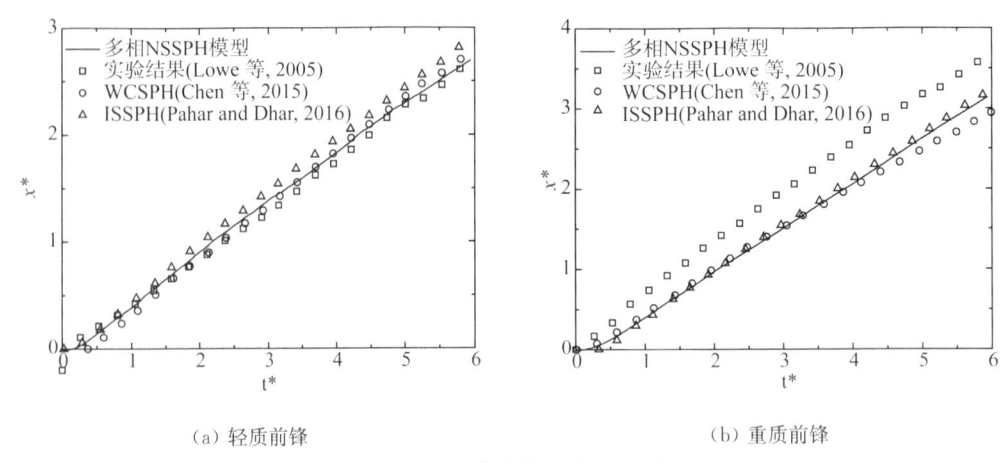

(a) 轻质前锋　　(b) 重质前锋

图 7.9　异重流前锋运动速度验证

不过有意思的是,近几年也有学者用不同的 SPH 模型得到了与本章模型类似的结论,如 Chen 等(WCSPH 模型)、Pahar 和 Dhar(ISSPH 模型)。Chen 等认为速度偏差可能出自二相流模型未考虑液体掺混的影响。本文采用考虑了溶质扩散效应的二相流模型重新计算该算例,发现溶质的扩散效应对轻重前锋的运动速度影响微乎其微。Pahar 和 Dhar 则认为这种现象可能是物模试验中闸门提起的附加影响。

本节还复演了 Monaghan 和 Rafiee 的异重流数值试验,试验水槽长高分别为 $L=3.0$ m 和 $H=0.5$ m,两侧溶液的密度分别为 $\rho_2=2\,500$ kg/m³ 和 $\rho_1=1\,000$ kg/m³。本节结果与 Monaghan 和 Rafiee 的 WCSPH 数模结果之间相差仅 0.8%,可以认为本章 SPH 水沙耦合模型给出的异重流界面是准确可信的。

7.3.3　悬沙沉降堆积试验

本章 SPH 水沙耦合模型相比传统的多相流模型,一个很重要的改进之处在于更科学地考虑了泥沙在水体中的沉降机制,从而可以更准确地描述悬沙在水体中的对流、扩散和沉降过程,本节将采用静水中的悬沙沉降堆积试验验证模型在这方面的性能。

试验水槽全深 0.5 m,初始时刻床面高程 $z_0=0.1$ m,静水水深 0.4 m,悬沙浓度为

C_0，如图 7.10 中 $t=0.0$ s 所示。随后在重力作用下，悬沙逐渐沉降并堆积在底床之上，床面高程逐渐上升，而水体上部则逐渐由浊变清。设经过 t 时间，床面高程从 z_0 上升至 z，堆积物中泥沙处于饱和状态，其浓度 $C_{max}=1-n$，n 为泥沙孔隙率；表层泥沙下沉距离为 $\omega_s \mathrm{d}t$。根据泥沙质量守恒，有：

$$(z-z_0) \cdot (1-n) = \omega_s \mathrm{d}t \cdot C_0 + (z-z_0) \cdot C_0 \tag{7.34}$$

可以推得床面上升速率，即悬沙堆积速率的解析计算公式为：

$$\frac{\mathrm{d}z}{\mathrm{d}t} = \frac{z-z_0}{\mathrm{d}t} = \frac{\omega_s C_0}{1-n-C_0} \tag{7.35}$$

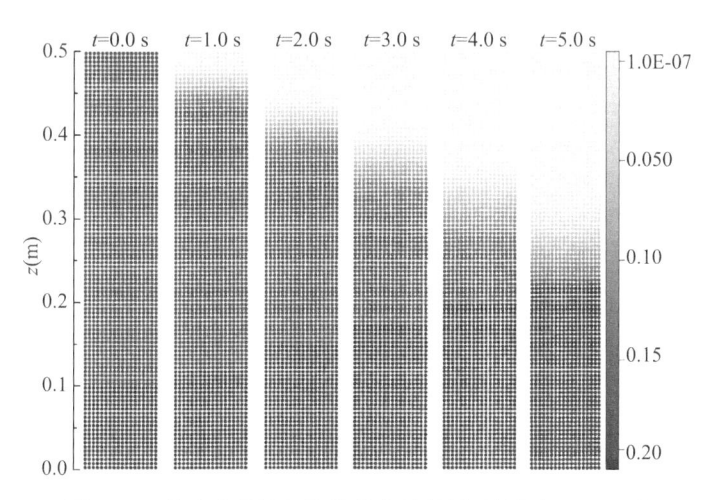

图 7.10 静水中悬沙沉降堆积全过程（初始浓度 $C_0=0.2$）

本节测试中选用三种初始浓度的均匀悬沙溶液：$C_0=0.2$，0.1 和 0.005。泥沙孔隙率 $n=0.4$，泥沙沉速 ω_s 取为常值 0.05 m/s。图 7.11 中，不同初始浓度下悬沙堆积速率的

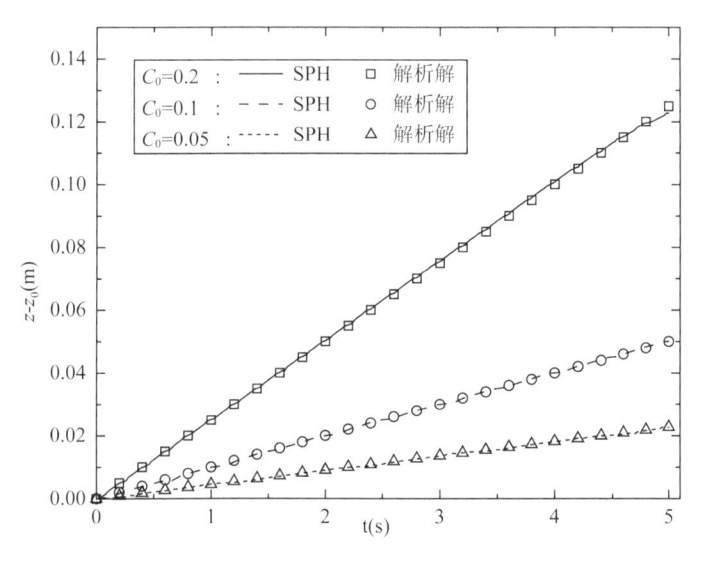

图 7.11 不同初始浓度下悬沙堆积速率

数模结果与解析解吻合很好,相对误差分别为 0.83%,0.74% 和 1.75%。除此之外,整个沉降过程中本章模型的所有计算节点始终保持稳定(如图 7.10),没有出现像 Ikari 等的 MPS 模型中粒子非物理性移动的现象,得到的床面高程变化曲线也更为光滑,没有出现锯齿现象。

需要指出的是,为了加速试验进行、增强沉降效果,本节所取的初始悬沙浓度要比实际环境中大得多,属于理想化的数值试验。在具体工况中,需要根据实际情况确定初始条件,并选择合理的泥沙沉速公式。另外,Ikari 等给出了错误的悬沙堆积速率解析公式,本节重新进行了推导。

7.3.4 土体溃坝试验

底床附近的沉积物或高含沙水体在水流切应力作用下发生形变,SPH 水沙耦合模型采用非牛顿流体的流变模型进行描述。为了验证模型的这部分功能,本节将全局流体粒子的溶质浓度设为最大值,并关闭溶质的扩散方程,则 SPH 水沙耦合模型等价于一个土体流变模型。Bui 等进行了一组土体溃坝物理模型试验,用于验证基于 SPH 方法的广义黏塑性土体本构模型(Generalized Visco-plastic Fluid model,GVF)。随后该试验被很多学者用来考察数值模型在处理屈服界面以及屈服后土体形变的性能,本节也将其作为模型验证的基准算例。

Bui 等采用直径为 1 mm 和 1.5 mm 的铝棒来模拟垂向二维的土体颗粒,铝棒密度为 2 650 kg/m³。初始时刻,铝棒被挡板束缚成 0.1 m 高、0.2 m 宽的矩形,用于模拟土坝,如图 7.12(a)所示。为更好地追踪土体的屈服和形变过程,Bui 等将部分铝棒进行了染色,并排列成网格状,本文亦遵循他们的设计,将对应位置的粒子进行了标记。

在事先进行的土体剪切应力测试中,研究对象实测得到的黏性系数 $c=0$,内摩擦角 $\varphi=19.8°$。考虑到原型铝棒的堆积特性,假设其孔隙率为 $n = 1-(\pi r^2)/(4r^2) = 0.215$,则实际土体的表观密度(体密度)为 2 081 kg/m³。本节试验采用不可滑移边界,计算分辨率取 0.002 m。试验开始后,右侧挡板被瞬间移除,部分土体在重力作用下发生屈服和溃坝,并以非牛顿流体形式向右运动。随着土体堆积角的逐渐变小,土体运动慢慢变缓,并最终停止。用于示踪的网格线也清晰地反映了土坝中屈服和未屈服部分的界限,如图 7.12(b)和图 7.12(c)所示。本文数值试验中的土坝外形也基本在 $t=0.64$ s 之后稳定不变。

对比本文和物理模型试验的结果,虽然和 Bui 等采用的更为复杂的 GVF 模型略有差距,本章耦合模型中的 HBP 模型还是较好地描述了土体溃坝的过程和特征,给出了准确的土体屈服界面和外轮廓,为进一步模拟水沙相互作用中底床附近的泥沙运动奠定了基础。

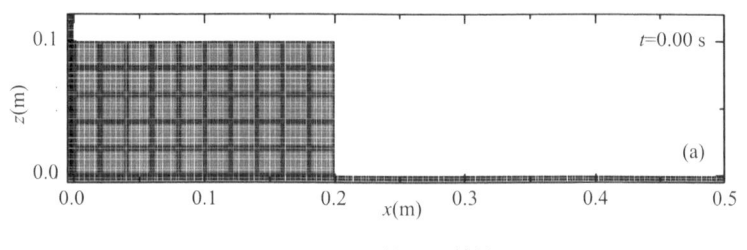

(a) $t=0.00$ s 的 SPH 结果

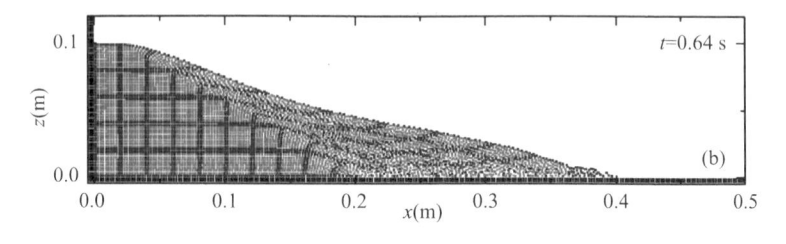

(b) $t=0.64$ s 的 SPH 结果

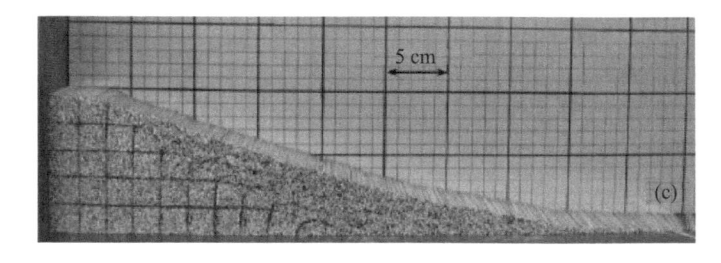

(c) 物模中溃坝后的土体照片

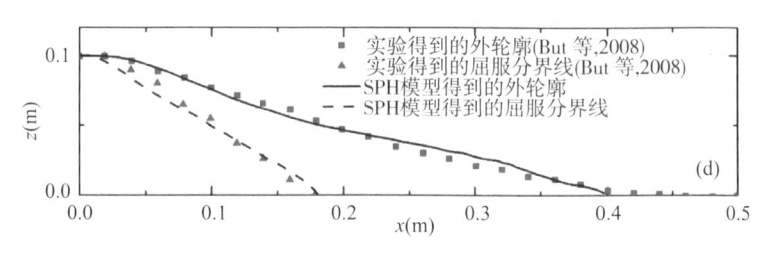

(d) 物模结果与本文模型结果的对比

图 7.12 土体溃坝试验验证

7.3.5 动床溃坝试验

溃坝问题涉及大变形的自由表面和快速变化的干湿边界,长期以来是非线性水动力学的经典研究课题之一。现实环境中的溃坝现象除了有复杂的洪水演化过程外,还伴随着水力侵蚀和泥沙输运,关系着大坝稳固和堤防安全。这种水沙两相物质的强非线性相互作用对数值模拟带来了巨大的技术挑战:既要准确预报溃坝水体前锋的运动状态和水位的变化过程,又要模拟下游床面可能发生的侵蚀变形。作为一种新兴的无网格方法,

海岸工程计算水力学

SPH 方法已被证明能有效处理经典定床溃坝问题；近年来，研究学者开始着手研究水沙二相流模型，并用动床溃坝物理模型试验进行验证。本节亦采用 Fraccarollo 和 Capart 的动床溃坝试验来测试 SPH 水沙耦合模型的综合性能。

试验在 2.00 m 长的矩形水槽中进行，水槽底部铺设 0.06 m 厚的饱和 PVC 颗粒层，用于模拟饱和土体。左半边水槽内用挡板囤积成 1.00 m 长、0.10 m 高的矩形水体，用于模拟水库溃坝前的状态，如图 7.13(a)所示。试验用的 PVC 颗粒直径 3.5 mm，密度 ρ_{pvc} = 1 540 kg/m³，静水中实测沉速 ω_s = 0.18 m/s。考虑到球体堆积孔隙率在 26.0%～47.6% 之间，本文取 n = 0.4，则实际饱和土体的表观密度为 1 324 kg/m³。根据 Ulrich 等和 Fourtakas 和 Rogers 的数值试验，本节取土体黏性系数 c = 0.01，内摩擦角 φ = 31°，计算分辨率为 0.002 5 m。

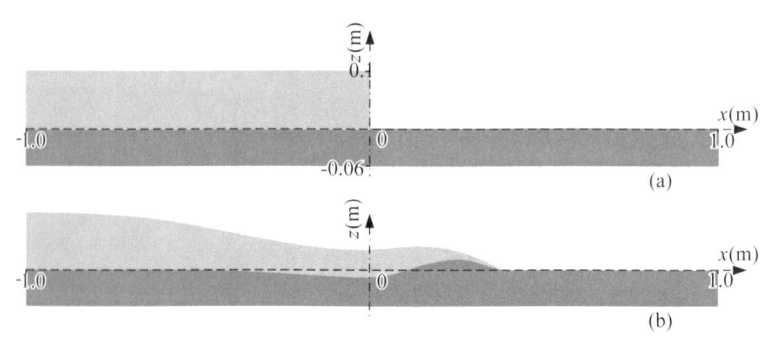

图 7.13 动床溃坝试验示意图

试验开始后，挡板被迅速抽去，坝趾附近随即出现一冲刷坑；溃坝水舌裹挟着沿程床面泥沙，一齐向下游迅速运动，演化形成如图 7.13(b)的床面形态。图 7.14 至图 7.17 给

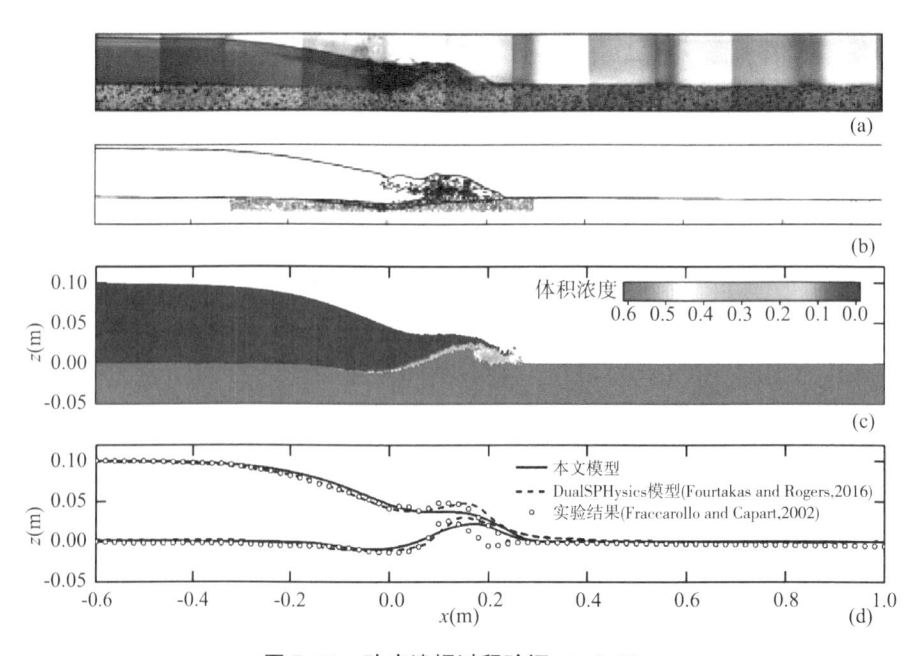

图 7.14 动床溃坝过程验证：t = 0.25 s

出了动床溃坝的全过程以及和物模的对比验证。其中,分图(a)为物模试验照片;分图(b)为照片处理后的图像,用以强化显示随水流一起运动的 PVC 颗粒;分图(c)为本节 SPH 水沙耦合模型的结果,图中的不同颜色表示泥沙的体积浓度;分图(d)对比了本节得到的水体自由表面和水沙分界线和物理模型试验结果,以及 Fourtakas 和 Rogers 给出的 Du-alSPHysics 模型计算结果。

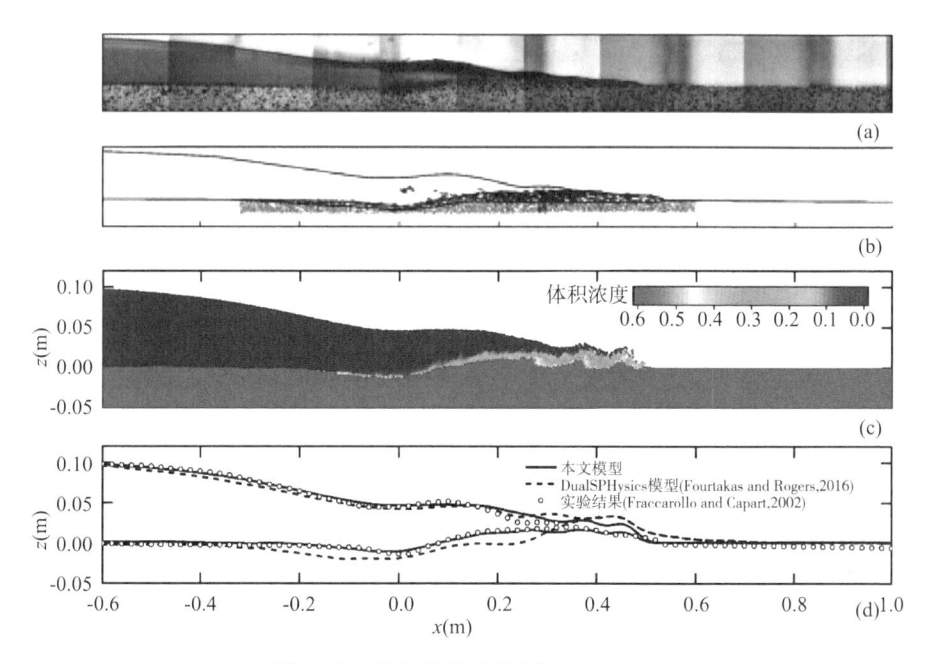

图 7.15　动床溃坝过程验证:$t=0.50$ s

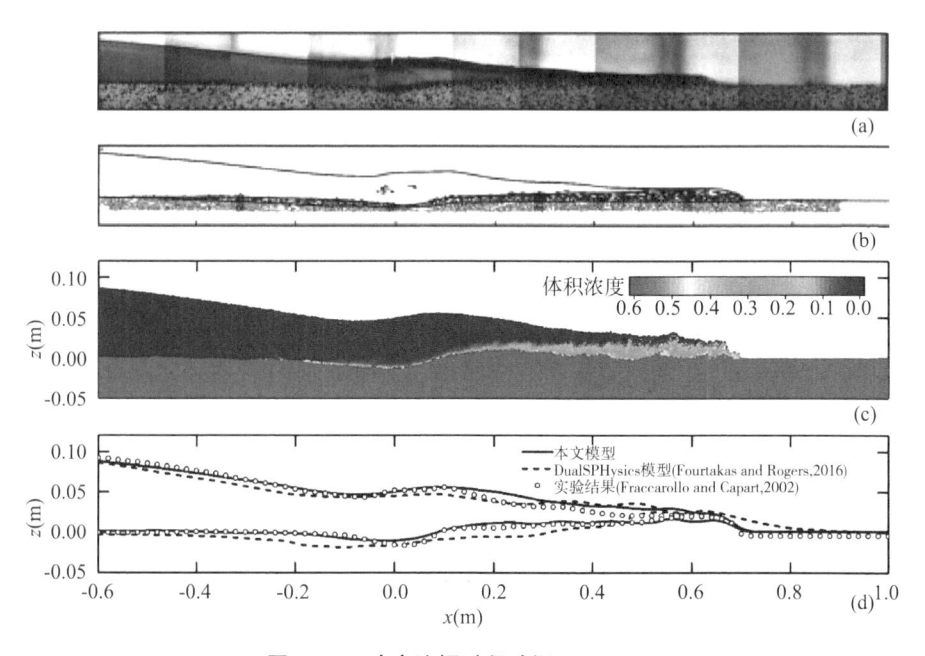

图 7.16　动床溃坝过程验证:$t=0.75$ s

图 7.17　动床溃坝过程验证：$t=1.00$ s

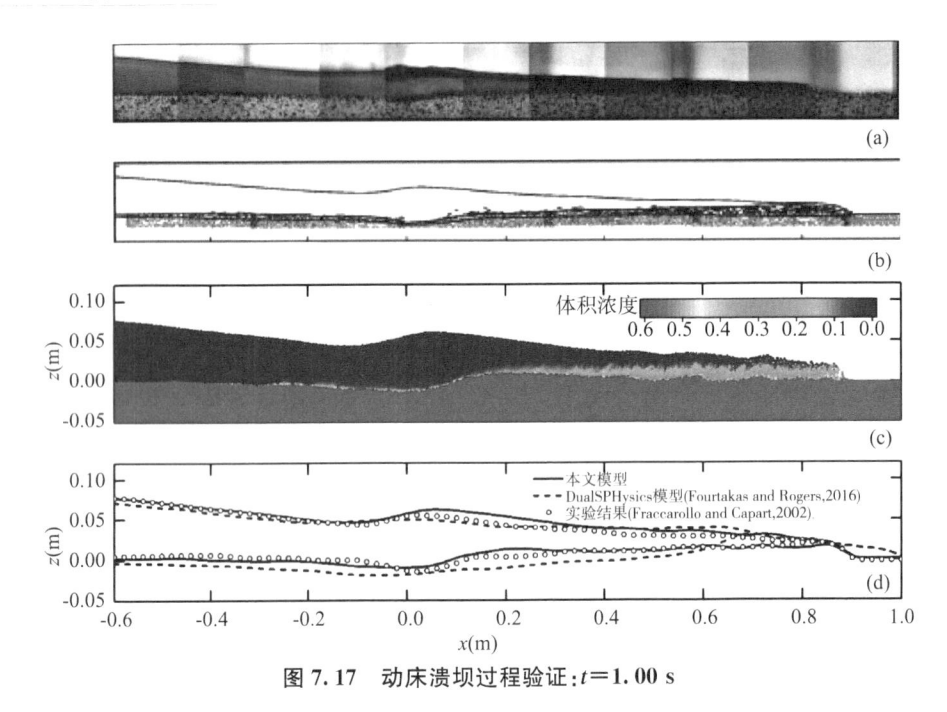

总体来看，本章模型通过泥沙浓度这一变量，成功复演了近底层高浓度水沙混合物（介于红色与蓝色之间的粒子）从被溃坝水流激起[图 7.14(c)]到整体推进[图 7.15(c)和图 7.16(c)]，再到逐渐沉降[图 7.17(c)]的全过程。采用式(7.36)计算自由水面与水沙分界线的相对误差 ε：

$$\varepsilon = \left[\sum_{i=1}^{N}(\Delta H_i)^2 \Big/ \sum_{i=1}^{N}(H_i+d_0)^2\right]^{1/2} \qquad (7.36)$$

式中：N 为统计误差的断面个数；H_i 为第 i 个断面的数模或物模的界面高程值；ΔH_i 为数模与物模的高程差；d_0 为防止分母为 0 的参考长度，取其为泥沙层厚度 $d_0=0.06$ m。本章 SPH 水沙耦合模型的自由水面和水沙分界线的计算相对误差分别为 4.3%和 6.4%，与之相对的，Fourtakas 和 Rogers 的误差分别为 5.2%和 14.5%。从中可以看出，在增加了泥沙浓度扩散和泥沙沉降两项机制之后，底床形变的模拟精度得到了大幅提升，解决了纯 SPH 水沙二相流模型无法准确处理床面附近泥沙起扬和沉积的问题。

本节以泥沙相对体积浓度 $C/C_{\max}$ 判定水沙分界线。通过计算发现，$C/C_{\max}$ 一般在 0.3 附近时，其浓度梯度达到最大值；同时，0.3 也是 Chézy 过渡层（$C/C_{\max}=0.3$—0.6）的界限值，两者不谋而合，表明数模结果符合 Chézy 过渡层的模型假设。因此，本章后续计算中取 $C/C_{\max}=0.3$ 为水沙分界线的判定阈值。

本章 SPH 水沙耦合模型在关闭泥沙浓度扩散和泥沙沉降模块后，等价于常见的水沙二相流模型，图 7.18 对比了二相流模型和水沙耦合模型在 $t=0.75$ s 的细节区别。在二相流模型[图 7.18(a)]中，泥沙粒子被溃坝水流冲起后悬浮在水体之中，也有部分水粒子深入土层，被泥沙粒子包围，水沙交界面支离磨碎。事实上，由于在 SPH 方法中，中心粒子处的场函数及其导数由其影响域内所有邻域粒子积分得到，而悬浮泥沙粒子基本处于被非同相水粒子的包围之中,其动量方程的计算精度会大打折扣。因此二相流模型中泥沙颗粒的悬浮和沉降运动很大程度上是非物理性的。相比之下,本章水沙耦合模型一方面通过沉速变量直接把泥沙的沉降过程耦合进了扩散方程,避免了粒子积分精度不足的问题,另一方面利用基于大涡模拟的 SPS 紊流模型给出了更符合实际的泥沙起扬过程,即水流切应力较大、水体紊动较强的水沙界面更容易受到冲刷和侵蚀,泥沙颗粒更容易起扬进入水体,如图 7.17(c)中溃坝水流的前锋,而水流切应力相对较小、水体紊动较弱的水沙界面则相对容易保持稳定,如图 7.17(c)中溃坝水体上游部分。本章模型复演了介于纯水流与纯土体之间的高含沙浓度的水沙混合物层[如图 7.18(b)],有助于进一步揭示强非线性水动力条件下底床的冲淤动力机制和床沙的起降输运特征。

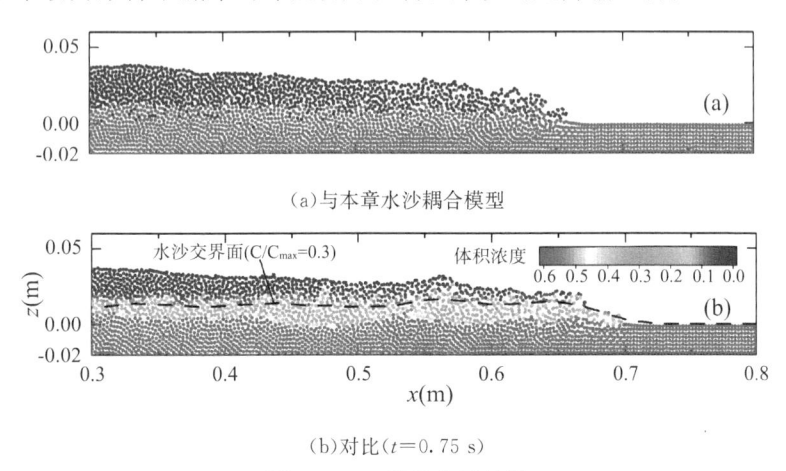

(a)与本章水沙耦合模型

(b)对比($t=0.75$ s)

图 7.18 二相流模型结果

最后需要指出的是,泥沙沉速的取值对底床附近高含沙水体层的厚度有着比较明显的影响。如果按 Fraccarollo 和 Capart 给出的 PVC 颗粒静水沉速(0.18 m/s)取值,则起扬之后的泥沙会在很短时间内完成落淤,高含沙水体层厚度被严重低估。通过观察物模试验照片可以发现,随溃坝水流一起运动的 PVC 颗粒间存在着相互碰撞,实际沉速要远小于单个颗粒在无干扰静水中的沉速,本节展示的数模结果是在沉速取 0.01 m/s 时得到的。因此在后续研究和应用中,需要注意泥沙沉速受泥沙黏性、含沙量浓度和紊动状态等因素的影响,慎重选择合适的泥沙沉速计算方法。

7.4 极端波浪作用下的沙滩冲淤数值模拟

相比传统水沙冲淤模型,本章建立的 SPH 水沙耦合模型更适合于处理极端波浪作用下的沙滩冲淤变化。为展示模型的性能,本节在数值波浪水槽中设置理想化沙滩,采用开边界造波方法,设入射波高为 $H=0.2$ m,波周期为 $T=1.5$ s,同时选择较大沙滩坡度(1:6)和较细的沙质($d_{50}=0.1$ mm),以强化波浪与沙滩之间的非线性作用,增强波浪对沙滩的冲蚀、淘刷和对沙质的搬运强度。数值模拟的初始地形如图 7.19 所示。

组成沙滩的细沙孔隙率 $n=0.3$,黏性系数 $c=0$,内摩擦角 $=31.8°$,计算得到沉速 $\omega_s=0.0084$ m/s。沙粒密度 $\rho_C=2650$ kg/m³,饱和水沙混合物体密度 $\rho_{mix}=2155$ kg/m³。计算分辨率取 0.01 m,模拟时长 180 s。

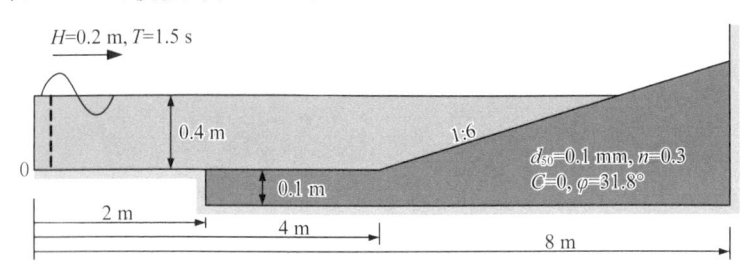

图 7.19　极端波浪作用下的沙滩冲淤数值模拟地形布置

7.4.1　沙滩上的水沙运动时空分布特征

波浪与沙滩相互作用初期($t<20$ s),沙滩剖面的变化可以忽略,基本仍保持初始时刻 1∶6 的斜坡地形。图 7.20 展示了一个周期内水沙相互作用的三个典型时刻,图中不

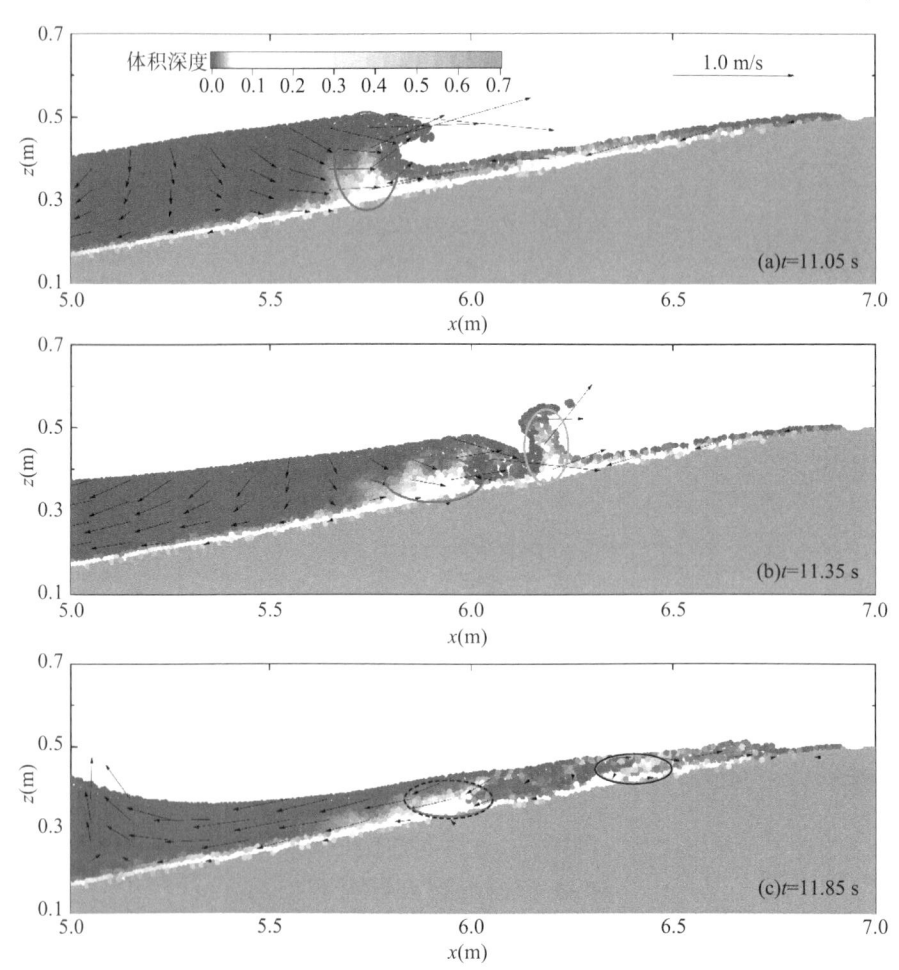

图 7.20　极端波浪在沙滩上的翻卷、反弹和爬高过程

同颜色表示不同的含沙体积浓度,深色部分表示沙滩(饱和水沙混合物),浅色部分表示波浪水体,白色部分表示高浓度的床沙以及被裹挟进入上层水体的悬浮泥沙。随着水体在波浪爬高过程中逐渐前倾,大量底沙被裹挟进入上层水体[图7.20(a)中圆圈];水舌卷破后,对滩面施加巨大冲击力,底沙进一步被搅动,并伴随着反弹腾起的蘑菇状水舌[图7.20(b)中圆圈]迅速向岸侧输送;随着前部水舌继续破碎、爬高,泥沙[图7.20(c)中实线圆圈]被推往沙滩更高处,同时部分波浪水体[图7.20(c)中虚线圆圈]开始沿沙滩下泄,将大量泥沙带离海岸;最前方的水舌在重力和摩擦作用下停止爬高,转而回撤,未能及时沉降的悬沙随之被带向海侧,并与下一个周期的上爬水体顶冲、混合,进入新周期的"波浪翻卷-反弹-爬高"过程。

图7.21给出了$t=11.05$ s时刻,即图7.21(a),断面$x=5.5$ m和断面$x=5.75$ m处泥沙体积浓度的垂向分布。对比这两个断面,床沙层厚度变化不甚明显,而悬沙浓度迅速增大,且由常规的对数分布变为线性分布,表明非线性水体对悬沙的裹挟作用能够显著加强泥沙在垂向上的对流交换,并在水体水平运动作用下提高输沙率。图7.22和图7.23

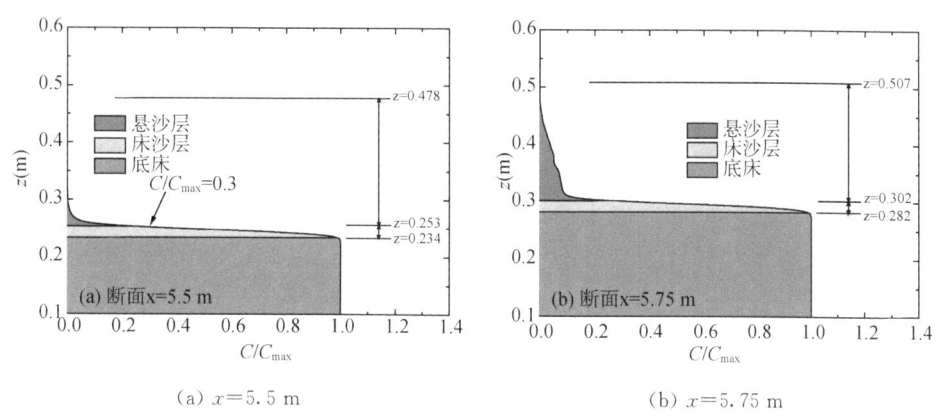

(a) $x=5.5$ m

(b) $x=5.75$ m

图7.21　$t=11.05$ s时刻水体泥沙体积浓度垂向分布

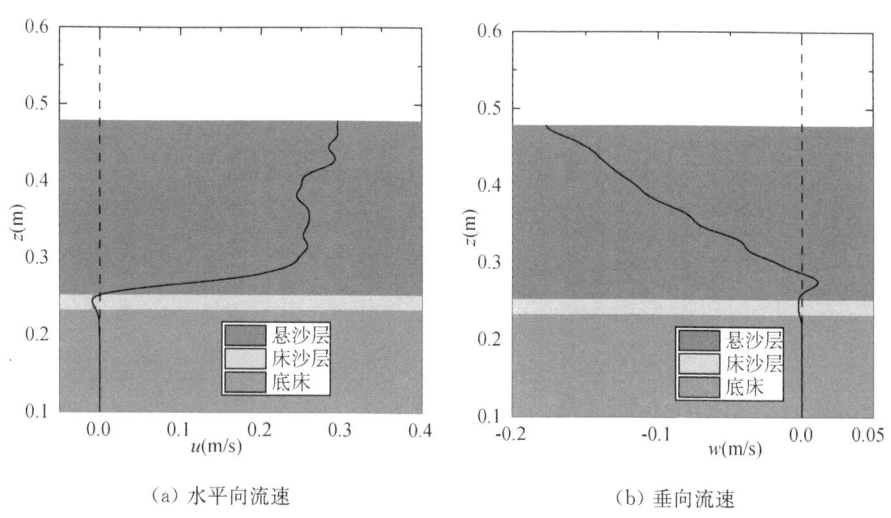

(a) 水平向流速

(b) 垂向流速

图7.22　$t=11.05$ s时刻,断面$x=5.5$ m处的流速垂向分布

(a) 水平向流速　　　　　　　　(b) 垂向流速

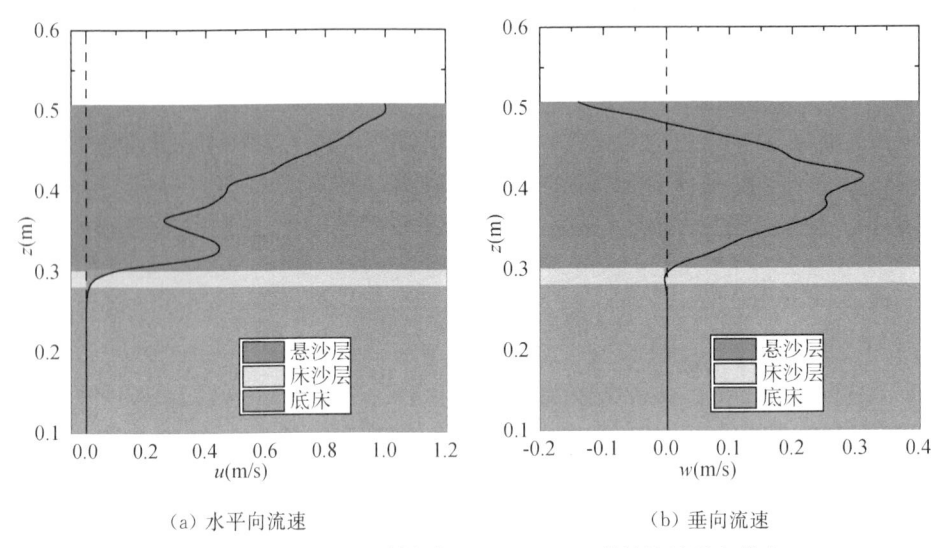

图 7.23　$t=11.05$ s 时刻，断面 $x=5.75$ m 处的流速垂向分布

分别给出了两个断面的流速垂向分布。可以看出，在卷破点附近的水体流速与常规的对数形式流速分布相差甚远，以此为基础推导得到的经验起动流速公式无法有效处理这种极端的波浪工况。

本节定义断面的瞬时体积输沙率 $Q=(Q_x, Q_z)$，其中水平向和垂向上的瞬时体积输沙率分量分别按下式积分得到，单位为 $m^3/(m \cdot s)$。

$$\begin{cases} Q_x = \int_{bed}^{surface} C(z) \cdot u(z) dz \\ Q_z = \int_{bed}^{surface} C(z) \cdot w(z) dz \end{cases} \quad (7.37)$$

式中：$C(z)$、$u(z)$ 和 $w(z)$ 分别为断面上的泥沙体积浓度、水平流速和垂向流速的垂向分布函数。根据本书 8.2.5 节中对三种不同状态的水沙混合物的定义，即挟沙水体(悬沙)-高浓度含沙水体(床沙)-饱和水沙混合物(底床)，取自由水面为式(7.37)的积分上限，取泥沙体积浓度 $C=0.3C_{max}$ 处为积分下限，即可得到任一断面在任一时刻的瞬时悬沙输沙率。类似的，瞬时床沙输沙率计算公式中积分上限为悬沙-床沙交界面 $C=0.3C_{max}$，积分下限为床沙-底床交界面[$C=C_{max}$，实际计算中取 $C=0.99C_{max}$，以便与式(7.33)中的数值模型假设保持一致]。将悬沙输沙率与床沙输沙率相加，可以得到断面瞬时全沙输沙率。

图 7.24 至图 7.26 分别展示了三个典型时刻($t=11.05$ s、11.35 s 和 11.85 s)悬沙和床沙的瞬时体积输沙率在沙滩上的沿程分布。由此可以对比分析得到三点结论：

1) 在波浪卷破之前，水体中悬浮泥沙的垂向输沙相比水平向输沙几乎可以忽略，而在波浪卷破后，垂向输沙强度迅速增大，峰值达到水平向的 28.5%～39.4%。

2) 波浪卷破之后，会给悬沙和床沙的正向输送带来明显的峰值，然后由在沙滩上反弹形成的蘑菇状水舌带来第二个峰值。

第7章 波浪与沙滩相互作用

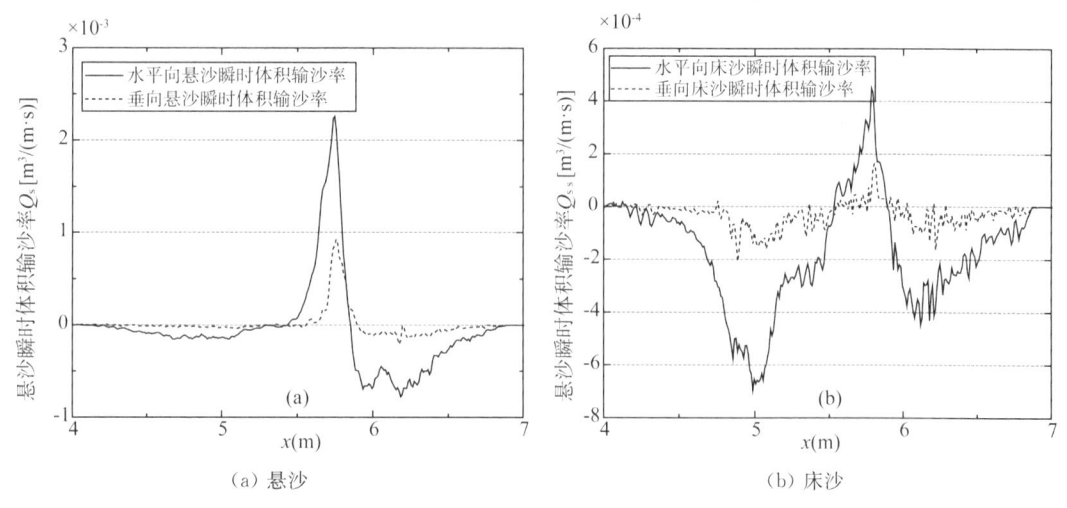

(a) 悬沙

(b) 床沙

图 7.24　$t=11.05$ s 时刻,瞬时体积输沙率沿程分布

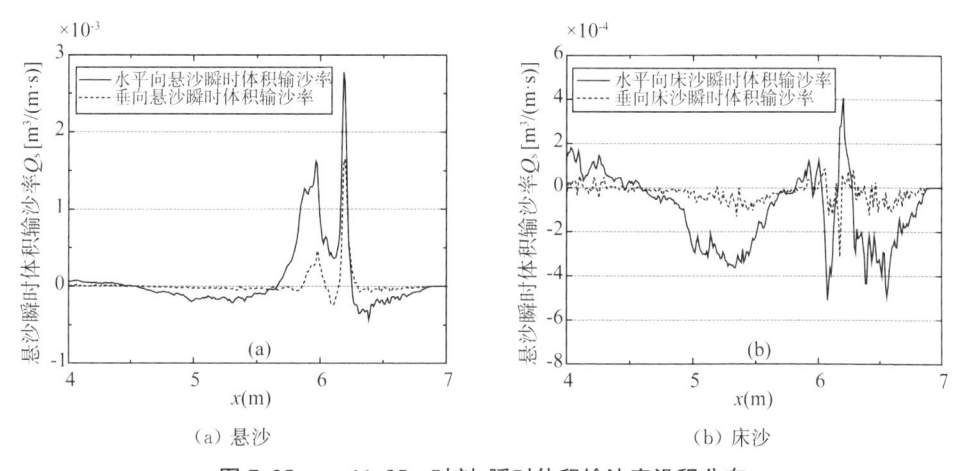

(a) 悬沙

(b) 床沙

图 7.25　$t=11.35$ s 时刻,瞬时体积输沙率沿程分布

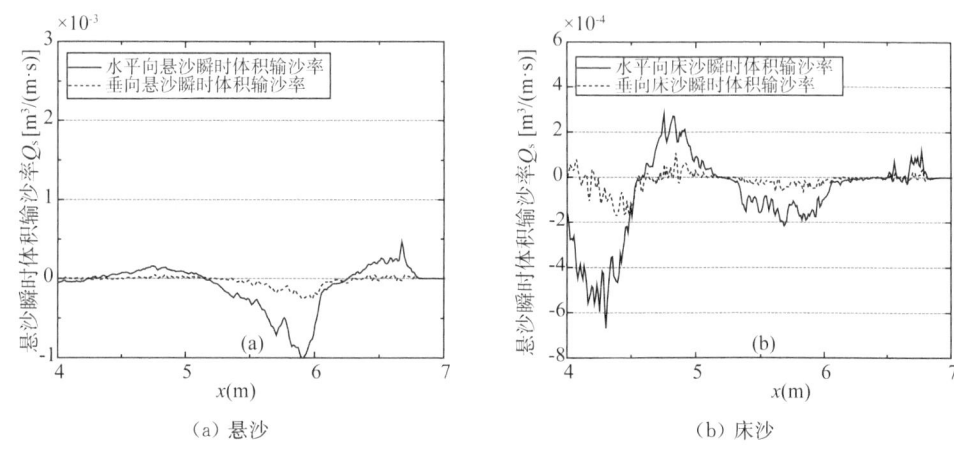

(a) 悬沙

(b) 床沙

图 7.26　$t=11.85$ s 时刻,瞬时体积输沙率沿程分布

3) 在这种高强度水沙相互作用情况下,大量泥沙被搅动悬浮于水体之中,悬沙的瞬时输沙强度要比床沙大接近一个数量级。

将悬沙输沙率和床沙输沙率相加得到全沙输沙率,并以空间为横坐标、时间为纵坐标,可以得到水平向和垂向瞬时体积输沙率沿程分布随时间的变化过程,分别如图 7.27 和图 7.28 所示。

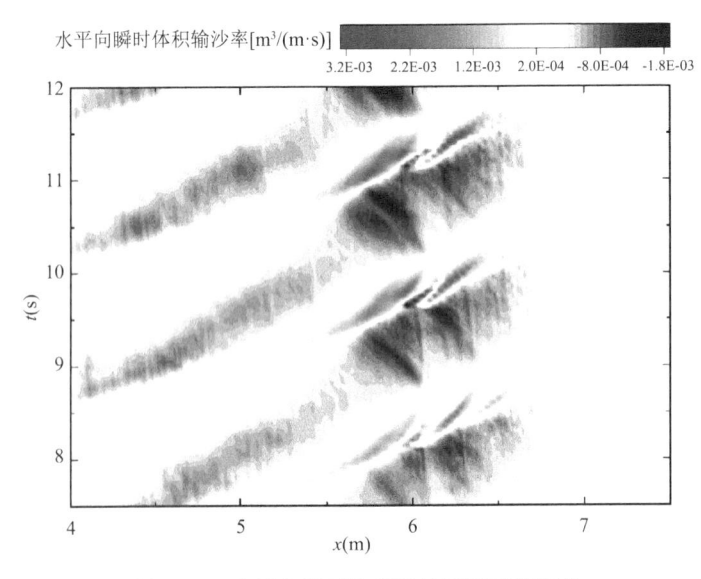

图 7.27　水平向瞬时体积输沙率的时空变化

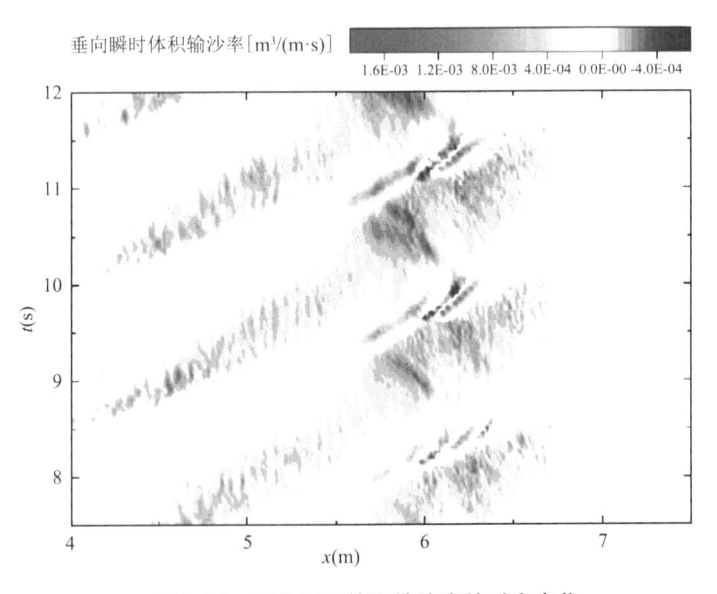

图 7.28　垂向瞬时体积输沙率的时空变化

图中颜色表示不同强度的输沙率,深色为向岸方向,浅色为离岸方向,白色表示输沙强度恰好为零。这两幅图从一个更全面的视角展示了泥沙随波浪在沙滩上的周期性输移运动的时空分布特征:向岸方向的瞬时输沙强度高、历时短,离岸方向的输沙强度较低,但历时则较长,两者的输沙历时比约为 0.4∶0.6。

在图 7.27 中取三个沙滩断面,$x=5.5$ m,$x=5.9$ m 和 $x=6.3$ m,分别代表波浪卷破点离岸侧、卷破点和卷破点向岸侧,计算悬沙和床沙在这三个断面上的水平向瞬时输沙率随时间的变化过程,可以得到图 7.29 至图 7.31。每幅图上方,附加了所在断面处的水位变化过程,以便和输沙率变化过程进行对比。

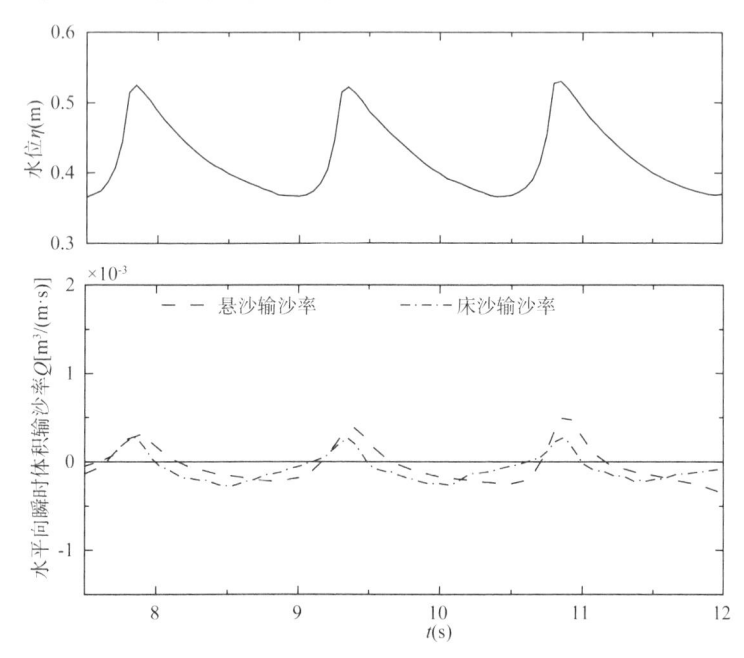

图 7.29 断面 $x=5.5$ m 处水平向瞬时体积输沙率与水位随时间变化

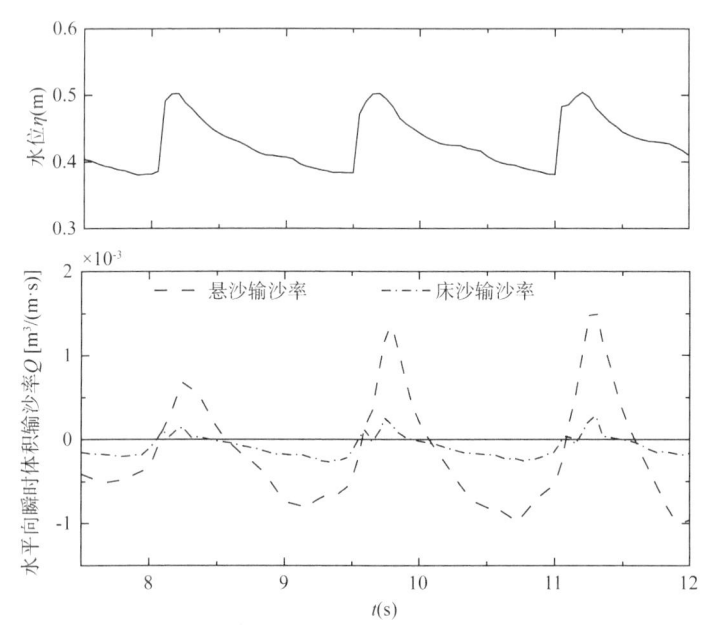

图 7.30 断面 $x=5.9$ m 处水平向瞬时体积输沙率与水位随时间变化

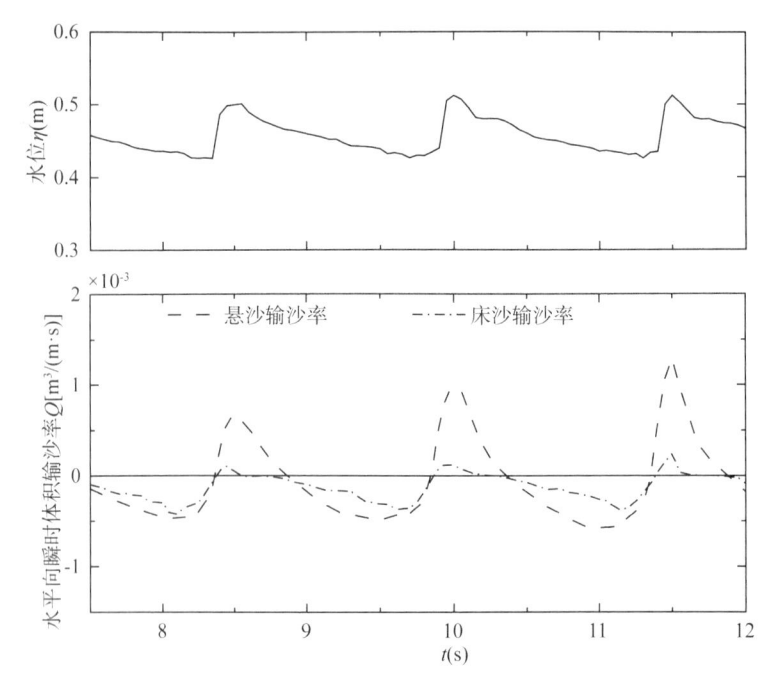

图 7.31　断面 $x=6.3$ m 处水平向瞬时体积输沙率与水位随时间变化

总的来说，当水深较大时，由于水体对底床的冲刷强度要明显小于沙滩高处，悬沙瞬时输沙率的波动幅度与床沙瞬时输沙率的波动幅度相差不大。随着水深的减小，波浪的非线性逐渐增强，波浪的卷破和水体的破碎给底床的冲击造成大量泥沙的悬浮，使得悬沙瞬时输沙率的波动幅度迅速增大，并在卷破点附近达到最大值。随着水深的继续减小和泥沙的沉降，悬沙瞬时输沙率的波动幅度略有减小。

本章模型中，床沙以非牛顿流体形式沿沙滩斜向下运动，主要受三种力的影响，其一是重力沿斜坡的分量，其二是床沙层上方周期性变化的水体切应力，其三是来自底床与床沙运动相反方向的摩擦力。由于重力分量在 1∶6 坡度的工况中占主导地位，床沙瞬时输沙率的波动幅度在整个沙滩上变化不大，其数值与卷破点及向岸侧水体的悬沙瞬时输沙率波动幅度相比明显偏小。

在图 7.31 中所示的 7.5 s～12.0 s 期间，虽然沙滩上的波浪运动和水位变化已基本稳定，但水体的挟沙能力仍未达到上限。因此随着波浪对沙滩的不断冲刷，水体中的悬浮泥沙浓度还在不断增大，导致悬沙的瞬时输沙率峰值持续增长。

卷破点离岸侧的水体表面波动除了呈现波峰尖陡、波谷宽浅的非线性特征，还在斜坡地形的影响下出现左偏态。由于悬沙瞬时输沙率与水体的波动强度密切相关，所以此处悬沙瞬时输沙率的变化过程与水位波动具有很好的同步性。相比之下，床沙瞬时输沙率波动曲线的左偏态现象并不明显，其峰值出现时刻与水位变化一致，而谷值出现时刻则略早于水位变化。

与之相反，对于卷破点附近以及向岸方向的水体，床沙瞬时输沙率的变化过程与水位波动具有更好的同步性，均呈现波浪破碎后"暴涨-缓落"的激波式左偏态特征。此时悬沙瞬时输沙率波动曲线的谷值出现时刻往往要略早于水位变化。

7.4.2 极端波浪作用下的沙滩演化

上节分析了泥沙浓度和断面瞬时输沙率的时空分布,考虑到沙滩上的瞬时输沙率强度和方向在波浪作用下发生周期性的变化,无法直接用于表征更长历时的泥沙输移趋势,因此本节对断面瞬时输沙率进行时间积分平均,得到任一断面在 t_0 时刻的平均净输沙率 Q_{net}:

$$Q_{\text{net}} = \frac{1}{nT}\int_{t_0-nT/2}^{t_0+nT/2} Q_x(t)\,\mathrm{d}t \tag{7.38}$$

式中:$Q_x(t)$ 为指定断面上水平向瞬时输沙率随时间的变化函数;T 为波浪周期;n 表示用于积分平均的时间窗口宽度系数,本节中取 $n=3$,可根据实际情况进行调整。

图 7.32 展示了悬沙和床沙断面在 $t_0=10$ s 时刻的平均净输沙率沿程分布。虽然卷破时波浪裹挟着大量悬浮泥沙向岸方向输移,但下泄时水体能将更多的泥沙带离海岸,所以悬沙的平均净输沙率整体呈离岸方向,并在波浪卷破点附近达到最大值。床沙在沙滩前平直海床段($x<4.0$ m)受非线性波浪的影响,净输沙率为向岸方向;在沙滩段($x>4.0$ m),床沙在重力主导作用下向离岸方向运动,而在卷破点附近受较强向岸方向爬高水流的影响,离岸输沙强度被部分抵消。将悬沙和床沙的净输沙率相加,可以得到全沙的平均净输沙率沿程分布,沙滩段总体呈离岸方向,如图 7.33 所示。

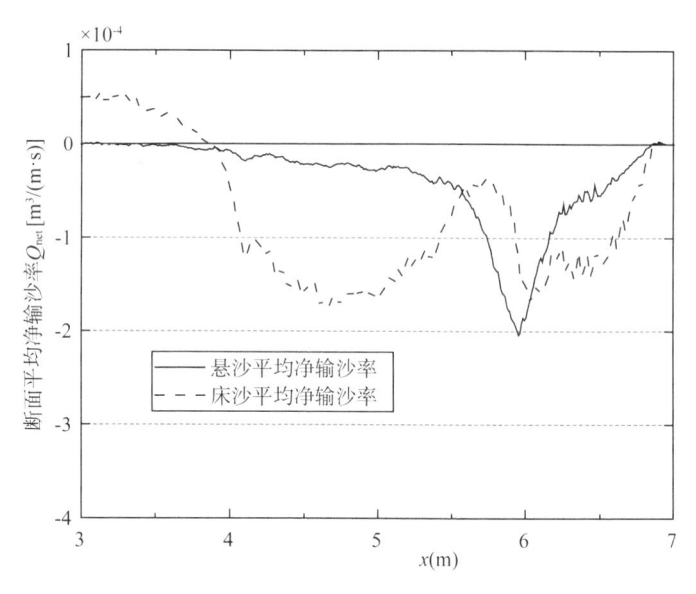

图 7.32 $t=10$ s 时刻悬沙和床沙断面平均净输沙率沿程分布

断面的平均净输沙率可以用来表示通过该断面的有效输沙强度,若要研究断面的冲刷或淤积趋势,则需要计算单位时间内断面的来沙和去沙的差值。为此,假设对于平均净输沙率为 Q_{net} 的任一断面,其左右两侧 $\pm\Delta x/2$ 处的断面的平均净输沙率分别为 Q_{net}^+ 和 Q_{net}^-,则在单位时间 Δt 通过左右断面之间、单位距离 Δx 上的净输沙率差值可以视为该断

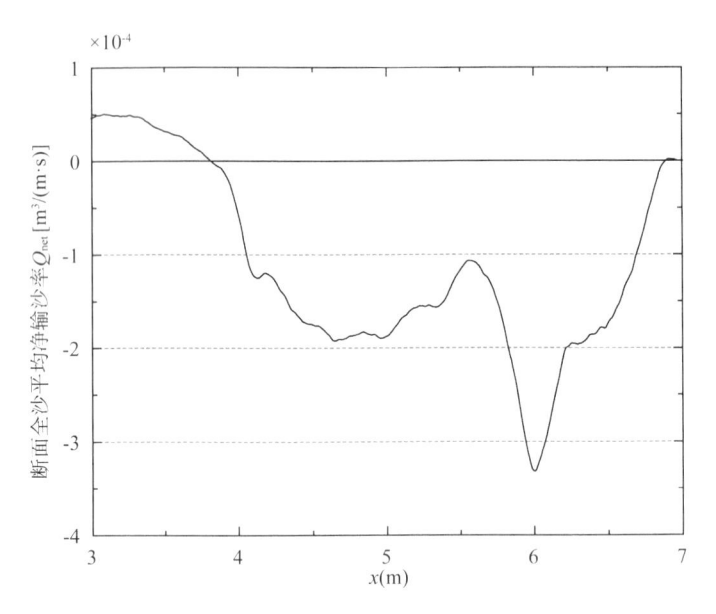

图 7.33　$t=10$ s 时刻断面全沙平均净输沙率沿程分布

面的泥沙沉降速率 Q_{settle}：

$$Q_{\text{settle}} = \lim_{\substack{\Delta x \to 0 \\ \Delta t \to 0}} \frac{Q_{\text{net}}^{-}\Delta t - Q_{\text{net}}^{+}\Delta t}{\Delta x \Delta t} = -\frac{\mathrm{d}Q_{\text{net}}}{\mathrm{d}x} \tag{7.39}$$

于是在断面全沙平均净输沙率 Q_{net} 沿程分布(图 7.33)基础上，可以求导得到 $t=10$ s 时刻断面泥沙沉积速率的沿程分布，如图 7.34 所示。图中显示两个主要的泥沙淤积区域

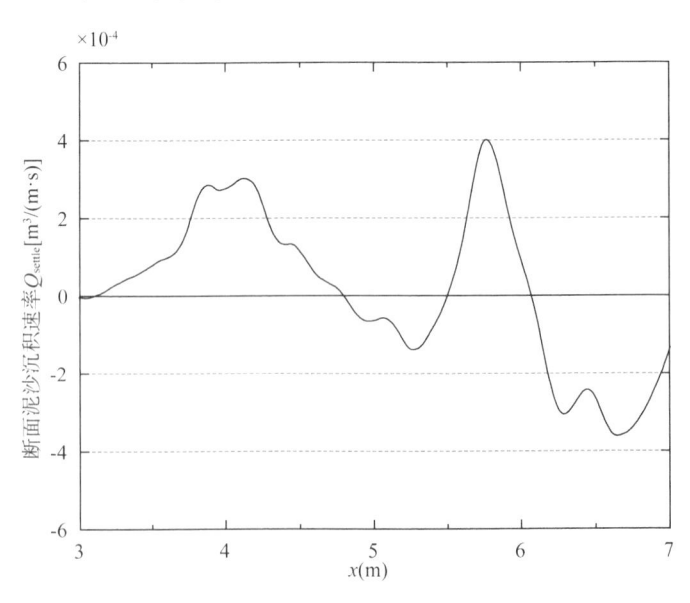

图 7.34　$t=10$ s 时刻断面泥沙沉积速率沿程分布

是沙滩的坡脚($x=4.0$ m)和卷破点离岸一侧($x=5.5$ m~6.0 m),沙滩的整体发育趋势是将泥沙搬离岸线,使沙滩坡度逐渐变缓,这符合风暴剖面的演化规律。

需要指出的是,图7.34仅反映了极端波浪与沙滩作用初期($t=10$ s)1∶6坡度沙滩的冲淤变化趋势。随着沙滩剖面的逐渐变缓,波浪的运动形态和破碎位置都将发生相应的动态调整,水动力和地形边界互为要素、迭代变化,直到达到冲淤动态平衡、形成稳定沙滩剖面。

第8章 台风浪数值模拟

8.1 概述

台风是指发生在西北太平洋面、近中心最大持续风速12级以上的热带气旋;类似强度的热带气旋在西大西洋和东太平洋被称为飓风,在印度洋称为气旋。台风诱发的巨浪一方面会破坏海洋和海岸工程结构,威胁海上交通和作业安全,另一方面还可影响海面风应力和海底摩阻力,并通过波浪辐射应力对风暴潮产生一定的影响;此外台风浪在沿海堤防上的爬高和越浪还是漫堤、溃堤和导致海岸洪水的重要因素。因此开展台风浪的数值模拟,深入认识其分布特征,对评估台风浪的危险性和降低灾害损失具有十分重要的意义。

人们对海浪的数值模拟始于20世纪50年代Gelci(1957)基于二维波谱能量传播方程建立的数值模式。随着对各种物理过程描述的不断深入和参数化形式的不同,模式经历了第一代到第三代的演变。WAM(WAMDI,1988)是最早的全面考虑波浪产生、耗散和非线性波波相互作用的第三代深水海浪模式。Tolman及其合作者(1991,1996)在WAM的基础上考虑了背景水流的作用和丰富了能量源项,发展了WAVEWATCH III模式,已被欧美国家广泛应用于大洋海浪的数值模拟,并取得了较好的计算效果(沙文钰等,2004)。我国袁业立院士及其合作者(1992a,1992b,1993)在WAM的基础上,考虑了背景流对海浪的折射作用、弥散作用以及浪流间的能量交换,改进了能量耗散源项,设计了基于特征线嵌入格式的LAGFD-WAM模式,能够较好地模拟深水海浪谱和各种特征波要素。荷兰Delft理工大学开发的SWAN模型(SWAN team,2019)基于波作用量平衡方程建模,全面合理地计及了深水和浅水中的各种能量源项,模式在深水至浅水、大洋至近岸海浪的数值模拟中已有广泛应用。因第三代海浪模式全面合理地计及了海浪的成长、损耗和非线性波波相互作用,所以在台风浪的数值模拟方面已有广泛应用,并取得了良好的模拟效果。

合理可靠的台风风场模型是模拟台风浪的关键,因为主要是海面风驱动产生,所以台风浪的模拟精度在很大程度上依赖于风场的模拟精度。目前常用的台风场模型有参数化模型和数值模拟模型:参数化模型使用简单,计算高效,且能合理反映海上成熟台风大风区风场的空间变化,因此在台风影响下大风、暴潮和海浪的长期分布、灾害评估、工程设计等相关问题的研究中有着广泛使用(Xie 等,2006;Peng 等,2006;Lin 等,2012)。

8.2 波作用量守恒方程数值模型

8.2.1 波作用量守恒方程

SWAN 不是以能谱密度而是以作用量密度表示随机波,因为在流场中,作用量密度守恒,而能谱密度不守恒,作用量密度 $N(\sigma,\theta)$ 为能谱密度 $E(\sigma,\theta)$ 与相对频率 σ 之比。$N(\sigma,\theta)$ 随时间、空间而变化。

在笛卡尔坐标系下,波作用量平衡方程可表示为:

$$\frac{\partial}{\partial t}N + \frac{\partial}{\partial x}C_x N + \frac{\partial}{\partial y}C_y N + \frac{\partial}{\partial \sigma}C_\sigma N + \frac{\partial}{\partial \theta}C_\theta N = \frac{S}{\sigma} \tag{8.1}$$

式中:方程左边第一项为 N 随时间的变化率;第二和第三项表示在地理坐标空间 x、y 方向上的传播;第四项表示由于流场和水深所引起的密度在相对频率 σ 空间的变化;第五项表示在谱分布方向 θ 空间(既谱方向分布范围)的传播,亦即水深及流场而引起的折射;方程右边的 S 代表以谱密度表示的源汇项,包括风能输入、波与波之间非线性相互作用和由于底摩擦、白浪、破碎等引起的能量损耗;C_x、C_y、C_σ 和 C_θ 分别代表在 x、y、σ 和 θ 空间的波浪传播速度,

$$C_x = \frac{dx}{dt} = \frac{1}{2}\left[1 + \frac{2kd}{\sinh(2kd)}\right]\frac{\sigma k_x}{k^2} + U_x \tag{8.2}$$

$$C_y = \frac{dy}{dt} = \frac{1}{2}\left[1 + \frac{2kd}{\sinh(2kd)}\right]\frac{\sigma k_y}{k^2} + U_y \tag{8.3}$$

$$C_\sigma = \frac{d\sigma}{dt} = \frac{\partial \sigma}{\partial d}\left[\frac{\partial d}{\partial t} + \vec{U} \cdot \nabla d\right] - C_g \vec{k} \cdot \frac{\partial \vec{U}}{\partial s} \tag{8.4}$$

$$C_\theta = \frac{d\theta}{dt} = \frac{1}{k}\left[\frac{\partial \sigma}{\partial d}\frac{\partial d}{\partial m} + \vec{k} \cdot \frac{\partial \vec{U}}{\partial m}\right] \tag{8.5}$$

式中:$\vec{k} = (k_x, k_y)$ 为波数;d 为水深;$\vec{U} = (U_x, U_y)$ 为流速;s 为沿 θ 方向空间坐标;m 为垂直于 s 的坐标;算子 $\frac{d}{dt}$ 定义为:$\frac{d}{dt} = \frac{\partial}{\partial t} + \vec{C} \cdot \nabla_{x,y}$。

8.2.2 物理过程的处理

SWAN 对能量输入、消耗和非线性波波相互作用等物理过程的处理方法如下:

1) 风能输入

根据 Philips 的共振机制和 Miles 的切流不稳定机制,将风能输入分为线性增长和指数增长两部分:$S_{in}(\sigma,\theta)=A+BE(\sigma,\theta)$,其中 A 代表线性成长部分,B 代表指数成长部分,A、B 与波浪频率、波向、风速和风向有关。海流对风能输入的影响计入当地表观风速和风向。

根据 Caraleri 和 Malanotte-rizzoli(1981)的研究成果,线性成长项 A 可表示为:

$$A = \frac{1.5 \times 10^{-3}}{g^2 \times 2\pi} \{U_* \max[0, \cos(\theta-\theta_W)]\}^4 H \tag{8.6}$$

式中:$H = \exp[-(\sigma/\sigma_{PM}^*)^{-4}]$,$\sigma_{PM}^* = \frac{0.13g}{28U_*}2\pi$;$\theta_W$ 为波向;H 为过滤器,其作用是除去低于 Pierson-Moskowitz 谱的最低频率处的波浪成分;σ_{PM}^* 为充分发展海况峰频,可由 Pierson-Moskowitz 谱确定;U_* 为风摩阻速度:$U_*^2 = C_D U_{10}^2$,其中 U_{10} 为海面上 10 米处风速,C_D 为拖曳系数:

当 $U_{10} < 7.5$ m/s 时:

$$C_D = 1.2875 \times 10^{-3} \tag{8.7}$$

当 $U_{10} \geqslant 7.5$ m/s 时:

$$C_D = (0.8 + 0.065 \times U_{10}) \times 10^{-3} \tag{8.8}$$

根据 Komen 等(1984)的研究成果,风作用下波浪的指数成长部分 B 是 U_*/C_{ph} 的函数:

$$B = \max\left\{0, 0.25\frac{\rho_a}{\rho_W}\left[28\frac{U_*}{C_{ph}}\cos(\theta-\theta_W)-1\right]\right\}\sigma \tag{8.9}$$

式中:C_{ph} 为波相速度;ρ_a 和 ρ_W 分别为空气和水的密度。

Janssen 根据准线性风波理论,得到 B 的另一表达方式:

$$B = \beta\frac{\rho_a}{\rho_W}\left(\frac{U_*}{C_{ph}}\right)^2 \max[0, \cos(\theta-\theta_W)]^2 \sigma \tag{8.10}$$

式中:β 为 Miles 常数,由无量纲数 λ 确定,$\lambda = \frac{gz_e}{C_{ph}^2}e^{\gamma}$,$\gamma = \kappa c/|U_* \cos(\theta-\theta_W)|$,其中 κ 为冯·卡门常数,$\kappa = 0.41$;z_e 为表面粗糙度有效系数,$z_e = \frac{z_0}{\sqrt{1-\tau_W/\tau}}$,$z_0 = \alpha\frac{U_*^2}{g}$,$\alpha = 0.01$,$\tau_w$ 和 τ 分别为波浪切应力和总表面切应力,$\vec{\tau}_W = \rho_W \int_0^{2\pi}\int_0^\infty \sigma BE(\sigma,\theta)\frac{\vec{k}}{k}d\sigma d\theta$。

当 $\lambda > 1$ 时,$\beta = 0$;当 $\lambda \leqslant 1$ 时,$\beta = \frac{1.2}{\kappa}\lambda \ln^4\lambda$。

2) 底摩擦

底部摩擦引起的能量消耗与底床物质构成、糙率尺度、沙纹高度等因素有关,底摩擦消耗可以表示为:

$$S_{ds}(\sigma,\theta) = -C_{\text{bottom}} \frac{\sigma^2}{g^2 \sinh^2(kd)} E(\sigma,\theta) \tag{8.11}$$

式中:C_{bottom} 为底摩擦系数,与底部波浪水质点的运动轨迹有关。

Hasselmann 等建议对于涌浪情形,$C_{\text{bottom}} = 0.038 \text{ m}^2\text{s}^{-3}$;对于浅水充分发展波,$C_{\text{bottom}} = 0.067 \text{ m}^2\text{s}^{-3}$。Collins 认为 $C_{\text{bottom}} = C_f g U_{ms}$,其中 $C_f = 0.015$,U_{ms} 表示底部水质点运动速度均方根值,则 U_{ms} 与谱能 $E(\sigma,\theta)$ 的关系为:

$$U_{ms}^2 = \int_0^{2\pi}\int_0^{\infty} \frac{\sigma^2}{\sinh^2(kd)} E(\sigma,\theta) \mathrm{d}\sigma\mathrm{d}\theta \tag{8.12}$$

Madsen 考虑了海岸地区的底部特征(底质、糙度及沙纹高度),提出底摩擦涡黏模型,认为底部摩擦系数为:$C_{\text{bottom}} = f_w \dfrac{g}{\sqrt{2}} U_{ms}$,其中 f_w 为无量纲因子,由下式决定:

$$\frac{1}{4\sqrt{f_w}} + \log\left[\frac{1}{4\sqrt{f_w}}\right] = m_f + \log_{10}\left[\frac{a_b}{k_N}\right] \tag{8.13}$$

式中:$m_f = -0.08$;k_N 为底部糙率尺度;a_b 为近底波浪振幅,$a_b^2 = 2\int_0^{2\pi}\int_0^{\infty} \dfrac{1}{\sinh^2(kd)} E(\sigma,\theta)\mathrm{d}\sigma\mathrm{d}\theta$,当 $a_b/k_N \leqslant 1.57$ 时,$f_w = 0.30$。

3) 白浪损耗

根据 Hasselmann(1974)的脉动模型,SWAN 以波数而不是以频率表示白浪引起的能量消耗:

$$S_W(\sigma,\theta) = -\Gamma \bar{\sigma} \frac{k}{\bar{k}} E(\sigma,\theta) \tag{8.14}$$

式中:$\bar{\sigma}$ 和 $\bar{k}$ 分别代表平均频率和平均波数;Γ 与波陡有关:

$$\Gamma = C_{ds}\left[(1-\delta) + \delta\frac{k}{\bar{k}}\right]\left(\frac{\bar{S}}{\bar{S}_{PM}}\right)^P \tag{8.15}$$

式中:$\bar{S}$ 是总波陡:$\bar{S} = \bar{k}\sqrt{E_{\text{tot}}}$;$\bar{S}_{PM}$ 代表 Pierson-Moskowitz 谱的 $\bar{S}$;C_{ds}、δ、P 为可调参数,当使用 Komen(1984)公式时,$C_{ds} = 2.36 \times 10^{-5}$,$\delta = 0$,$P = 4$;当使用 Janssen(1992)公式时,$C_{ds} = 4.10 \times 10^{-5}$,$\delta = 0.5$,$P = 4$。

平均频率 $\bar{\sigma}$、平均波数 $\bar{k}$ 和总波能 E_{tot} 定义为:

$$\bar{\sigma} = \left[E_{\text{tot}}^{-1}\int_0^{2\pi}\int_0^{\infty} \frac{1}{\sigma} E(\sigma,\theta)\mathrm{d}\sigma\mathrm{d}\theta\right]^{-1} \tag{8.16}$$

$$\bar{k} = \left[E_{\text{tot}}^{-1} \int_0^{2\pi} \int_0^{\infty} \frac{1}{\sqrt{k}} E(\sigma,\theta) \mathrm{d}\sigma \mathrm{d}\theta \right]^{-2} \tag{8.17}$$

$$E_{\text{tot}} = \int_0^{2\pi} \int_0^{\infty} E(\sigma,\theta) \mathrm{d}\sigma \mathrm{d}\theta \tag{8.18}$$

4) 非线性波与波之间相互作用

在深水情形下，四相波与波的相互作用起主要作用，谱能由谱峰处向低频转移（使得峰频变小）和向高频转移（高频处能量由于白浪而耗散掉）。在浅水中，三相波与波之间非线性相互作用是主要影响因素，能量由低频向高频处转移。

① 四相波与波之间非线性相互作用

四相波与波之间非线性相互作用的计算如果采用其原理公式将极其费时不便，大多采用参数化方法或其他近似方法以提高计算速度。SWAN 模型采用 Hasselmann(1985) 提出的离散迭代近似法(DIA)。在有限水深水域，Hasselmann 和 Hasselmann(1981) 的研究表明，对 JONSWAP 型波谱，四相波的非线性相互作用基于无限深水域结果可以用较简单的表达式进行描述，SWAN 可根据具体情况选择处理方法。

DIA 方法基于两对四相波，简述如下：

对于第一个四相波，设两个相同的波数向量 ($k_1 = k_2 = \vec{k}$)，其对应频率分别为 σ_1 和 σ_2，且 $\sigma_1 = \sigma_2 = \sigma$；另外两个波数向量与 $\vec{k}$ 的夹角分别为 $\theta_1 = -11.5°$ 和 $\theta_2 = 33.6°$，其相应频率分别为 σ_3 和 σ_4；令 $\lambda = 0.25$，则：$\sigma_3 = \sigma(1+\lambda) = \sigma^+$，$\sigma_4 = \sigma(1-\lambda) = \sigma^-$。

第二个四相波是第一个四相波的镜像，亦即两个波数向量与 $\vec{k}$ 的夹角分别为 $\theta_1 = 11.5°$ 和 $\theta_2 = -33.6°$。

DIA 法描述波浪非线性引起的能量变化为：

$$S_{nl4}(\sigma,\theta) = S_{nl4}^*(\sigma,\theta) + S_{nl4}^{**}(\sigma,\theta) \tag{8.19}$$

S_{nl4}^*、S_{nl4}^{**} 分别代表第一个四相波和第二个四相波，其表达方式相同。

$$S_{nl4}^*(\sigma,\theta) = 2\delta S_{nl4}(\alpha_1\sigma,\theta) - \delta S_{nl4}(\alpha_2\sigma,\theta) - \delta S_{nl4}(\alpha_3\sigma,\theta) \tag{8.20}$$

式中：$\alpha_1 = 1$，$\alpha_2 = 1+\lambda$，$\alpha_3 = 1-\lambda$。

$$\delta S_{nl4}(\alpha_i\sigma,\theta) = C_{nl4}(2\pi)^2 g^{-1} \left(\frac{\sigma}{2\pi} \right)^{11} \left\{ E^2(\alpha_i\sigma,\theta) \left[\frac{E(\alpha_i\sigma^+,\theta)}{(1+\lambda)^4} + \frac{E(\alpha_i\sigma^-,\theta)}{(1-\lambda)^4} \right] - 2 \frac{E(\alpha_i\sigma,\theta)E(\alpha_i\sigma^+,\theta)E(\alpha_i\sigma^-,\theta)}{(1-\lambda^2)^4} \right\}$$

式中：$C_{nl4} = 3 \times 10^7$。

Hasselmann 和 Hasselmann(1981)经研究认为，有限水深四相波相互作用引起的能量变化等于无限水深时能量变化与因子 R 之积：

$$S_{nl4,\text{finitedepth}} = R(k_P d) S_{nl4,\text{infinitedepth}}$$

$$R(k_p d) = 1 + \frac{C_{sh1}}{k_p d}(1 - C_{sh2} k_p d)\exp(C_{sh3} k_p d)$$

式中：k_P 为起始计算时 JONSWAP 谱的峰波数；$C_{sh1} = 5.5$，$C_{sh2} = 6/7$，$C_{sh3} = -1.25$。在极浅水域，$k_p d \to 0$ 时，能量非线性趋于无穷，因此 SWAN 规定 $k_p d = 0.5$ 是最低限，此时 $R(k_p d) = 4.43$。为增强在任意波谱情形下模型的收敛性，SWAN 取 $k_P = 0.75 k$。

② 三相波与波之间非线性相互作用

Abrea 等(1992)首次试图以波能谱计算源项中的三相波与波之间非线性相互作用，然而其表达式只适用于浅水非色散波，不适用于实际风浪计算。Edeberky 和 Battjes(1995)基于大量试验观测数据，提出离散三相近似模型(DTA)，经在风浪槽中长峰随机波沿水下沙坝和沙坝型海滩破碎衰减的试验证明：此模型在模拟能量从谱峰向高频转移的机理相当成功，Edeberky(1995)对 DTA 法稍做修正，提出集合三相近似模型(LTA)。SWAN 采用 LTA 模型表示三相波与波之间非线性相互作用引起的能量变化，其原理概述如下：

在每个谱方向上：

$$S_{nl3}(\sigma, \theta) = S_{nl3}^-(\sigma, \theta) + S_{nl3}^+(\sigma, \theta) \tag{8.21}$$

式中：$S_{nl3}^+(\sigma, \theta) = \max\{0, \alpha_{EB} 2\pi c c_g J^2 |\sin(\beta)| [E^2(\sigma/2, \theta) - 2E(\sigma/2, \theta)E(\sigma, \theta)]\}$；$S_{nl3}^-(\sigma, \theta) = -2 S_{nl3}^+(2\sigma, \theta)$；$\alpha_{EB}$ 为可调比例系数；$\beta = -\frac{\pi}{2} + \frac{\pi}{2}\tanh\left(\frac{0.2}{U_r}\right)$；$U_r = \frac{g}{8\sqrt{2}\pi^2} \frac{H_s \overline{T}^2}{d^2}$；$\overline{T} = 2\pi/\bar{\sigma}$。

三相波与波之间非线性相互作用的计算范围为：$10 > U_r > 0.1$。J 的估算如下式：

$$J = \frac{k_{\sigma/2}^2 (gd + 2c_{\sigma/2}^2)}{k_\sigma d \left(gd + \frac{2}{15}gd^3 k_\sigma^2 - \frac{2}{5}\sigma^2 d^2\right)} \tag{8.22}$$

5) 水深变浅引起的波浪破碎

为研究波浪的破碎机理，国内外许多学者进行了大量的室内试验和现场观测，结果表明，当初始单峰波谱向浅水传播时，波谱保持相似性，由水深变浅引起的破碎总能量可表示为：

$$S_{br}(\sigma, \theta) = -\frac{D_{tot}}{E_{tot}} E(\sigma, \theta) \tag{8.23}$$

上式中：E_{tot} 为总波能；D_{tot} 为破碎引起的波能耗散率，根据 Battjes 和 Janssen(1978)的研究，D_{tot} 可表示为：

$$D_{tot} = -\frac{1}{4}\alpha_{BJ} Q_b \left(\frac{\bar{\sigma}}{2\pi}\right) H_m^2 \tag{8.24}$$

式中：$\alpha_{BJ} = O(1)$ 是破碎波与"水跃"相似引入的能耗率校准系数；$\bar{\sigma}$ 为平均频率，定义为：

$$\bar{\sigma} = E_{tot}^{-1} \int_0^{2\pi} \int_0^{\infty} \sigma E(\sigma, \theta) d\sigma d\theta; \qquad (8.25)$$

Q_b 为破波因子，可通过截断的 Rayleigh 分布确定：

$$\frac{1 - Q_b}{\ln Q_b} = -8 \frac{E_{tot}}{H_m^2}; \qquad (8.26)$$

式中：H_m 是最大可能波高，在水深变浅引起的破波过程中，最大波高可表达为 $H_m = \gamma d$，d 为局地水深，γ 是与水底坡度、入射波波陡有关的破碎指标。Battjes 和 Janssen(1978) 基于 Miche 破碎准则，认为 $\gamma = 0.8$，1985 年经对大量室内试验和现场观测重新进行分析，发现对不同地形（平面、沙坝及沙谷），$\gamma \in (0.6, 0.83)$，均值为 $\gamma = 0.73$；Kaminsky 和 Kraus(1997) 根据大量试验，认为 $\gamma \in (0.6, 1.59)$，均值 $\gamma = 0.79$；Nelson(1987，1994，1997) 对大量室内试验和现场资料进行汇总分析，认为水平地形的 $\gamma = 0.55$，非常陡的地形 $\gamma = 1.33$，计算时宜根据具体情况选择合适的破碎指标。

6）波浪的反射

当海域中存在障碍物、堤坝等工程设施，波浪会发生反射或透射，SWAN 模型根据 Goda(1979) 公式依据堤坝等障碍物高度计算透射系数 k_1，或根据 Angremond(1996) 公式依堤坝等障碍物高度、坡度和堤宽计算透射系数，或直接定义透射系数。根据反射波高和入射波高的比值定义反射系数 k_2，反射系数采用建筑物坡度、建筑物前水深、波陡和建筑物护面结构型式确定。反射系数和透射系数的约束条件：$0 \leqslant k_1^2 + k_2^2 \leqslant 1$。

7）波浪的绕射

Holthuijsen 和 Booij(2003) 提出了以缓坡方程为理论基础的相解耦的方法，通过对地理空间和谱空间的波浪传播速度的修订，使 SWAN 模型可以考虑波浪绕射的影响。

当不考虑绕射影响时，地理空间和谱空间的传播速度可表示为：

$$C_{x,0} = \frac{\partial \omega}{\partial k} \cos(\theta) \qquad (8.27)$$

$$C_{y,0} = \frac{\partial \omega}{\partial k} \sin(\theta) \qquad (8.28)$$

$$C_{\theta,0} = -\frac{1}{k} \frac{\partial \omega}{\partial h} \frac{\partial h}{\partial n} \qquad (8.29)$$

式中：k 为波数；n 与波向线垂直。

当考虑绕射的影响时，传播速度可修订为：

$$C_x = C_{x,0} \bar{\delta} \qquad (8.30)$$

$$C_y = C_{y,0} \bar{\delta} \qquad (8.31)$$

$$C_\theta = C_{\theta,0}\bar\delta - \frac{\partial \bar\delta}{\partial x}C_{y,0} + \frac{\partial \bar\delta}{\partial y}C_{x,0} \tag{8.32}$$

式中：$\bar\delta = \sqrt{1+\delta}$；$\delta = \dfrac{\nabla(cc_g \nabla H_s)}{cc_g H_s}$。

8.2.3 差分格式

SWAN 模型采用全隐式有限差分格式对控制方程进行离散,有三种离散方案可供选择,分别是 BSBT 格式、SORDUP 格式以及 S&L 格式。其中 BSBT 格式对时间导数和空间导数均采用向后差分,其引起的数值耗散较大,一般适用于较小区域的波浪计算;SORDUP 格式对空间导数的离散使用三点向后差分的方法,其在空间上具有二阶精度;S&L 差分格式在时间上具有二阶精度,空间上具有三阶精度,其引起的数值耗散最小,适用于大范围的波浪计算,但该格式的时间步长受到 Courant 数的限制。

1) BSBT 格式

$$\left[\frac{N^{i_t,n} - N^{i_t-1}}{\Delta t}\right]_{i_x,i_y,i_\sigma,i_\theta} +$$

$$\left[\frac{[C_x N]_{i_x} - [C_x N]_{i_x-1}}{\Delta x}\right]^{i_t,n}_{i_y,i_\sigma,i_\theta} + \left[\frac{[C_y N]_{i_y} - [C_y N]_{i_y-1}}{\Delta y}\right]^{i_t,n}_{i_x,i_\sigma,i_\theta} +$$

$$\left[\frac{(1-\nu)[C_\sigma N]_{i_\sigma+1} + 2\nu[C_\sigma N]_{i_\sigma} - (1+\nu)[C_\sigma N]_{i_\sigma-1}}{2\Delta\sigma}\right]^{i_t,n}_{i_x,i_y,i_\theta} +$$

$$\left[\frac{(1-\eta)[C_\theta N]_{i_\theta+1} + 2\eta[C_\theta N]_{i_\theta} - (1+\eta)[C_\theta N]_{i_\theta-1}}{2\Delta\theta}\right]^{i_t,n}_{i_x,i_y,i_\sigma}$$

$$= \left[\frac{S}{\sigma}\right]^{i_t,n^*}_{i_x,i_y,i_\sigma,i_\theta} \tag{8.33}$$

式中：i_t 是时间层编号；i_x, i_y, i_σ, i_θ 分别是 x, y, σ, θ 空间上相应的网格编号；Δt, Δx, Δy, $\Delta\sigma$, $\Delta\theta$ 分别是时间步长,地理空间(x,y)步长,谱空间步长(σ,θ)。n 为每个时间层的迭代次数,方程右边源函数项中的 n^* 为 n 或 $n-1$；系数 (ν,η) 取值在 $0 \sim 1$ 之间,其取值决定了谱空间的差分格式,影响模型的数值精度和收敛性。

2) SORDUP 格式

该格式是将控制方程中地理空间导数的差分格式替换为：

$$\left[\frac{1.5[c_x N]_{i_x} - 2[c_x N]_{i_x-1} + 0.5[c_x N]_{i_x-2}}{\Delta x}\right]^{i_t,n}_{i_y,i_\sigma,i_\theta} +$$

$$\left[\frac{1.5[c_y N]_{i_y} - 2[c_y N]_{i_y-1} + 0.5[c_y N]_{i_y-2}}{\Delta y}\right]^{i_t,n}_{i_x,i_\sigma,i_\theta} \tag{8.34}$$

3) S&L 格式。

该格式是将控制方程中地理空间导数的差分格式替换为：

$$\frac{\left[\frac{5}{6}[c_xN]_{i_x} - \frac{5}{4}[c_xN]_{i_x-1} + \frac{1}{2}[c_xN]_{i_x-2} + \frac{1}{12}[c_xN]_{i_x-3}\right]_{i_y,i_\sigma,i_\theta}^{i_t,n}}{\Delta X} +$$

$$\frac{\left[\frac{5}{6}[c_yN]_{i_y} - \frac{5}{4}[c_yN]_{i_y-1} + \frac{1}{2}[c_yN]_{i_y-2} + \frac{1}{12}[c_yN]_{i_y-3}\right]_{i_x,i_\sigma,i_\theta}^{i_t,n}}{\Delta y} +$$

$$\frac{\left[\frac{1}{4}[c_xN]_{i_x+1} - \frac{1}{4}[c_xN]_{i_x-1}\right]_{i_y,i_\sigma,i_\theta}^{i_t-1}}{\Delta x} +$$

$$\frac{\left[\frac{1}{4}[c_yN]_{i_y+1} - \frac{1}{4}[c_yN]_{i_y-1}\right]_{i_x,i_\sigma,i_\theta}^{i_t-1}}{\Delta y} + \tag{8.35}$$

8.3 热带气旋海面气压场及风场模型

在热带地区广阔的洋面上,测站稀少,资料缺乏,这使得开展热带气旋的研究甚为困难,截至今日,人们只能利用有限的手段去研究热带气旋海面气压场和风场。就热带气旋的海面气压模型而言,代表性的主要有三类:第一类是圆对称型气压场模型(Bjerknes,1921;高桥,1939;藤田,1952;Myers,1957;Jelesnianski,1965;Holland,1980)。第二类是改进的对称型气压模型,如椭圆形对称的气压模型(陈孔沫,1981);非对称结构气压模型(章家彬等,1986);特征等压线气压模型(朱首贤等,2003;杨支中等,2005);半理论半经验的公式模型(盛立芳等,1993)。第三类为数值预报模型,如 MM5。对热带气旋海面风场的模拟主要沿着两个方向进行,其一为基于动力理论的梯度风原理,该方法在已知气压的基础上来求梯度风,然后再和热带气旋中心移速进行合成,其中气压往往采用模型气压。其二为经验模型,该方法直接假定热带气旋风场按照一定的规律分布。对于静止热带气旋而言,有 Elesnianki(1966)提出的 Rankine 涡风场修正模型和热带静止风暴模型,Miller(1976)的经验公式,陈孔沫(1994)的海面风场分布模型;对于移行热带气旋的不对称风场,有宫崎正卫(1962)合成风模型,Jelesnianki(1966)合成风模型等。

鉴于经验模型可以较为合理地计及台风大风区及其附近的风场,所以我们以 Myers(1954)经验模型风场对台风大风区进行描述,同时辅以 NCAR(National Center for Atmospheric Research)发布的 QSCAT/NCEP 混合风资料弥补台风经验模型外围风场偏小的缺陷。QSCAT/NCEP 混合风资料始于 1999 年,它是由 QSCAT 卫星观测资料(时间分辨率为 12 h、空间分辨率为 25 km)和 NCEP 再分析资料(时间分辨率为 6 h、空间分辨率为 1.875°×1.905°)在时间和空间上混合得到的全球覆盖的海面 10 m 高度处的风场,其时间分辨率为 6 h,空间分辨率 0.5°×0.5°。

8.3.1 台风气压场和风场的参数化模型

台风经验模型气压场采用 Myers(1954)圆对称模型,其分布形式为:

$$p_r = p_0 + (p_\infty - p_0)e^{-r_0/r} \qquad (8.36)$$

式中:p_0 是台风的中心气压;p_∞ 是台风的外围气压,一般取 1 013.3 hPa;r 是计算点至台风中心的距离;r_0 是最大风速半径,根据 Graham(1959)的研究成果,最大风速半径可表达为

$$r_0 = 28.52\tanh[0.087\,3(\phi-28)] + 12.22/\exp[(p_\infty - p_0)/33.86] + 0.2V_f + 37.22 \qquad (8.37)$$

式中:ϕ 是纬度;V_f 是移行风风速。

通过梯度风和气压场的关系,由气压场的分布模式,可以得到梯度风具有如下表达形式:

$$V_g = -0.5fr + \sqrt{(0.5fr)^2 + \frac{r}{\rho_a}\frac{\partial p}{\partial r}} \qquad (8.38)$$

式中:f 是科氏力参数($f = 2\omega\sin\phi$,ω 是地球自转角速度);ρ_a 是空气密度。

采用宫崎正卫公式(1962)对台风的移行风进行描述,其表达形式如下:

$$V_t = \exp(-\pi r/500\,000)\begin{bmatrix} V_x \\ V_y \end{bmatrix} \qquad (8.39)$$

式中:V_x 和 V_y 分别是台风中心移动速度的正东分量和正北分量。

将上述梯度风和移行风模型合成,可以得到台风的模型风场如下:

$$V_M = c_1 V_g \begin{bmatrix} -\sin(\theta+\beta) \\ \cos(\theta+\beta) \end{bmatrix} + c_2 V_t \qquad (8.40)$$

式中:β 是梯度风与海面风的夹角;θ 是计算点与台风中心的连线与 x 轴的夹角;c_1 和 c_2 为订正系数。

8.3.2 台风风场的构造方案

在台风中心附近,经验模型可以较好地反映台风大风区的风场特征,但一般仅限于几百公里范围内;在台风外围,风场一般同时受到台风和其它天气系统的影响,这与经验模型风场差别较大。为了更准确地模拟台风风场,我们通过一个权重系数,将 QSCAT/NECP 混合风场和台风经验模型风场相加,这样既保证了台风外围风场的可靠性,又提高了台风中心附近的空间分辨率。外围风场和模型风场的合成方法如下:

$$V_C = (1-e)V_M + eV_Q \qquad (8.41)$$

式中:e 为权重系数,根据 Carr III 和 Elsberry(1997)的研究成果,权重系数的表达形式为

$$e = \frac{c^1}{(1+c^1)}, \text{其中}, c = \frac{r}{(10 \times r_0)}。$$

8.3.3 风场模式的验证及应用

为了检验所构造的台风风场模式的数值计算效果，我们首先以0814号台风"黑格比"为例，对风场模式的数值结果进行了检验，并分别对0601号台风"珍珠"和0707号强热带风暴"帕布"期间的风场进行了数值计算。

1) 台风风场的检验——0814号台风"黑格比"

0814号强台风"黑格比"于2008年9月19日晚在菲律宾以东的西北太平洋海面生成，20日下午加强为强热带风暴并向西北方向移动，21日下午成长为台风，22日下午增强为强台风，在穿过巴林塘海峡后，向西北偏西方向移动，于24日6时在广东茂名登陆，登陆时中心附近最大风速48 m/s，中心气压940 hPa，移行速度25 m/s。台风登陆后继续往西北偏西方向移动并逐渐减弱，24日傍晚在广西境内减弱为热带风暴并逐渐消亡。该次台风的中心位置和强度参数随时间的变化如表8.1所示，它是影响我国珠江口地区的典型的西北西型路径的台风。台风"黑格比"的特点在于发展加强快；移动速度快（登陆前20小时内移速持续达30 km/h）；强度稳定（登陆前31个小时内气压强度维持在935 hPa）；路径笔直。由于正值天文高潮期，受其影响广东多个潮位站均出现了百年一遇，甚至两百年一遇的高潮位，汕头到雷州半岛东岸，包括海珠江口及其西岸一带多数岸段增水达到2.0 m和2.0 m以上，最大增水发生在广东北津站，为270 cm。珠江口观测到高达13.7 m的巨浪。根据《2008年中国海洋灾害公报》记载，受到"黑格比"风暴潮和近岸浪的影响，广东省沿海受影响市县达39个，受灾人口737.05万人，堤防决口834处，护岸损坏1 055处，水产养殖受损面积57 154公顷，971艘船只沉没，因灾造成直接经济损失达118.25亿元。

表8.1　0814号台风"黑格比"的中心位置和强度参数随时间的变化

时间 m/d/h	中心位置 经度(°E)	中心位置 纬度(°N)	中心气压(hPa)	中心风速(m/s)	时间 m/d/h	中心位置 经度(°E)	中心位置 纬度(°N)	中心气压(hPa)	中心风速(m/s)
9/22/08	18.9	123.5	960	40	9/23/14	20.3	115.7	935	50
9/22/14	19.4	122.2	950	45	9/23/20	20.6	113.9	935	50
9/22/20	19.6	120.8	940	48	9/24/02	21.1	112.6	935	50
9/23/02	19.8	119.1	935	50	9/24/08	21.5	110.9	955	45
9/23/08	20.2	117.3	935	50	9/24/14	21.7	109.5	975	30

为了检验本文热带气旋风场模式的计算效果，图8.1(a)至图8.1(c)分别对大万山、闸坡和硇洲岛站的风速计算值和实测值进行了比较。由图8.1(a)至图8.1(c)可知，虽然

台风风速的计算值较实测值普遍偏大,但本文的风场构造方案无论是关于最大风速的刻画,还是关于外围风场的描述,均具有一定的精度。尤其是模式关于台风外围风场的刻画,由于在经验模型中融合了 QSCAT/NCEP 再分析风资料,所以本书台风的构造方案还可以避免经验模型关于台风外围风场的计算明显偏小的缺陷,在台风外围较远处采用

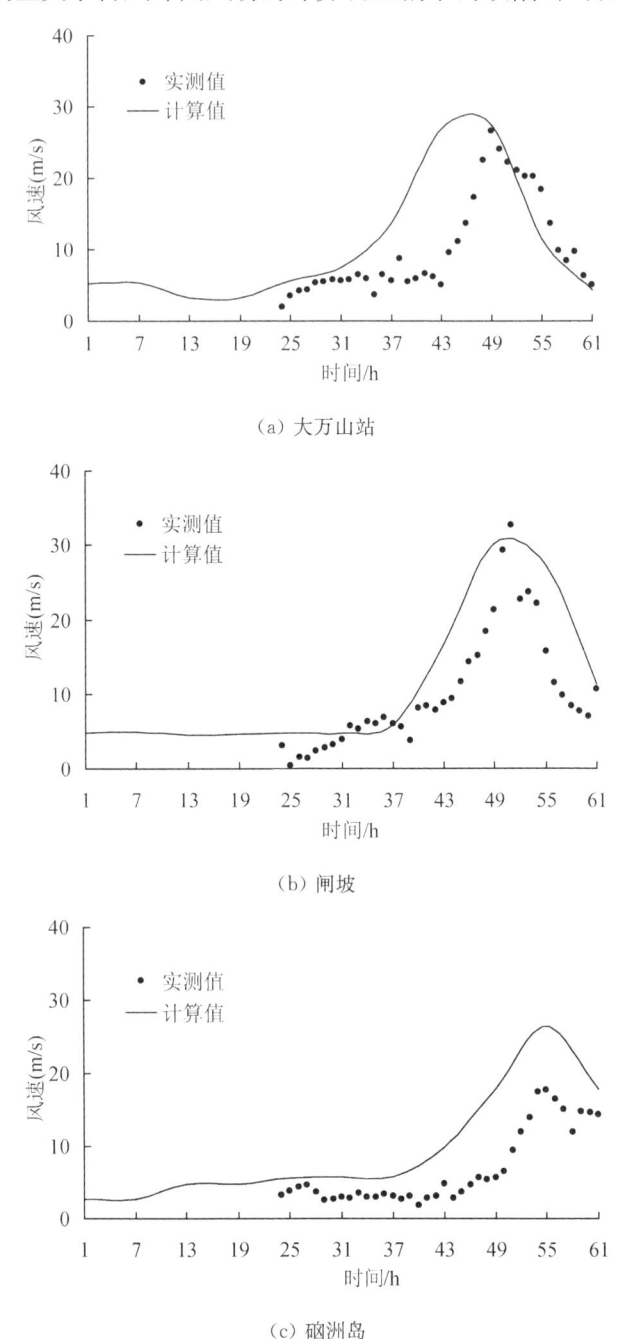

(a) 大万山站

(b) 闸坡

(c) 硇洲岛

图 8.1　风场模式的计算结果与实测值的比较

其中,横坐标为时间,1 时所对应的时刻为 2008 年 9 月 22 日 02 时

QSCAT/NCEP再分析风资料,还可以反映其他天气系统的影响。因此,本书的风场构造方案是合理的,可用来描述热带气旋的海面风场特性,进而用于风暴潮和台风浪的数值后报或预报工作。需要说明的是,在本例计算中,经验模型风场所使用的参数为《台风年鉴》所列之参数,若模式用于台风的预报,我们可以采用中央台预报的热带气旋要素,而背景风则可以采用中央台数值预报的产品替换QSCAT/NCEP再分析风资料。

2) 台风个例的计算——0601号台风"珍珠"和0707号台风"帕布"

0601号台风"珍珠"于2006年5月9日20时在菲律宾以东海面生成,13日2时进入我国南海增强为台风并沿14°N向西移动,到15日2时中心气压为950 hPa,近中心最大风速为45 m/s,发展成强台风,随即以90°的右折稳定地向正北方向移动直趋广东,于18日2时在广东饶平登陆,登陆时中心气压960 hPa,近中心最大速为35 m/s,台风登陆后继续向北移动,18日4时在福建省境内减弱为强热带风暴。表8.2所列为台风"珍珠"的中心位置、强度参数随时间的变化,它是影响我国珠江口地区典型的北上型路径的台风,同时根据罗碧瑜等(2008)的研究,它亦是历史同期登陆影响广东省的最强台风。由于该次台风在中国南海强度大(12级以上风力维持约116小时)、范围广(7级大风半径在400~540 km),所以粤东沿岸深水海区从14日8时开始就受到3.0 m以上大浪的影响,在17日8时台风中心穿过20°N时即被纳入到8.0 m以上狂浪的影响范围。沿海最大增水出现在广东海门,达181厘米,超过当地警戒潮位8 cm。据《2006年中国海洋灾害公报》记载,受台风"珍珠"暴潮、浪的共同影响,广东省海洋灾害的直接经济损失12.3亿元,受灾人口778.12万人,紧急转移32.7万人。农田受淹21.19万公顷,水产养殖损失94.49千公顷,堤防损毁1 675处,144.89公里,沉没损毁渔船1 518艘。

表8.2 0601号台风"珍珠"的中心位置和强度参数随时间的变化

时间 m/d/h	中心位置 经度(°E)	中心位置 纬度(°N)	中心气压(hPa)	中心风速(m/s)	时间 m/d/h	中心位置 经度(°E)	中心位置 纬度(°N)	中心气压(hPa)	中心风速(m/s)
5/13/02	13.0	121.2	980	30	5/16/08	16.9	114.9	940	50
5/14/02	13.9	118.2	970	35	5/16/14	17.8	114.9	950	45
5/14/14	13.9	116.6	960	40	5/17/02	19.5	115.3	950	45
5/15/02	13.9	115.5	940	50	5/17/14	21.3	116.0	960	40
5/15/14	14.7	115.2	940	50	5/18/02	23.4	117.0	960	35

0707号热带风暴"帕布"于2007年8月5日14时在西北太平洋海面生成,6日14时加强为强热带风暴,8日16时减弱为热带风暴,8日23时减弱为热带低压,9日8时再次加强为热带风暴,于10日16时前后在香港新界屯门沿海地区登陆,登陆时中心最大风速20 m/s,登陆后又折向偏西方向移动,并于10日18时在广东中山市沿海地区再次登陆,登陆后于10日夜间在江门市境内减弱消失。表8.3所列为"帕布"的中心位置、强度参数随时间的变化,它是影响我国珠江口及其附近的典型的西进型路径的强热带风暴。"帕

布"具有路径摆动、强度多变的特点,虽然强度相较台风为低,但由于其在近海的维持时间较长(36小时以上),所以亦造成了较为严重的灾害。据《2007年中国海洋灾害公报》记载,热带风暴"帕布"期间,南海北部形成了4~5 m的风浪,广东省受灾人口112.17万人,水产养殖受灾面积14.59千公顷,潮水淹没农田40.58公顷,堤防损坏31处,堤防决口0.90千米,直接经济损失达22.98亿元。

表8.3 0707号强热带风暴"帕布"的中心位置和强度参数随时间的变化

时间 m/d/h	中心位置 经度(°E)	中心位置 纬度(°N)	中心气压(hPa)	中心风速(m/s)	时间 m/d/h	中心位置 经度(°E)	中心位置 纬度(°N)	中心气压(hPa)	中心风速(m/s)
8/07/14	22.3	123.4	980	30	8/09/14	21.7	113.1	995	18
8/08/02	22.1	120.7	980	30	8/09/20	21.5	112.7	995	17
8/08/14	22.2	117.4	980	30	8/10/02	21.6	112.7	993	17
8/09/02	22.4	114.9	996	16	8/10/08	21.6	113.2	992	17
8/09/08	21.9	113.6	990	20	8/10/14	22.3	113.8	991	20

8.4 台风浪数值模型检验与应用

本节采用SWAN模型,通过自嵌套计算方案,对磨刀门及其附近水域的台风浪进行数值模拟。计算区域分Ⅰ区、Ⅱ区和Ⅲ区大小不同的三个区域,通过Ⅰ区的运行结果提供嵌套区域Ⅱ区的波谱边界条件,进而以Ⅱ区提供Ⅲ区的波谱边界条件。其中,Ⅰ区为南海台风浪模型,计算范围为$105°E\sim125°E$、$10°N\sim26°N$,空间步长为$4'\times4'$,时间步长为10分钟;Ⅱ区珠江口外海台风浪模型,计算范围为$112.5°E\sim116.5°E$、$20°N\sim23°N$,空间步长为$1'\times1'$,时间步长为3分钟;Ⅲ区为磨刀门及其附近海域台风浪近岸模型,计算范围为$112°59'E\sim113°45'40''E$、$21°41'34''N\sim22°14'04''N$,空间分辨率为$14''\times13''$,时间分辨率为3分钟。Ⅰ区、Ⅱ区和Ⅲ区在二维谱空间上的分辨率均相同:频率的计算从$0.04\sim1.0$,以对数分布划分为20个;方向的分段为60个,分辨率为$6°$。

模型的物理机制包括风能输入、折射、绕射、海底摩擦、波浪破碎、白帽损耗以及非线性波波相互作用。风能的输入考虑线性增长和指数增长两部分,其中线性增长采用Caraler和Malanotte-Rizzoli的表达式,指数增长采用Komen等的研究成果;海底摩擦造成的能量损耗采用Collins公式,底摩擦系数取为0.006;破碎波高(H)与水深(d)的关系用$H/d=\gamma$表示,数值计算时,$\gamma=0.73$;波浪的绕射采用Holthuijsen和Booij(2003)提出的相解耦方法;白浪损耗采用Komen公式;三相波和四相波非线性相互作用分别采用Hasselmann离散迭代近似模型(DIA)和Edeberky集合三相近似模型(LTA)。

8.4.1 台风浪数值模型检验——0601号"珍珠"

对于该次台风浪的数值模拟,模型的计算时间如下:南海大模型Ⅰ区的计算时间从5月13日2时积分至5月18日2时共120小时;珠江口外海模型Ⅱ区从5月15日2时积分至5月18日2时共72小时;磨刀门及其附近海域模型Ⅲ区,从5月15日12时积分至5月18日2时共62小时。

为验证模式对大洋台风浪的模拟效果,我们将数值模拟的结果与Jason-1卫星高度计观测值进行对比分析。在模式运行时段内Jason-1卫星处于第160个运行周期,有三条轨道靠近台风的移动路径,分别是第T114、T127和T153轨道,它们的生成时间分别为15日05:37、15日17:48和16日18:09。在剔除卫星数据中的无效数据和粗差数据后,将卫星观测波高与模式计算结果进行比较,图8.2(a)至图8.2(c)分别显示了沿轨道T114、T127和T153的有效波高分布,由图可知模式较好地模拟了这三条轨道上的波高变化趋势。

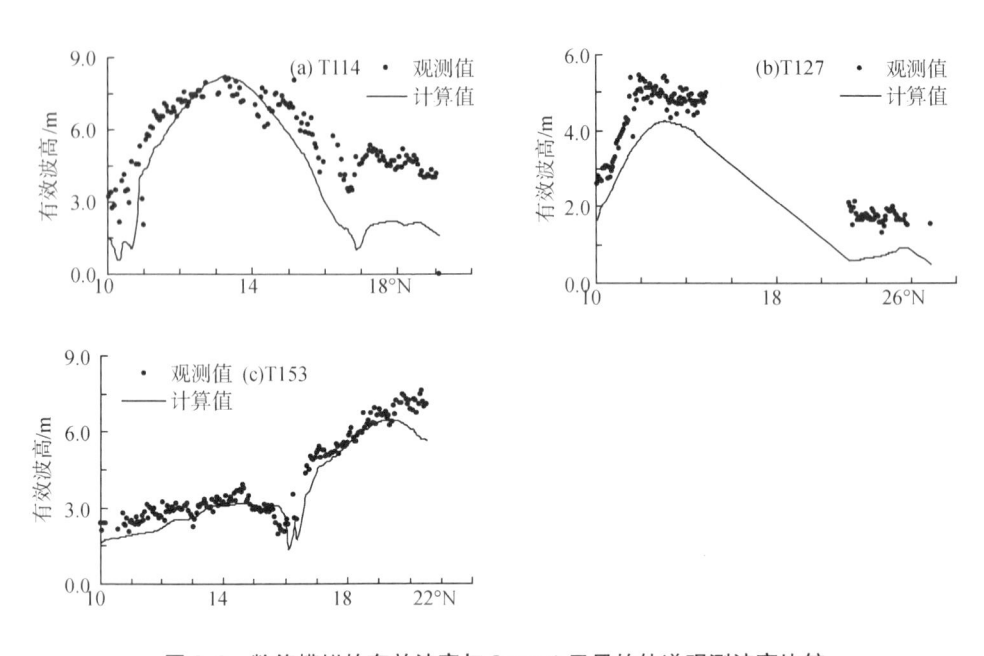

图8.2 数值模拟的有效波高与Jason-1卫星的轨道观测波高比较

图8.3(a)至图8.3(d)是数值模拟的珠江口外海模型Ⅱ区在不同时刻的波浪场和风场分布图。由图8.3(c)可知在大洋上台风移动路径的右侧,强风的持续作用使得波浪的传播方向和风向较为一致;而在台风移动路径的左侧,由于风浪和涌浪的共同作用,波浪的传播方向偏离风向,并且越向台风外围波向与风向之间的偏角就越大。图8.3(a)和图8.3(b)表明在台风中心进入嵌套区域Ⅱ之前,近岸水域持续受到SE向波浪的影响,波向与风向差别较大,这是由于大洋涌浪传至近岸后波向主要受控于地形变化所致。图8.3(d)显示在台风登陆后,台风大风区附近的近岸水域产生了与风向相一致的离岸风

浪,但是在台风大风区外围,地形对波浪传播的影响使得波向偏离风向,有时二者甚至相反。

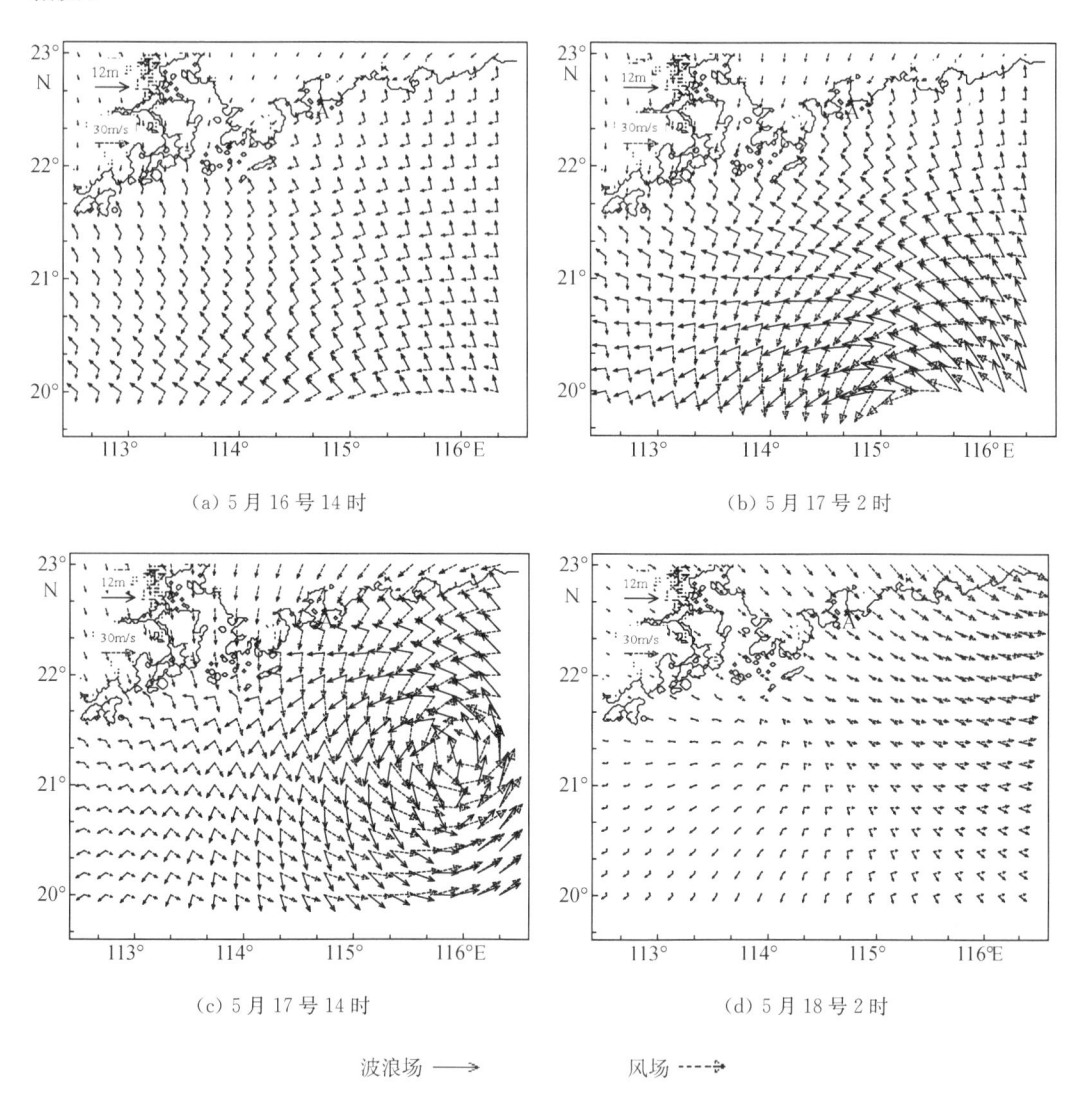

(a) 5月16号14时

(b) 5月17号2时

(c) 5月17号14时

(d) 5月18号2时

波浪场 ——→　　　风场 ---→

图 8.3　不同时刻数值模拟的嵌套Ⅱ区波浪场和风场分布图

为检验模式对近岸台风浪的数值模拟效果,图 8.4 将数值计算的有效波高、平均波周期和波向与近岸浮标实测值进行了比较。测波浮标位于广东平海湾,地理坐标为 $22.56°$N,$114.73°$E,如图 8.3 中的 A 点所示,该浮标记录了台风"珍珠"期间测波点附近的波浪要素变化。

图 8.5 所示为数值模拟的磨刀门及其附近水域不同时刻的有效波高场分布图,由图可知,虽然 0601 号台风不在珠江口附近登陆,然而强烈的台风气旋所产生的风浪仍然会对磨刀门水域产生较大的影响,表现为风浪和涌浪的混合浪,尤其是自 17 日 12 时,波浪的方向和风向差别较大,有时二者甚至相反,这是在外海浪涌传向近岸传播过程中受到地

形折射的影响所致。台风期间,数值模拟的珠江口西四口门外海－20 m 等深线附近有效波高普遍达到 5.0 m 以上;黄茅海水域口门附近以及磨刀门口拦门沙外最大有效波高也在 2.0 m 以上;由于受到岛屿遮挡以及口外拦门沙破波消能的有利影响,黄茅海和磨刀门内的有效波高较外海显著降低,且从外海向内呈逐渐减小的趋势。

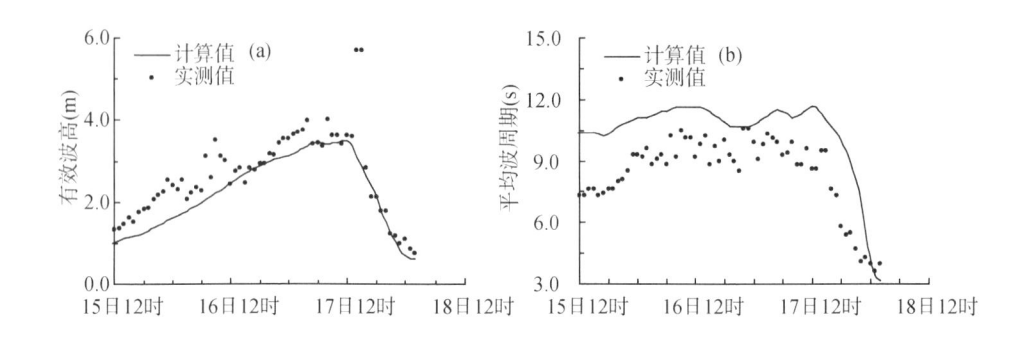

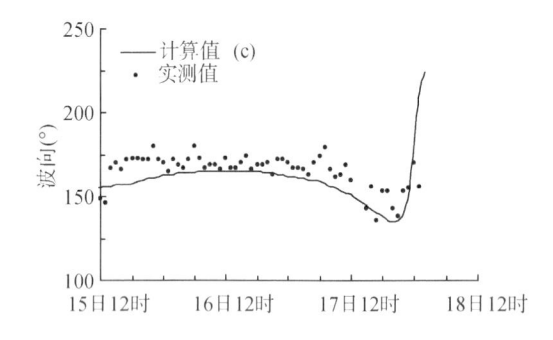

图 8.4　数值模拟的有效波高、平均波周期和波向与浮标实测值的比较

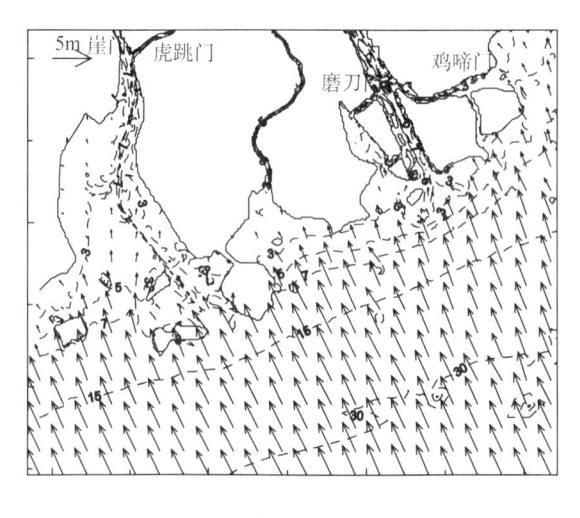

(a) 5 月 16 日 12 时

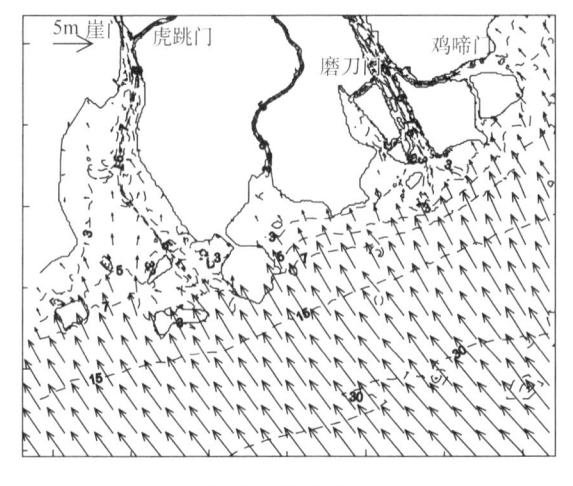

(b) 5月17日00时

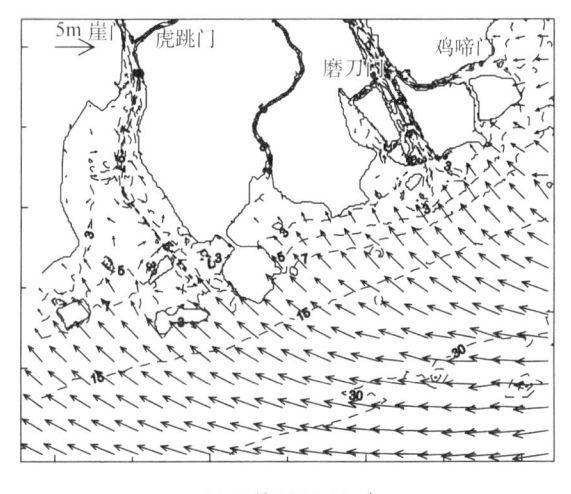

(c) 5月17日12时

图 8.5 不同时刻数值模拟的磨刀门及其附近水域有效波高场分布图

8.4.2 台风浪数值模型应用——0707"帕布"和0814"黑格比"

8.4.1节对0601号台风"珍珠"形成的台风浪进行了数值模拟,并以Jason-1卫星高度计测波资料和近岸浮标观测资料(包括波高、波周期和波向)分别对大洋中的风浪和近岸风浪进行了较为详细的验证分析,初步表明了本书所建立的台风浪数值模拟模型的合理性,可反映大洋和近岸台风浪的传播演化过程和时空分布特性,所以,本节将进一步以该模型为基础,分别对0707号强热带风暴"帕布"和0814号台风"黑格比"所致的风浪进行数值模拟研究。

1) 0707号强热带风暴浪的数值模拟

对0707号强热带风暴"帕布"风浪的数值模拟,计算时间分别为:南海大模型Ⅰ区的计算时间从8月7日8时积分至8月10日20时共84小时;珠江口外海模型Ⅱ区从8月

8日0时积分至8月10日20时共68小时;磨刀门及其附近海域模型Ⅲ区,从8月8日20时积分至8月10日20时共48小时。

在0707号强热带风暴期间,南海北部海域风浪的最大有效波高普遍在4.0 m以上,其中最大有效波高发生在台湾以东海面,达7.0 m以上;福建以东海面最大有效波高在6.0 m以上;广东沿海也普遍出现4.0 m以上的巨浪,这与《2006年中国海洋灾害公报》的记载相吻合。为了更为清晰地了解磨刀门及其附近水域风浪的时间变化过程,图8.6(a)至图8.6(c)分别显示了位于磨刀门口外10 m等深线附近O点风浪的有效波高、平均波周期和波向的时间变化过程,其中波向为波浪的来向与正北方向的夹角。该图表明在0707号强热带风暴的影响下,自8月9日14时开始,直至10日14时,磨刀门口外持续受到SE向3.0 m以上有效波高的波浪影响(历时约25小时),期间最大风浪大致发生于10日10时,其所应的有效波高约为3.6 m,平均波周期约为6.0 s。虽然相较0601号和0814号台风所致的磨刀门口外风浪的最大有效波高为低,但由于0707号强热带风暴在珠江口附近驻足时间较长,这就使得磨刀门附近水域在较长时间内持续受到3.0 m以上大浪的影响。

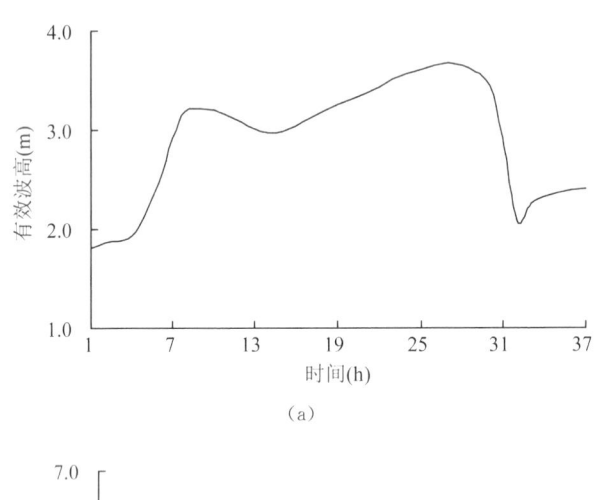

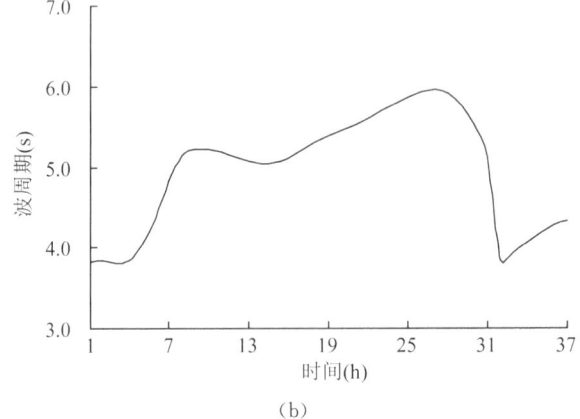

(a)

(b)

(c)

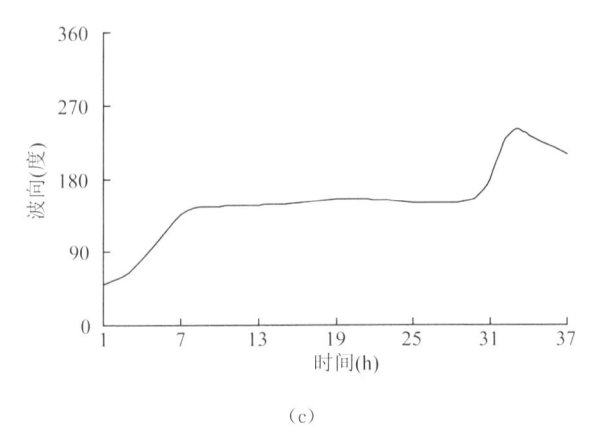

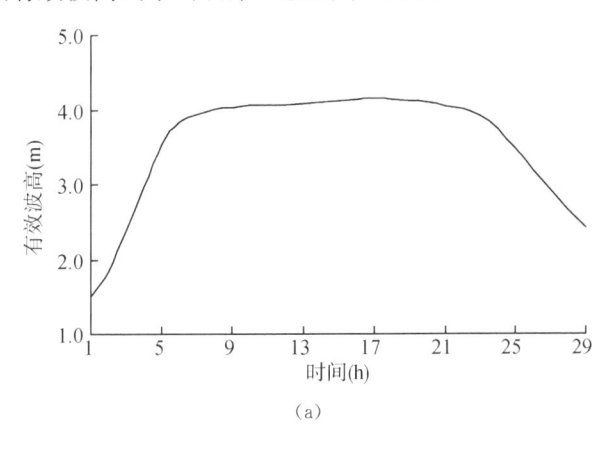

图 8.6　0707 号强热带风暴在磨刀门外 10 m 等深线 O 点的波浪要素随时间的变化

(其中,起始时刻 1 时应于 2007 年 8 月 09 日 08 时)

2) 0814 号台风浪的数值模拟

对于 0814 号台风"黑格比"风浪的数值模拟,模型的计算时间如下:南海大模型Ⅰ区的计算时间从 9 月 22 日 2 时积分至 9 月 24 日 14 时共 60 小时;珠江口外海模型Ⅱ区从 9 月 22 日 8 时积分至 9 月 24 日 14 时共 54 小时;磨刀门及其附近海域模型Ⅲ区,从 9 月 22 日 14 时积分至 9 月 24 日 14 时共 48 小时。

据《2008 年中国海洋灾害公报》记载,由于该次台风的影响,珠江口水域观测到了高达 13.7 m 的狂涛,本次台风浪的数值模拟结果与其基本吻合。图 8.7(a)至图 8.7(c)显示了磨刀门口外 10 m 等深线附近 O 点的有效波高、平均波周期和波向随时间的变化过程。该图表明自 9 月 23 日 13 时开始,磨刀门口外就受到了 SE 向 3.0 m 以上有效波高的波浪影响,这显然是外海涌浪所致,随着台风的临近,波高逐渐增长,到 23 日 17 时,有效波高达 4.0 m,此后直至 24 日 23 时,磨刀门口外 10 m 等深线附近的 O 点持续受到 4.0 m 以上巨浪的影响,期间最大浪高约为 4.1 m,所对应的波周期约为 9.1 s,发生于 23 日 23 时。值得指出的是,O 点平均波周期的变化并不同于波高的变化,表现为最大平均波周期先于最大有效波高到来的现象,这应该是涌浪先于台风到达所致。

(a)

(b)

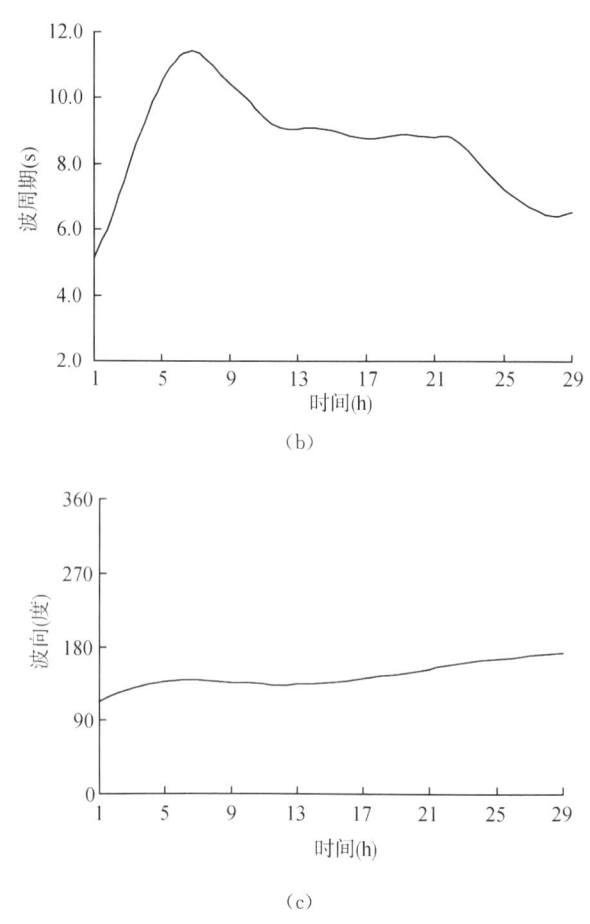

(c)

图 8.7 0814 号台风在磨刀门外 10 m 等深线 O 点的波浪要素随时间的变化.
其中,起始时刻 1 时应于 2008 年 9 月 23 日 10 时.

第 9 章　滨海地表水与地下水耦合模拟

9.1　概述

地表水与地下水相互作用的现象十分普遍,两者交替扮演着源和汇的角色。近年来,地表水与地下水之间的污染物迁移、地表水体富营养化等现象,使人们逐渐开始认识到研究二者相互作用的重要性。目前数值模拟已成为其重要的研究手段。目前地表水与地下水相互作用的研究,主要是分区域利用现有模型进行模拟,并结合一定的算法通过控制交界面上渗入渗出量的平衡,实现两套模型的耦合。目前耦合模型中,在地表水方面主要以一维河道问题为主,如 Leticia 等利用 HEC-RAC 与 MODFLOW 的耦合研究了河道-潜水系统交换作用;国内武强等将一维明渠非恒定流模型与地下水模型相互耦合,对黑河流域下游水资源开发进行了评价;其他类似软件有 Modflow2000, Modranch 等。而将地表水作为二维问题处理的 MODHMS 等软件也仅仅基于运动波原理的二维坡面流假定。考虑到在地下水模型中因时间尺度取值过大往往会造成计算误差,Liang 等曾就地表水与地下水模型采用同步计算方法模拟泻湖震荡特征,但时间步长受控于地表水模型,计算非常耗时。Winte 等和 Fairbanks 等特别指出,对于地表水与地下水相互作用非常显著的区域,如湿地、湖泊、河口海岸地区,应将二者视为一个整体来研究,采用完全耦合隐式算法相对更为准确,如目前较新的整体模型 INHM 等。但该模型描述水流运动特性的动量方程采用的是曼宁方程,因此并不完全适用于河口、海岸带水动力环境。若研究区域地形复杂,潮沟和潮滩相间分布,建模时需要分别定义,这又给具体操作带来了不便。作为自然界中最常见的水体流动,所谓的地下水和地表水运动问题其主体并未发生改变,只是其载体或者说是运动环境发生了改变,水体运动其本身仍然满足牛顿定律,因此建立统一的地表水和地下水运动控制方程具有一定的理论基础,而在此基础上建立的整体数值模型对今后开展地下水与地表水相互作用的研究将具有重要的现实意义。

9.2 数学模型

9.2.1 地表水控制方程

根据质量守恒定理和动量守恒定律,地表水的三维运动微分方程可表述为:

$$\begin{cases} \dfrac{\partial \vec{V}}{\partial t} + (\vec{V} \cdot \nabla)\vec{V} = -\dfrac{1}{\rho_m}\nabla(P+rz) + \upsilon\nabla^2\vec{V} \\ \nabla \cdot \vec{V} = 0 \end{cases} \quad (9.1)$$

式中:$\vec{V}$ 为速度,P 为自由表面压力,r 为水体容重,ρ_m 为单元体密度,υ 为运动黏滞系数。

9.2.2 地下水控制方程

地下水流速小于地表水运动,可忽略对流项作用,地下水运动方程可表述为:

$$\begin{cases} \dfrac{\partial \vec{V}}{\partial t} = -\dfrac{1}{\rho_m}\nabla(P+rz) + \vec{F} \\ \nabla \cdot \vec{V} = 0 \end{cases} \quad (9.2)$$

式中:$\vec{F}$ 为流体在多孔介质中运动所受阻力项,根据 Forchheimer 研究成果可表述为:

$$\vec{F} = -\alpha\vec{V} - \beta|\vec{V}|\vec{V} - \dfrac{1-n_e}{n_e}C_m\dfrac{\partial \vec{V}}{\partial t} \quad (9.3)$$

该式通过二次项扩展了达西定律,考虑了惯性作用,非线性渗流实验表明,当多孔介质中的颗粒较大时,二次项会起到显著的阻尼效应。

将式(9.3)代入式(9.2),得运动方程:

$$S\dfrac{\partial \vec{V}}{\partial t} + \alpha\vec{V} + \beta|\vec{V}|\vec{V} = -\dfrac{1}{\rho_m}\nabla(P+rz) \quad (9.4)$$

$$S = 1 + \dfrac{1-n_e}{n_e}C_m \quad (9.5)$$

式中:n_e 为孔隙率;C_m 为附加质量系数;α 与 β 是与多孔介质颗粒的形状、粒径、孔隙率、级配和流体性质有关的常数,根据 Mcdougal、Huang 的研究成果,

$$\alpha = \dfrac{\upsilon n_e}{K_p} = 6.086 \times 10^6 \upsilon \left[\dfrac{d_0}{d}\right]^{1.57} \left(\dfrac{1-n_e^3}{n_e}\right)^2 \quad (9.6)$$

$$\beta = \dfrac{c_f n_e^2}{\sqrt{K_p}} = 2.467 \times 10^3 c_f \left[\dfrac{d_0}{d}\right]^{0.785} (1-n_e^3) n_e^{\frac{1}{2}} \quad (9.7)$$

$$C_f = 100\left[d\left(\dfrac{n_e}{K_P}\right)^{1/2}\right]^{-1.5} \quad (9.8)$$

$$K_p = 1.643 \times 10^{-7} \left[\frac{d}{d_0}\right]^{1.57} \frac{n_e^3}{(1-n_e^3)^2} \tag{9.9}$$

式中：$d_0 = 10 \text{ mm}$。对于附加质量系数 C_m，Sulidz 建议通过实验加以修正，研究表明其对计算结果的影响不大，一般可取为 0。

9.2.3 三维地表水与地下水方程统一方程

基于无弹性释水和均质假定，建立统一的三维地下水和地表水运动方程，以 x 方向为例，动量方程可表述为：

$$\frac{\partial u}{\partial t} + u\frac{\partial u}{\partial x} + v\frac{\partial u}{\partial y} + w\frac{\partial u}{\partial z} = -\frac{1}{\rho}\frac{\partial}{\partial x}(P+rz) + v\left(\frac{\partial^2 u}{\partial x^2} + \frac{\partial^2 u}{\partial y^2} + \frac{\partial^2 u}{\partial z^2}\right) + F(u) \tag{9.10}$$

方程(9.10)较方程(9.1)增加阻力项 $F(u)$，该项反映了孔隙介质对水体的阻力效应，地表水情况下 n_e 取为 1，则 $\alpha = 0$，$\beta = 0$，$F(u) = 0$，退化为传统的地表水控制方程。

9.2.4 扩展型浅水方程形式的建立

河口、海岸地区地表水范围宽广，床面以下基本为饱和水体，地表水切割含水层较少，与地下水的交换以水平流形式为主，因此对该现象的模拟常采用平面二维模型。对方程(9.10)沿垂向积分，得适用于地下水和地表水运动的扩展型浅水方程：

$$\begin{cases} \dfrac{\partial \bar{u}_i}{\partial t} + \dfrac{\partial \bar{u}_i \bar{u}_j}{\partial x_i} = -g\dfrac{\partial \zeta}{\partial x_i} + \dfrac{\partial}{\partial x_i}\left(v_i \dfrac{\partial \bar{u}}{\partial x_i}\right) + \dfrac{\partial}{\partial x_j}\left(v_j \dfrac{\partial \bar{u}}{\partial x_j}\right) - g\dfrac{n^2 \sqrt{\bar{u}_i^2 + \bar{u}_j^2}}{h^{4/3}}u_i - \alpha \bar{u}_i - \beta |\bar{u}_i| \bar{u}_i \\ n_e \dfrac{\partial \zeta}{\partial t} + \nabla(hu) = q \end{cases} \tag{9.11}$$

式中：ζ 为水位，f_b 为床面摩阻系数，n_e 为介质空隙度，n 为曼宁系数，q 为降雨量或蒸发量。在动量方程右端存在两类摩阻，第一类由底摩擦作用产生，可视为床面阻力沿水深的平均分布；第二类为透水介质摩阻，反映了介质的摩擦效应，在低雷诺数时，可以忽略二次项，若已知渗透系数 K，可令

$$\alpha = \frac{g}{K} \tag{9.12}$$

动量方程进一步简化为：

$$u_i = -K\frac{\partial \zeta}{\partial x_i} \tag{9.13}$$

这就是常见的达西定律表达形式。将其代入连续方程，忽略源项，则可还原成经典的非线性 Boussinesq 方程：

$$n_e \frac{\partial \zeta}{\partial t} = K \nabla \cdot (h \cdot \mathrm{grad}\zeta) \tag{9.14}$$

9.3 数值方法

地下水模型中时间步长与介质导水系数成反比,明显大于地表水模型,特别在潮汐动力较强的河口区,两者时间步长的差别可达数十倍,为此本文采用非结构网格下全隐 E—L 有限体积差分格式对方程(9.11)进行离散,该方法计算时步不受 CFL 条件的限制,可提高地表水计算时间步长,有效克服地表水与地下水模型在时步上的不匹配现象。

9.3.1 离散方法

在相邻单元共边上重构新的坐标系统,令 x 方向垂直于单元侧边,y 方向平行于侧边,U、V 分别表示侧边的法向和切向流速,水位布置在单元格中心,变量布置见图 9.1。

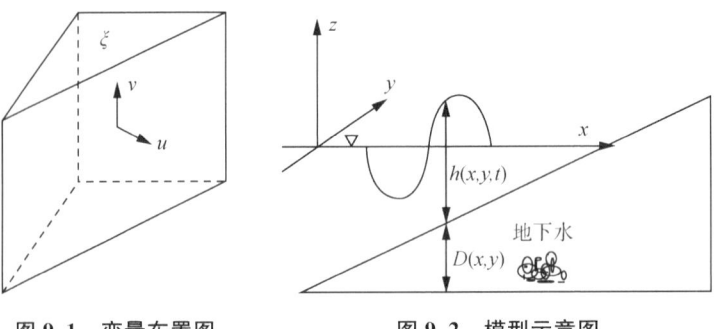

图 9.1 变量布置图　　图 9.2 模型示意图

(1) 对连续方程进行离散:

$$P_i n_e^i \frac{\zeta_i^{n+1}-\zeta_i^n}{\mathrm{d}t}+\theta \sum_{k=1}^{\mathrm{side}(i)} s_{i,k} l_k (h_k^n U_k^{n+1}+D_k^n \widetilde{U}_k^{n+1})+(1-\theta)\sum_{k=1}^{\mathrm{side}(i)} s_{i,k} l_k (h_k^n U_k^n+D_k^n \widetilde{U}_k^n)=Q_i \tag{9.15}$$

式中:ζ 为水位;P_i 为所在单元的面积;n_e^i 为所在单元的空隙率,当水位高于滩面时,取为 1;U、$\widetilde{U}$ 分别对应地表水与地下水流速;h_k 和 D_k 分别对应地表水厚度和地下水厚度,其布置见图 9.2;θ 为时间离散的隐式因子,一般 $0.5 \leqslant \theta < 1.0$;$s_{i,k}$ 为方向因子;l_k 为单元侧边的长度;side(i) 代表第 i 个单元的总边数;Q_i 为源项包括了降雨、蒸发等因素。

(2) 对法向的动量方程(地下水或地表水流速)进行离散:

$$\frac{U_j^{n+1}-U_j^*}{\Delta t}=f_i V_j^n-\frac{g}{\delta_j}[\theta(\zeta_{is(j,2)}^{n+1}-\zeta_{is(j,1)}^{n+1})+(1-\theta)(\zeta_{is(j,2)}^n-\zeta_{is(j,1)}^n)]$$
$$+\frac{1}{h}\left[\frac{\tau_{\mathrm{wind}}^x}{\rho_0}-\frac{gn^2\sqrt{U^2+V^2} U_j^{n+1}}{h^{1/3}}+F(U_j^{n+1})\right]+F_{1j}^n \tag{9.16}$$

（3）对切向的动量方程（地下水或地表水流速）进行离散：

$$\frac{V_j^{n+1} - V_j^*}{\Delta t} = -f_i U_j^n - \frac{g}{L_j}\left[\theta(\zeta_{ip(j,2)}^{n+1} - \zeta_{ip(j,1)}^{n+1}) + (1-\theta)(\zeta_{ip(j,2)}^n - \zeta_{ip(j,1)}^n)\right]$$
$$+ \frac{1}{h}\left[\frac{\tau_{\text{wind}}^x}{\rho_0} - \frac{gn^2\sqrt{U^2+V^2}V_j^{n+1}}{h^{1/3}} + F(V_j^{n+1})\right] + F_{2j}^n \tag{9.17}$$

式中：ρ_0 为水体密度；n 为曼宁系数；$is(j,i)$ 为侧边相邻单元的编号；$ip(j,i)$ 为共边两节点编号；δ_j 为相邻单元垂心的距离；F_1^n、F_2^n 分别为 x、y 方向的水平扩散项；$F(U_j^{n+1})$、$F(V_j^{n+1})$ 分别对应地下水环境中 x、y 方向的摩阻项；U^*、V^* 通过拉格朗日逆向追踪方法插值获得；f 为柯氏力系数，ζ_{ip} 为单元侧边端点的水位。

地表水动量方程的离散可进一步写成：

$$mU_j^{n+1} = G_j^n - \theta g \frac{\Delta t}{\delta_j}\left[\zeta_{is(j,2)}^{n+1} - \zeta_{is(j,1)}^{n+1}\right] \tag{9.18a}$$

$$mV_j^{n+1} = F_j^n - \theta g \frac{\Delta t}{\delta_j}\left[\zeta_{ip(j,2)}^{n+1} - \zeta_{ip(j,1)}^{n+1}\right] \tag{9.18b}$$

在已知渗透系数 K 的情况下，地下水动量方程的离散可进一步写成：

$$\widetilde{U}_j^{n+1} = \widetilde{G}_j^n - \theta \frac{K}{\delta_j}\left[\zeta_{is(j,2)}^{n+1} - \zeta_{is(j,1)}^{n+1}\right] \tag{9.19a}$$

$$\widetilde{V}_j^{n+1} = \widetilde{F}_j^n - \theta \frac{K}{\delta_j}\left[\zeta_{ip(j,2)}^{n+1} - \zeta_{ip(j,1)}^{n+1}\right] \tag{9.19b}$$

式中：G、$\widetilde{G}$、F、$\widetilde{F}$ 项分别为动量方程离散后的显格式项；$m = 1 + \dfrac{gn^2\sqrt{U^2+V^2}}{h^{1/3}}$，可通过 n 时刻已知流速、水位等信息求出。

连续方程的离散可进一步写成：

$$\zeta_i^{n+1} = \zeta_i^n - \frac{\theta \Delta t}{P_i n_e^i}\sum_{k=1}^{\text{side}(i)} s_{i,k} l_k (h_k^n U_k^{n+1} + D_k^n \widetilde{U}_k^{n+1})$$
$$- \frac{(1-\theta)\Delta t}{P_i n_e^i}\sum_{k=1}^{\text{side}(i)} s_{i,k} l_k (h_k^n U_k^n + D_k^n \widetilde{U}_k^n) + \frac{Q_i \Delta t}{P_i n_e^i} \tag{9.20}$$

将式（9.18）、（9.19）代入式（9.20）得：

$$\zeta_i^{n+1} - \frac{g\theta^2 \Delta t^2}{P_i n_e^i}\sum_{k=1}^{\text{side}(i)} \frac{s_{i,k} l_k}{\delta_k}\left[\zeta_{is(k,2)}^{n+1} - \zeta_{is(k,1)}^{n+1}\right]\left[\frac{h_k^n}{m} + D_k^n \frac{K}{g\Delta t}\right]$$
$$= \zeta_i^n - \frac{(1-\theta)\Delta t}{P_i n_e^i}\sum_{k=1}^{\text{side}(i)} s_{i,k} l_k (U_k^n h_k^n + D_k^n \widetilde{U}_k^n) - \frac{\theta \Delta t}{P_i}\sum_{k=1}^{\text{side}(i)} s_{i,k} l_k \left(\frac{G_k^n h_k^n}{m} + \widetilde{G}_k^n D_k^n\right) + \frac{Q_i \Delta t}{P_i n_e^i}$$
$$\tag{9.21}$$

式(9.21)中关于ζ的方程系数矩阵是正定对称的,可采用Jaccobi共轭梯度法求解。水位求出后,根据相应的动量方程(9.18)和(9.19),分别求出地下水和地表水流速。

9.3.2 交界面的处理

涨、落潮过程中,当水位高于滩面高度(漫滩)时,同时存在地表水与地下水的运动,而当水位低于滩面高度(露滩)时,只存在地下水的运动,引入函数:

$$h = \max(h, 0) \tag{9.22}$$

当 $h = 0$,仅考虑地下水运动,显然公式(9.21)中关于ζ的方程系数矩阵仍为正定对称的。

9.4 模型应用

Ebrahimi通过实验的方法研究了外海与封闭型潟湖之间的相互作用。实验模型如图9.3所示。图中沙坝左侧为潟湖区,右侧为潮汐区,坝顶高于水面线,水体仅能通过沙坝渗入渗出。沙坝采用非黏性沙,平均沙粒径为1 mm,传导系数为1 cm/s,孔隙率为0.3,平均水面下水深214 mm,潮汐振幅60 mm,周期355 s,初始时刻两侧水头为60 mm,水位测点A和B分别位于潟湖和潮汐区,流速测点C位于潮汐区。

采用传统耦合算法需要事先界定不同区域采用何种计算模型,实施起来相当不便,本文所建模型不需要事先告之模型类别,根据自由水面位置自动切换。如Liang采用TVD-MacCormack方法对该实验进行了复演,对沙坝区及两侧分别采用了地下水和地表水模型,如图9.4所示,地下水与地表水同步计算,交界面通量根据达西定律确定,计算网格为2 cm,时间步长仅为0.008 s;而本文采用整体模型,如图9.5所示,在同样的空间网格步长下计算时间步长为29.6 s,是Liang模型的3 700倍,且模拟结果与实测值吻合较好,模

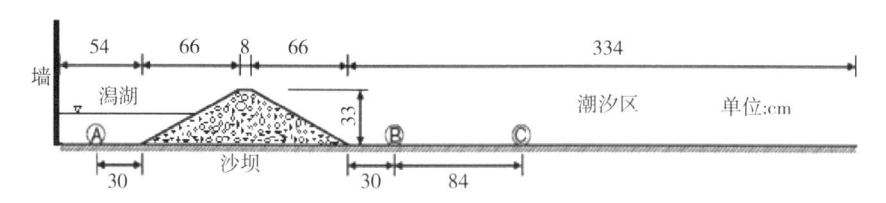

图9.3 实验模型布置

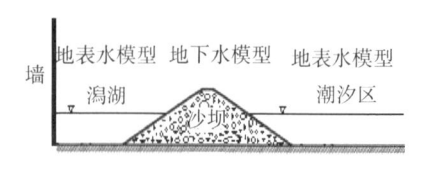

图9.4 传统方法模型选用

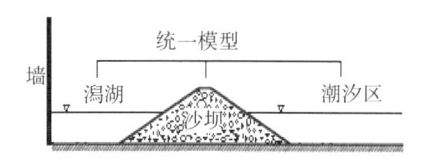

图9.5 本文方法模型选用

拟结果见图 9.6 至图 9.8，研究表明受外海潮汐波动影响，潟湖水面也存在震荡，见图 9.9。

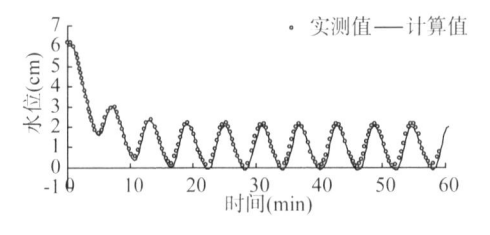

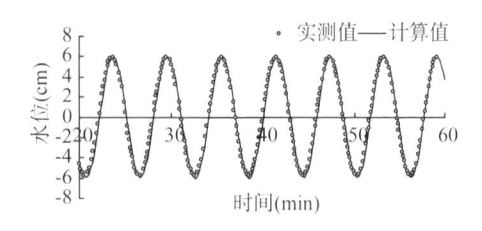

图 9.6　A 点水位验证

图 9.7　B 点水位验证

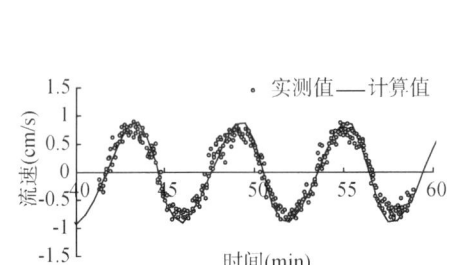

图 9.8　C 点流速验证

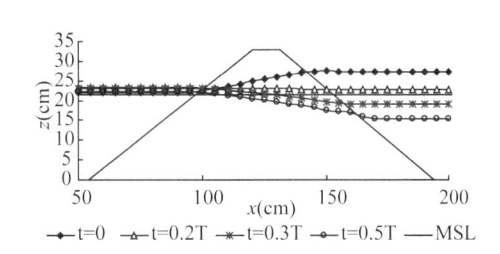

图 9.9　对应不同时刻水面线